人工智能原理
——从计算到谋算的模型、原理与方法

李昂生 等 著

科 学 出 版 社

北 京

内 容 简 介

本书是人工智能基本原理的纲领性科学总结。全书由五部分构成。第一部分分析现有的物理世界科学体系下的人工智能技术的根本缺陷；第二部分介绍基于数理逻辑与计算原理的人工智能原理与技术；第三部分介绍基于深度神经网络的机器学习的数学原理、计算原理；第四部分介绍人工智能的博弈理论和量子人工智能；第五部分介绍我国学者创立的人工智能的信息科学原理。提出人工智能的智能论题：一个自我意识主体的智能就是该自我意识主体的信息，即智能＝信息。实现了基于科学原理的"有算有谋"的人工智能，奠定了人工智能科学的基础。

本书可供信息领域各专业本科生、研究生、研究人员参考，可供科学研究广泛领域的专业人员参考，也可供关心人工智能和信息科学现状、未来发展的各界人员参考。

图书在版编目（CIP）数据

人工智能原理：从计算到谋算的模型、原理与方法 / 李昂生等著. -- 北京：科学出版社，2024. 11. -- ISBN 978-7-03-079746-9

Ⅰ. TP18

中国国家版本馆 CIP 数据核字第 20246FD926 号

责任编辑：王 哲 高慧元 / 责任校对：王 瑞
责任印制：师艳茹 / 封面设计：迷底书装

科学出版社 出版
北京东黄城根北街 16 号
邮政编码：100717
http://www.sciencep.com
北京九天鸿程印刷有限责任公司印刷
科学出版社发行 各地新华书店经销

*

2024 年 11 月第 一 版 开本：720 × 1000 1/16
2024 年 11 月第一次印刷 印张：19 插页：4
字数：388 000
定价：169.00 元
（如有印装质量问题，我社负责调换）

作 者 简 介

李昂生，北京航空航天大学教授。2003 年国家杰出青年科学基金获得者，2008 年中国科学院百人计划入选者。现任中国人工智能学会人工智能基础专业委员会主任。

1993 年中国科学院软件研究所研究生毕业，获理学博士学位。1993 年 7 月～2018 年 7 月在中国科学院软件研究所工作，分别于 1995、1999 年被聘为副研究员、研究员。分别于 1998 年 1 月～1999 年 1 月、2000 年 2 月～2002 年 2 月在英国利兹大学做访问学者、研究员。2008 年 9 月～2009 年 3 月在美国康奈尔大学做访问科学家。2012 年 1 月～2012 年 3 月，在英国剑桥大学牛顿数学研究所做访问学者。2018 年 7 月至今，入职北京航空航天大学计算机学院。主要研究包括：计算理论、信息科学的数学原理和人工智能的信息科学原理，取得一系列原始创新成果。2016 年，提出编码树的概念，建立了层谱抽象认知方法的数学模型，提出了结构熵的度量，创立了《结构信息论》。2016 年以来，创建《信息世界的数学原理》，建立了信息世界的层谱抽象科学范式理论，建立了以信息演算、信息生成和信息解码为三大支柱的信息的数学原理；建立了以（观察）学习的信息理论、自我意识的信息理论和博弈/谋算理论为三大支柱的人工智能的信息科学原理。

杨博，吉林大学教授，国家万人科技领军人才，享受政府特殊津贴专家，教育部新世纪优秀人才，宝钢优秀教师，中国人工智能学会理事，中国计算机学会杰出会员，《软件学报》和《计算机研究与发展》编委。现任吉林大学计算机科学与技术学院院长，软件学院院长，符号计算与知识工程教育部重点实验室主任。长期从事人工智能研究，主持科技部 2030 新一代人工智能重大项目 1 项，国家自然科学基金项目 7 项（含重点项目 1 项），发表论文 150 余篇，曾获吴文俊人工智能自然科学奖二等奖。

彭攀，中国科学技术大学计算机学院特任教授。2007 年获得北京师范大学数学学士学位。2013 年获得中国科学院软件研究所博士学位。曾任中国科学院软件所助理研究员，曾于德国多特蒙德工业大学、奥地利维也纳大学做博士后，曾担任英国谢菲尔德大学终身制讲师（助理教授）。主要研究理论计算机科学、图算法、大数据算法的理论及其（在机器学习、数据挖掘等领域的）应用。多篇论文发表在 STOC、SODA、CCC、PODS 等理论计算机科学及数据库理论等顶级会议及 KDD、ICML、NeurIPS、COLT 等数据挖掘与机器学习顶级会议。

冯启龙，中南大学计算机学院教授，博士生导师。主要从事计算机算法优化、机器学习算法优化等方面的研究。在 ICML、SODA、NeurIPS、IJCAI、*Information and Computation* 等会议和期刊上发表论文 70 余篇，出版专著 1 部，获得省部级奖励 2 项。主持国家自然科学基金等项目 10 余项。担任期刊 *Frontier Computer Science* 编委，担任国际会议 TAMC2020 程序委员会主席。

陈薇，中国科学院计算技术研究所研究员、博士生导师，曾任微软亚洲研究院计算理论组负责人、理论中心联席主任。先后于山东大学数学科学学院、中国科学院数学与系统科学研究院获得理学学士、理学博士学位。长期从事机器学习领域的科研工作，研究兴趣包括可信机器学习、机器学习基础理论与方法、分布式机器学习等，曾获微软科技突破奖，入选 2021 福布斯中国科技女性榜。在机器学习顶级国际会议/期刊（如 ICML、NeurIPS、ICLR 等）发表学术论文 60 余篇，合作出版学术专著 1 本，担任多个国际会议的领域主席或高级程序委员。

金弟，天津大学智算学部教授，博士生导师。一直从事图机器学习及其应用研究，在本领域顶刊顶会上发表论文 50 余篇，获 CCF A 类会议 WWW 2021 最佳论文奖亚军奖、国际数据挖掘顶会 ICDM 2021 最佳学生论文奖亚军奖。担任中科院一区期刊 *Neural Networks* 和 *Information Sciences* 的编委，*Nature* 旗下唯一人文社会科学子刊（SSCI 期刊）*Humanities & Social Sciences Communications* 编委，CCF A 类会议 IJCAI 程序委员会 Board Member（2022-2024）、WWW 2025 和 IJCAI 2025 的 Area Chair、IJCAI 和 AAAI 的 Senor PCs。主持国家自然基金 4 项，获 ACM 中国天津新兴奖、中国商业联合会科技进步一等奖。

祁琦，中国人民大学高瓴人工智能学院的长聘副教授，博导，国家海外高层次青年人才，CCF 中国计算机学会计算经济学专业组秘书长，博士毕业于美国斯坦福大学。主要研究方向为计算经济学、博弈和机制设计、计算复杂性、优化和多智能体系统，以及在互联网经济、在线广告、资源分配、交通等领域的应用。

姚鹏晖，南京大学教授，博士毕业于新加坡国立大学。博士毕业后先后在荷兰国家数学与计算机中心、加拿大滑铁卢大学量子计算研究所、美国马里兰大学量子信息与计算机科学联合中心工作，主要研究方向是量子算法、量子复杂性理论与去随机化理论。

陈雪，中国科学技术大学计算机学院特任教授，CCF 理论计算机专委委员。本科毕业于清华大学姚班，博士毕业于美国得克萨斯大学奥斯汀分校。曾在美国西北大学任博士后研究员，美国乔治梅森大学任助理教授。主要研究方向是随机算法与伪随机。已经在 STOC、FOCS、SODA、COLT 等理论计算机科学的一流国际会议上发表论文十余篇，并担任 STOC 2023 的程序委员。

王子贺，中国人民大学高瓴人工智能学院准聘副教授。他的研究方向是计算理论、多智能体系统和计算经济学，专注于互联网背景下计算机科学与经济学的交互，包括算法设计、博弈和机制设计。

焦鹏飞，杭州电子科技大学教授，博士生导师。主要从事网络科学与大数据智能领域研究，在人工智能和数据挖掘的顶级期刊和会议上以第一作者或通讯作者发表高水平论文 40 余篇。

何东晓，天津大学智能与计算学部教授，博士生导师，国家自然科学基金优秀青年科学基金获得者。主要研究复杂图数据分析及其应用，在 ICML、IJCAI、NeurIPS、AAAI、WWW 等 CCF A 类会议以及 TKDE、TNNLS、TCYB 等 IEEE Trans 上发表长文 50 余篇，获数据挖掘顶会 ICDM21 最佳学生论文奖亚军、全国社会媒体处理大会 SMP2022 最佳论文奖、《自动化学报》年度优秀论文奖。主持国家自然基金项目 4 项、国家重点研发课题 1 项。担任中科院一区 SCI 期刊 *Neural Networks* 编委，CCF A 类会议 NeurIPS 2024 的 Area Chair，以及 AAAI2019、AAAI 2021、AAAI 2022、IJCAI2021 等的 Senior PC，入选百度学术发布的 AI 华人女性青年学者。

杨亮，河北工业大学人工智能与数据科学学院教授、博导、副院长。他的研究集中于复杂网络分析，主要包括社区发现、网络嵌入、图神经网络等主题。他在包括 NeurIPS、IJCAI、AAAI、WWW、ACM MM、ECCV、CVPR、ICDM、*IEEE T-Cyber*、*IEEE TIP*、*ACM TOMM* 等重要国际会议和期刊上发表多篇论文；并在 2021 年 WWW 上荣获最佳论文亚军（best paper runner-up）。

张永刚，吉林大学计算机科学与技术学院教授、副院长，符号计算与知识工程教育部重点实验室副主任，先后在法国蒙彼利埃大学、加拿大纽布伦斯威克大学做访问学者。研究方向为约束求解与优化、学习推理方法等，主持国家自然科学基金面上项目 3 项，发表高水平论文 30 余篇。

前　　言

　　人工智能技术的发展与成功应用已经成为 21 世纪科技领域最大的新现象。然而，科学地理解人工智能已经超出了现有科学体系的范畴。显然，人工智能是人类科学技术发展的必然结果，人工智能科学也将是人类科学技术进步与发展必然实现的目标。

　　破解人工智能的科学和技术障碍是人类科学技术发展绕不开也跨不过的重大前沿课题，并且已经凸显为人类 21 世纪首先需要突破的问题。

　　现有的科学体系是基于物理世界科学原理的科学体系，开始于牛顿的自然哲学的数学原理，其总方法是分而治之，这个总方法的数学原理是微积分。计算的数学实质是机械性，即每一个动作都是机器可执行的，图灵在 1936 年提出的图灵机和通用图灵机模型中定义了计算这个概念的数学实质，并给出了后来的电子计算机的数学模型，奠定了计算作为一个科学概念的基础。然而计算仍然是物理世界的科学现象。现有的人工智能本质上来说是一个以计算为中心的信息处理（处理即优化，信息处理意味着信息优化、信息演算等。然而，物理世界科学体系不支撑这一任务）技术，是经验主义的计算技术，并没有揭示学习和智能这些基本科学现象的数学实质。

　　现有的科学体系是物理世界的科学体系，其总方法是"分而治之 + 经验规则"。计算的数学实质是机械性，计算的总方法仍然是分而治之。如果基于计算可以建立智能，那么这意味着，智能是机械的；如果基于物理世界科学体系可以建立智能，那么这说明，智能是物质的。分而治之没有创造功能，创造是智能最显著的特征。经验规则解释不了智能的原理。因此，物理世界科学体系下不可能建立智能和人工智能的科学原理。

　　显然，学习和智能不是物理世界的对象与现象。智能是信息世界的基本对象与科学现象。物理世界的科学原理不足以支撑对学习、智能和人工智能的科学理解。智能和人工智能的科学体系只能在信息世界科学体系基础上来建立。因此，人工智能的科学与技术突破需要新的科学思想；人工智能本身是一个多学科交叉融合的科学现象，人工智能必然与若干主要的学科实质相关；人工智能技术开始于 20 世纪中叶，已经经历了几个重要的发展阶段，推动人工智能作为一个重大挑战走到 21 世纪的科学前沿。

　　顺应并体现人工智能的上述现状，本人邀请了国内人工智能基础领域一些代表性的专家撰写了本书。

具体撰写组织如下所述。

本人撰写了第 1 章,分析了人工智能的重大科学问题,指出了现有的以物理世界科学原理,特别是以计算原理为基础的人工智能技术的根本缺陷,即,现有的人工智能是一个以计算(算力)为中心的、数据驱动的、函数拟合为方法的知识发现技术,是一个"有算无谋"的信息处理技术。提出作为科学概念的信息(香农的信息是一个通信概念,即现有的具有数学含义的信息只是一个通信概念,人们已经把信息泛化为一个名词,具体内容各有所指。然而信息是一个科学概念,作为科学概念的信息的定义、原理、理论、在现实世界中的作用、在物理世界和浩瀚宇宙中的作用,恰是 21 世纪的重大科学问题)是信息世界科学体系的钥匙,信息是撬动人工智能科学的支点,层谱抽象认知方法,就是谋的数学实质,是信息世界科学新引擎的思想(谋就是层谱抽象,算就是分而治之,谋算是中国独有的科学思想),论述了人工智能从计算到谋算发展的科学必然和内在逻辑。

吉林大学杨博教授和张永刚教授撰写了第 2 章,以总结基于逻辑推理的人工智能的成就、问题与未来展望。

中国科学技术大学彭攀教授和陈雪博士撰写了第 3 章,以总结基于计算的智能研究成果,分析计算与智能这两个概念的实质、关系与边界。

中南大学冯启龙教授撰写了第 4 章,以总结在困难问题智能算法求解方面的成就,分析困难问题的实质,展望智能算法在困难问题求解方向的前景。

中国科学院计算技术研究所陈薇研究员撰写了第 5 章,以总结深度神经网络学习理论方向的成就、问题和未来展望。

天津大学金弟教授及合作者焦鹏飞、何东晓、杨亮等撰写了第 6 章,以总结神经网络作为计算模型方向的成就、问题和未来展望。

中国人民大学祁琦教授和王子贺博士撰写了第 7 章,以总结智能的博弈途径研究的成就、问题和未来展望。

南京大学姚鹏晖教授撰写了第 8 章,以总结基于量子物理的人工智能方向研究的成就、问题和未来展望。

本人撰写了本书的其余章节,包括第 9~15 章,这些内容是本人创建的《人工智能科学——智能的数学原理》中的主要科学思想和基本科学原理的简单介绍;在第 15 章,提出了信息时代的几个重大科学问题。

本书的主要内容包括:智能作为一个科学概念的模型、原理与方法;智能与推理、计算、通信、博弈等科学概念的实质关系与边界界定;智能与数据、数学、物理、生物的实质关系与边界界定;智能技术的工程原理与方法等。

这些内容构成了本书的五大部分。

第一部分——人工智能总论。

第二部分——逻辑推理人工智能与计算人工智能。

第三部分——神经网络人工智能与生物人工智能。

第四部分——数学人工智能与物理人工智能。

第五部分——信息主义人工智能：层谱抽象认知模型人工智能。

本书第一部分分析了人工智能的根本科学问题，揭示了人工智能科学是人类科学技术发展的必然结果，分析了人工智能科学是现有科学体系所不足以支撑的重大科学问题；第二～第四部分主要是物理世界科学体系下的人工智能原理（物理世界的总方法是分而治之分析方法，物理世界的科学原理就是分而治之分析方法的数学原理，即微积分）；第五部分是本人创建的层谱抽象认知模型这一信息世界科学范式的数学原理及基于这个新科学原理的人工智能原理。

本书第五部分揭示了信息是打开信息世界的钥匙，信息是撬动并建立人工智能科学体系的支点；揭示了层谱抽象是人认知世界、感知认知自我的模型与方法；揭示了信息世界的层谱抽象认知模型、原理与方法；揭示了层谱抽象认知模型与分而治之分析方法结合是建立人工智能科学的总方法，这一总方法恰好就是2500多年以前的《孙子兵法》的核心科学思想：谋算，谋就是层谱抽象，算就是分而治之；揭示并建立了人工智能的数学实质与基本科学原理；提出人工智能的智能论题（intelligence thesis）：智能就是信息。揭示了智能的基本原理：智能一定有一个主体，一个主体的智能就是该主体消除的不确定性；一个主体消除的不确定性是可以度量的，一个主体的智能是有边界的；消除的不确定性多就意味着有更高的智能；一个主体能制造另外一个主体不能消除的不确定性，则意味着它有更高的智能。信息是消除的不确定性，因此智能就是信息。

本书的研究、撰写与出版得到国家自然科学基金项目（项目编号：61932002）的资助，在此表示感谢。

李昂生

2024 年 10 月

目　　录

第一部分　人工智能总论

第三部分　神经网络人工智能与生物人工智能

第四部分　数学人工智能与物理人工智能

第五部分　信息主义人工智能：层谱抽象认知模型人工智能

第一部分　人工智能总论

第 1 章　人工智能简介

1.1　人工智能的科学思想起源

人工智能已经凸显为 21 世纪的重大科学挑战。这一现象本身就已经说明人工智能是科学发展在 21 世纪的必然而且自然的结果。因此，人工智能的科学障碍正是 21 世纪的重大前沿科学问题。

科学是人类在认识世界、认知自我、改造世界、改造自我的过程中产生的对现实世界的知识发现、规律揭示以及基于知识与规律的创造。

科学研究的对象是现实世界的对象。对现实世界对象的科学研究的第一步是现实世界对象的表示，这也是对现实世界对象的抽象表示。

数与形是现实世界对象的基本属性。因此，数与形构成了现实世界对象的基本数学表示。经典数学研究数与形的基本规律。数与形的基本规律提供了研究现实世界对象的基础。因此，数学就是现实世界对象研究的基础。

公理化的思想使得数学可以建立严格的数学理论。公理化体系是公理化数学的规范化体系，它解决了"形"这个不太容易建立规则的对象的公理化体系。

公理化数学已经成为数学研究的范式。数学定理就是基于公理的推理的结果。

因此，推理就是数学研究的基本策略，它包括一些基本推理规则。

然而，推理这一概念并没有一个数学定义。人的推理是一个复杂的过程，推理的对象是抽象的结果。抽象是一个创造策略。创造是人区别于任何其他动物的最大特征，是人的智能的显著标志。推理基于抽象的对象，推理并没有创造功能。人的智能不仅包括推理，而且包括创造。推理和创造都是人的智能的策略。

人的推理包括逻辑推理、直觉推理以及逻辑推理与直觉推理的结合。

然而长期以来，一直没有一个推理的数学定义，更没有一个逻辑推理和直觉推理的数学定义。

但是人们实际上是清楚的，人有直觉推理。而且第三次数学危机就在于数学家们的发现，很多的数学证明依赖于人的直观，这使得数学家开始怀疑：是否在已经建立的数学证明中隐含了不可靠的直观？如果是这样，数学就是建立在"沙滩"上了。这就是第三次数学危机。

怎样避免人的直观造成数学证明的不可靠？公理化数学的边界在哪里？

为了回答这两个问题，1921 年，Hilbert 提出了一个计划，数学史上称为 Hilbert

计划。该计划提出数学证明的形式化方法，并猜想一切真的命题都是可证明的。Hilbert 要求的证明是一种排除直观的完全基于规则的"证明"，即后来人们熟知的形式化证明。

Hilbert 计划的第一个问题是，给（形式化）证明这一概念一个数学定义。

1931 年，Gödel 给出了形式化证明的数学定义，建立了数理逻辑新学科，并用构造性方法构造了一个数学命题 A，使 A 和 A 的否定命题¬A 都是不可证明的。因此，存在不可证明的真命题。这就是 Gödel 于 1931 年提出的不完全性定理。

因为从语义上来说，对任何数学命题，该命题和它的否定命题必然有一个是真的。Gödel 不完全性定理彻底否定了 Hilbert 一切真命题均可证明的猜想。

数理逻辑中定义一个证明就是一个基于公理和推理规则的推理序列。证明的这一定义完全排除了证明过程中任何可能的直观的因素。基于这一定义的数学，即数理逻辑，恰好就是逻辑推理的数学理论，完美地实现了 Hilbert 计划所要求的证明的形式化。

因此，数理逻辑给出了逻辑推理的数学定义，建立了逻辑推理的数学理论。

与此同时，数理逻辑完全排除了直觉推理。可以肯定的是，直觉推理是人的基本推理方式，没有一个重要的数学定理不是数学家们直觉推理的结果。长期以来一直没有一个直觉推理的数学理论（这是 20 世纪未能解决的问题，也是 21 世纪凸显的一个科学问题，不解决这个问题，不可能理解学习是什么意思）。

Hilbert 的猜想是不对的，但是，这不影响 Hilbert 计划的意义。因为正是有 Hilbert 计划，才有了 Gödel 后来数理逻辑的研究。

进一步地，Turing[1]于 1936 年提出了通用 Turing 机模型，给"计算"这一概念一个数学定义与数学模型。

Turing 的研究基于通用 Turing 机模型，证明了存在不可计算函数。由于计算也是一种逻辑推理，Turing 的通用 Turing 机也否定了 Hilbert 的猜想。

通用 Turing 机模型提出的动机是为了否定 Hilbert 猜想。

Hilbert 计划的实质是"证明"与"计算"这两个概念的数学定义是什么。Gödel 在 1931 年对基于逻辑推理的证明给出了一个定义；Turing 在 1936 年给出了计算这一概念的数学定义（在数学乃至科学意义上的"证明"这一概念的数学定义仍然是一个重大的科学问题，是 Gödel 不曾解决的问题，也是 21 世纪需要回答的科学问题）。

显然，在 Gödel 和 Turing 之前，证明与计算这两个概念还没有严格的数学定义，仍属于哲学概念。

证明和计算是数学研究的基本概念，当然也是人的智力活动的基本概念，是人工智能的基本概念。

Hilbert 的猜想不对，然而 Hilbert 计划提出了当时的一个重大科学问题，引出了后来的数理逻辑和计算理论，成为 20 世纪科学革命的主要动力。

正是由于这个原因，Hilbert 计划的意义远大于 Hilbert 在 1900 年提出的 23 个问题，这些问题，每一个都对一个方向很重要，但是所有问题合起来也仅在数学领域有意义，在其他学科影响有限。然而 Hilbert 在 1921 年的计划是对整个 20 世纪科学技术产生革命性影响的问题。

人工智能已经凸显为 21 世纪的重大科学挑战。然而破解人工智能科学挑战的钥匙和关键科学思想是什么？

理解学习、智能和人工智能等概念的钥匙是正确地理解信息这一科学概念。信息是破解人工智能科学挑战的钥匙。

Shannon[2]于 1948 年提出度量嵌入在一个随机变量中的不确定性的熵的概念，提出在端到端信道传输中，收方消除的发送方的不确定性的量，即互信息的概念，证明了当互信息适当大时，存在一个解码器，根据收方数据解码出发送方所要传输的数据的通信原理，建立了通信的数学理论。这是第一次提出了信息的概念。然而 Shannon 信息论里面的信息仅限于作为一个通信概念。

显然，信息是一个科学概念，而不仅仅是一个通信概念。

李昂生建立了作为科学概念的信息的基本原理与理论，提出了层谱抽象认知模型（或者称为认知方法），建立了层谱抽象这一方法论的数学理论。

信息世界的层谱抽象认知模型和物理世界的分而治之的分析方法相结合就是破解人工智能科学障碍的模型、原理与方法。本书的第 11～第 13 章将建立这一人工智能科学原理。这一科学原理的思想可以追溯到 2500 多年以前，中国科学与军事科学祖师孙武的《孙子兵法》[3]。层谱抽象认知方法和分而治之分析方法相结合的人工智能原理正是《孙子兵法》的核心科学思想："谋算"，这里"谋"就是层谱抽象，"算"就是分而治之。

1.2　人工智能的数理逻辑原理

Hilbert 于 1921 年提出 Hilbert 计划的时代背景是第三次数学危机，人们突然发现或意识到数学并没有建立在一个可靠的基础之上。原因在于数学中最通常的概念"证明"和"推理"并没有一个数学定义。

Hilbert 计划的目的与动机是为数学建立一个可靠的基础。

数理逻辑建立了逻辑推理的规则，给出了基于逻辑推理的证明的数学定义，从而建立了逻辑推理系统，作为公理化数学的公共基础，建立了数学的基础。

数理逻辑第一次把"逻辑推理"这一人的推理方法用数学规则来实现了，从而把曾认为的只有人才能做的"逻辑推理"用数学规则实现了。

数学规则显然可以由算法来实现，因此逻辑推理可以由算法来实现。这就意味着算法可以实现人的逻辑推理。这就是人工智能的数理逻辑原理。

　　数理逻辑还建立了后来的计算机科学三大支柱之一的计算机程序理论的数学原理（程序理论、计算理论和体系结构原理正是计算机科学的三大支柱理论，支撑着整个计算机科学大厦）。

　　基于逻辑推理的定理机器证明正是第一代人工智能的典型代表。

　　数理逻辑，特别命题逻辑中的一些基本问题还提供了新的算法问题，以及研究算法复杂性的经典问题，例如，第一个非确定多项式时间（non-deterministic polynomial time，NP）完全性问题、可满足性（satisfiability，SAT）问题。

　　数理逻辑系统的分析方法，即系统的完备性（completeness）和可靠性（soundness），还提供了计算机程序分析的一般方法。

　　扩充或变种的各种应用逻辑，如非单调逻辑提供了基于逻辑推理的常识推理，成为第一代人工智能的重要组成部分。

　　数理逻辑揭示了一个逻辑推理有一个语法（syntax）和一个语义（semantic），语法指按规则的推理过程，语义指该推理过程的数学意义，即真值、假值。一个正确的推理必然要求语法和语义的一致性。

　　推理的可靠性要求符合推理规则的推理结果是正确的（即真的），推理的完备性（completeness）要求真的一定能按推理规则证明，即推出来。

　　一个逻辑系统的基本要求是可靠性，即推出来的结论一定是正确的（或真的）。基本的逻辑系统同时还要求满足完备性。然而在一个适当复杂的数学系统，如算术系统中，存在一个命题 A，使得 A 和 A 的否定命题¬A 均不可证明。

　　然而 A 和 A 的否定¬A 必然有一个是真的。因此，存在真的命题，它不可证明。这就是 Gödel 不完全性定理所揭示的结论。

　　在 Gödel 不完全性定理中，是否"可证"是语法问题，真或者假是语义问题。不完全性定理的实质是，语法和语义的不一致性，即一个适当复杂的数学系统必然有语法和语义的不一致性。这里面的一个根本问题是仅仅基于逻辑推理的证明的概念是不充分的（第 15 章将把这个问题作为信息时代的重大科学问题之一提出）。

　　基于数理逻辑的人工智能是人工智能的一个重要方向，即符号主义人工智能，其使命是揭示逻辑推理在人工智能中的作用与极限。

1.3　人工智能的计算原理

　　"计算"是人类的一个基本智能活动。

　　Turing 于 1936 年提出的 Turing 机，特别是通用 Turing 机给出了计算这一概念的数学定义和数学模型。

　　计算这一概念有很多属性。然而计算的根本属性是机械性，即计算的每一步动作都是机器可执行的。这就是计算这一概念的实质。Turing 机模型揭示了计算概念的这一实质。

Turing 机执行的任何一个步骤都是：

（1）指向一个位置；

（2）改变一个符号；

（3）改变一个状态；

（4）左移一格或右移一格。

计算的实质：计算的每个动作都是机器可执行的。

因此，计算可以由机器来实现。一个 Turing 机就是一个机器的数学模型，它能实现一个计算任务。

通用 Turing 机就是一个机器的数学模型，它能实现任何一个计算任务。

Turing 的理论贡献是证明了任何一个计算都可以由一个机器，即通用 Turing 机来实现。

Turing 机模型还揭示了如下结论。

计算定律（the law of computation）：计算是局部的，即计算过程中任何一个动作都是局部操作，而且一个计算就是一系列局部操作构成的序列。

显然，逻辑推理是一个计算过程，计算定律也表明逻辑推理是局部的。

计算是局部的这一计算定律表明：计算完美地实现了逻辑推理，但是不能实现直觉推理。

什么是逻辑推理？什么是直觉推理？逻辑推理就是同一抽象层次的推理。直觉推理就是跨越抽象层谱的推理。现实世界必然包含不同层谱抽象的对象。逻辑推理和直觉推理都是人推理不可或缺的推理形式，是人学习的基本策略。

因此仅仅依靠计算不可能实现人的学习，这是以计算为中心建立学习理论的先天不足，不可弥补。

Turing 机模型揭示了计算概念的实质，更证明任何一个计算可以用一个 Turing 机来实现，然而并没有回答如何对一个问题通过计算来求解。

任何一个计算问题必然有一个"目标函数"。计算的目标函数是由人来确定的，机器本身不能确定计算的目标函数。

一个计算问题的目标函数是该计算问题的语义，而计算的过程是该计算问题的语法。

因此，一个计算问题有一个人确定的语义和一个机器实现的语法。计算机解决计算问题的语法，但是不能解决计算问题的语义。

Turing 机的定义揭示了计算这一概念的实质，奠定了计算理论的基础。而计算理论正是计算机科学的三大支柱之一。

通用 Turing 机还为后来的电子计算机提供了数学模型，因此，通用 Turing 机也为计算机体系结构提供了原理。体系结构原理是计算机科学的三大支柱之一。

程序理论、计算理论和体系结构原理正是计算机科学的三大支柱，其中程序理论的数学基础是数理逻辑，而计算理论和体系结构原理的数学基础都是 Turing机和通用 Turing 机。

计算这一概念的研究毫无疑问仍然是计算机科学，特别是理论计算机科学的核心问题。计算的数学实质由 Turing 论题（Turing thesis）确定。这个论题是否正确仍然是一个重大问题。在计算复杂性层面，现有的算法复杂性及计算复杂性都是基于 Turing 机来定义的。基于 Turing 机模型，建立了 NP 困难性、NP 完全性的理论。而计算复杂性理论并没有揭示一个计算问题为什么困难的实质。一个计算问题为什么复杂应该是由这个问题的内在本质属性所决定的。

算法、计算复杂性，甚至可计算性的任何突破，实质上都要求一个算法新思想。这仍然是计算机科学研究的发动机。

1.4　图灵对机器智能的研究

在 Turing 之前，有很多计算装置，中国古代的算盘就是一个简单、有效的计算装置。然而计算这一概念有一个严格的数学定义，而且计算可以完全由机器来实现。计算器和计算机的根本区别在于：计算器是单一计算任务的计算；计算机是通用计算模型的计算。通用 Turing 机器预示着计算可以完全由机器来实现。这是一个伟大的科学成就。基于对这一成就的预见，Turing[4]于 1950 年提出了机器智能的概念，并第一次对机器智能这一问题做了认真的研究。

Turing[5]于 1951 年提出："机器会思考吗？"这一问题，并针对这一问题进行了充分论证。

然而，"思考"这个概念太复杂，没有一个数学模型来实现它。对此，Turing提出了后来人们称为 Turing 测试（Turing test）的模型以检测一个机器是否有智能，从而回避了什么是智能的问题，以及机器是否有智能的问题。

在这篇文章中，Turing 提出了一个基于计算的模拟小学生在学校老师指导下学习的学习模型。这是第一个尝试给学习这一概念建立模型的工作。Turing 的学习模型引导出后来强化学习的模型，并成为机器学习的一个重要方向。

Turing 在 1950 年的工作第一次明确提出了机器学习和机器智能的问题。然而 Turing 的工作并没有对学习和智能这两个概念的数学实质做出有意义的理解。

实际上，如前所说，计算是局部的，不可能实现直觉推理，更不可能实现学习；计算需要人来确定目标函数，但是，通常情况下，人也不知道学习的目标函数是什么。因此仅仅基于计算是不可能建立学习模型的。

Turing 在 1950 年的工作实际上也说明学习和计算是根本不同的概念。不然，Turing 肯定可以基于计算模型来建立学习的模型与原理。Turing 明确提出"机器智能"的概念，然而回避了"什么是智能？智能是怎样形成的？"等问题。

Turing 提出的 Turing 测试模型仍然被认为是检验一个机器是否有智能的准则。

因此，Turing 在 1951 年的工作是开启人工智能研究的奠基性成果。

Turing 的工作也引出两大基本问题：

（1）计算与智能这两个科学概念的关系是什么？

（2）作为科学概念的"计算"一定是 Turing 机吗？

显然，这两个问题仍然是 21 世纪的重要科学问题。

1.5　人工智能研究的兴起

人工智能的兴起是在 1956 年美国达特茅斯的一个会议开始的。它的兴起不是人工智能有了科学突破而自然产生的，而是一些学者感觉会有那么一个学科。然而，这个学科真正的科学贡献还没有什么成果。基础性的成果仅限于数理逻辑、Turing 机，以及如上所说 Turing 第一个认真研究的成果。

该会议讨论决定用"人工智能"这个名称，并决定了一些研讨会组织形式。

该会议对人工智能学术没有什么影响性成果。

另外，会议确定了"人工智能"名称。在这之前，Turing 用的名称是智能机（intelligent machinery）。人工智能这个名称现在用得最多，但严格科学意义上，未必严谨、科学。

人工智能后来几波的发展都是一波三折。其原因可能就是人工智能的提出并不是基于科学已经取得突破的基础，而只是感觉有那么一个学科或者科学领域，大家提出来，口号性的东西比较多，实质科学思想少，口号介入到了科学研究。

科学研究应该是有其自身规律的，重大科学问题的突破必然有其历史的规律性。

1.6　符号主义人工智能

符号主义的根本原理就是逻辑推理，逻辑推理的数学理论就是数理逻辑。

因此符号主义的人工智能就是基于数理逻辑的人工智能。

人的推理包括逻辑推理和直觉推理，人的推理是逻辑推理和直觉推理的结合。

显然，逻辑推理和直觉推理是不一样的，两者都对人的学习至关重要。

逻辑推理的数学理论是数理逻辑。然而，长期以来，没有一个直觉推理的数学理论。

为正确理解推理这一概念，李昂生提出两个定义。

定义 1.1　（逻辑推理）逻辑推理就是同一个抽象层谱的推理。

定义 1.2　（直觉推理）直觉推理就是跨越抽象层谱的推理。

定义 1.1 和定义 1.2 表明了逻辑推理和直觉推理的本质区别。定义 1.1 和定义 1.2 同时还表明，建立推理的数学理论的一个不可逾越的障碍是建立层谱抽象的数学理论。本人第一次建立了这样一个理论，具体参见本书第 10 章。

一个基本观察是人的推理是逻辑推理和直觉推理的结合或融合。由于符号主义的人工智能就是基于逻辑推理的人工智能，符号主义的人工智能技术不可能实现直觉推理，从而不可能实现人的推理。这就是符号主义人工智能的根本缺陷。

然而我们并不知道：符号主义人工智能的边界在哪里？这仍然是一个重要的科学问题。

1.7　连接主义人工智能

连接主义人工智能的基本原理是，一个良定义的函数必然可以由一个神经网络来任意逼近。

神经网络学习的一个基本假设是，学习的目标是一个良定义的函数。

一个神经网络学习过程就是通过大量的已标注实例学习一个神经网络的参数使得该神经网络逼近未知的学习目标，它是一个良定义的函数。

连接主义人工智能就是一个神经网络模型学习。

这一学习模型已经取得重要应用成果，并引领着当代机器学习技术的潮流。

然而，神经网络学习有若干根本性缺陷。

1. 它假设学习的目标是一个函数或分布

一个分布或随机变量实质上也是一个函数。因此，这一假设表明学习的目标是一个函数。然而，一个函数实质上是一个表，尽管在简单情况下，知识可以用一个表来表示，但是从根本上来说，人学习的知识并不能用一个表或函数来表示。

数学家喜欢函数是因为函数简单，容易研究，成果多，并不是因为函数是表示人类知识的标准模型。

人工智能或者计算机科学中，把函数作为学习目标的标准模型是否正确，需要科学地来研究。

2. 神经网络学习模型并没有回答学习的数学实质是什么这一基本问题

因此，神经网络学习模型并没有增加我们对"学习"这一概念的数学理解。

3. 神经网络学习模型需要大量已知或已标注的实例

然而大量已标注实例在现实世界中不容易建立，关键是人并不是通过大量已标注数据来学习的。人从观察一、两个例子就能学习，而且学得很好。因此，神经网络学习不是一个像人一样学习的模型。

4. 神经网络学习并没有一个可解释性

人的学习是有可解释性的，人学习的可解释性就是语法、语义的一致性准则，说明神经网络学习跟人的学习是不一样的。而且由于没有可解释性，神经网络学习在严格科学技术标准要求下的应用是不可信的。

有人可能认为学习不需要可解释性。人学习是有可解释性的；现在的每一个学科的分支、领域都是可解释的。人和动物都在学习，学习作为一个现实世界的重大基本现象，需要科学的研究，正确、准确、精确，到点、到位地捕捉到学习这一基本概念的（数学）实质，是科学研究的必然要求和应有之意。

神经网络学习的不可解释性是这一模型的先天不足，而不是优点。如果对此没有清醒的认识，对科学和人类未来技术都有可能造成破坏性影响。

5. 神经网络的生成学习模型会去修改规则、修改数据，而且需要一个后台人员团队的控制

如果后台控制团队是不负责任、不客观、不理性的人，这样的深度神经网络学习的结果可信吗？

从应用技术上说，对神经网络学习模型的潜在风险、危害和威胁的认知、识别与防范，应该和它带来的收益同样重视，甚至更加重视。

综上所述，连接主义人工智能技术的新现象提出了一系列新问题。

（1）神经网络人工智能技术的数学原理是什么？

（2）神经网络人工智能技术的计算原理是什么？

（3）神经网络人工智能技术的安全性怎么实现？

（4）神经网络人工智能技术是否可建立可解释性的原理？

（5）神经网络人工智能是否可以不依赖大量的标注数据？

1.8　行为主义人工智能

行为主义人工智能就是行为主义学习，或称为模仿学习。

模仿学习本身并没有一个科学原理，更没有揭示学习这一概念的数学实质。

行为主义学习更多的是一个控制原理，对揭示学习与智能的科学原理没有直接的帮助。

1.9　人工智能的数学、物理挑战

人工智能作为 21 世纪的重大科学问题，它的突破需要新的科学思想。

同时，人工智能本身是一个交叉结合的科学现象，它和其他主要学科的交叉结合、实质关系和边界界定又提出一系列新问题，例如以下问题：

（1）人工智能需要什么样的新数学？

（2）智能机的物理原理是什么？

1.10　人工智能的重大科学挑战

人工智能的实质是实现机器智能。人是现实世界最高智能的主体。机器智能就是用机器来实现人的智能。实现智能（或人的智能）的必要条件是揭示，智能即人的智能的科学原理。

然而，一个重大科学挑战性问题正是，智能的科学原理是什么？

智能的主体是人。人是信息世界的对象，而不是物理世界的对象。智能这一概念只能在信息世界空间来理解，而不能在物理世界空间来理解。

现有的科学体系是物理世界的科学体系。人们现有的对智能的理解，包括符号主义的人工智能、连接主义的人工智能、行为主义的人工智能等都是基于物理世界科学范式的关于人工智能的理解。这样的理解是有根本性缺陷的。

1.10.1　数学、物理对象的可分性

物理世界对象的可分性：物理世界对象是任意可分的。

例如，一块石头任意砸碎以后还是石头，合起来还是石头。

数学对象的可分性：数学对象是任意可分的。

例如，一条 1m 的线段在任意分割后，其线段之和仍是 1m。因此：

（1）物理对象是任意可分的；

（2）数学对象是任意可分的。

根据物理、数学对象的可分性，对数学物理对象研究的总方法论或科学范式就是分而治之。

分而治之这个总方法论的数学理论就是微分学与积分学，或简称微积分。

因此，微积分就是支撑数学、物理世界分析的原理与方法。

在物理世界科学体系下，有原理的对象就是可分对象，对不可分对象的研究方法就是"经验规则"。因此，物理世界科学体系的总方法就是：

分而治之 + 经验规则

为什么不能在物理世界科学体系下建立人工智能的科学原理？物理世界的原理就是分而治之分析方法的原理。如果在物理世界科学体系下能建立人工智能科学原理，那么说明智能是物质的，这是荒谬的。从无到有的创造是人类智能的显著特征。但是分而治之没有创造功能。同样，经验规则也没有创造功能，而且经验规则没有科学原理。

基于计算能建立人工智能科学原理吗？计算的实质是机械性，即计算过程中的每一个动作都是机器可执行的。如果基于计算可以建立人工智能科学原理，那么说明智能是机械的。这也是荒谬的。一个计算方法本身是一个分而治之策略。此外，计算更没有创造功能。

因此，在物理世界科学体系下是不可能建立人工智能科学原理的。人工智能科学原理呼唤着全新的科学体系-科学新时代的历史机遇。

现有的人工智能技术本质上说就是以计算（算力）为动力、以数据为驱动、以拟合为方法的知识发现技术。这个技术局限于物理世界的总方法，即分而治之 + 经验规则。

人的智能包括计算、推理、设计与创造，即有算有谋，算局部，谋全局。

现有的人工智能技术是一个"有算无谋"的信息处理技术。

基于科学原理的人工智能必然要求"有算有谋"，必然能实现计算、推理、创造与谋算。不同时代有不同时代的科学问题，人工智能科学体系就是这个时代的科学问题。

1.10.2　信息世界对象的不可分性

信息世界对象不是任意可分的。

（1）一个 DNA 序列是一个复杂的生命体。如果把一个 DNA 序列任意分割它就不再是生命体了。

（2）一个数学命题的语义是不可分的。一个数学命题的语义就是真或假，且不再进一步可分。

（3）一个生命体不是任意可分的。任意分割一个生命体，它就不再是生命体了。

（4）学习、智能不是任意可分的。

信息世界对象不是任意可分的，因此，分而治之不再是信息世界对象分析的方法论，微积分也不支撑信息世界对象的分析。

因此，信息世界对象和数理世界对象有根本区别；信息和数学、物理不一样。用物理世界的科学方法和原理来分析信息世界对象这种做法，或许在特定条件下，在技术层面是有用的，但是，在科学原理层面是不成立的。

然而现在的做法，还真是用物理世界的科学方法和原理来分析信息世界的对象与现象。这就是 21 世纪科学最大的障碍、危机、危险与威胁。

那么：

（1）信息世界对象分析的方法论是什么？

（2）支撑信息世界对象分析的数学原理是什么？

1.10.3　信息世界对象的可定义性问题

数与形是经典数学的研究对象，同时数与形可以很好地表示物理世界对象。

然而，信息世界的对象本身可能就是一个复杂系统，如一个 DNA、一个细胞、一个人、一个公司甚至一个国家等。对于这样的复杂对象，数或者任意高维的向量，或者高维几何形状都不足以表示。

因此，尽管经典数学的数与形仍然是表示信息世界对象的基本模型，然而，仅仅是数与形已经不足以表示信息世界的对象与现象了。

表示与定义当然是科学研究的基础。信息世界的对象与现象的科学研究，在表示模型与可定义性这个最基本的问题上就遇到了新的挑战。

基本问题是，表示信息世界对象的数学模型是什么？信息世界的对象是否可被定义？

1.10.4　人学习的基本问题

人和动物都是观察学习的。观察的数学实质是什么？人和动物的观察有什么本质区别？

机器学习的目标就是由机器来实现人的学习。因此我们聚焦人的学习，而不去研究人和动物学习有什么不同。

人的观察本身就是一个信息处理的过程，而不是简单地如照相机照相一样。人在观察时，一眼看上去就已经做了一个层谱抽象的识别、区分与分类等。

人认知世界时有一个先验的认知模型。

直观地说，人的学习就是根据自己的先验模型来观察世界，并基于对观察数据的分析，发现现实世界的知识、揭示现实世界的规律，并且基于发现的知识和揭示的规律进行创造（从无到有的创造是人最显著的智能策略，是智能的一个基本现象，其背后必然有科学原理。现有的生成式人工智能技术是基于抽象结果的生成，没有体现人的智能的创造。创造的机制、机理和原理是学习理论必须要解决的问题）。

人学习的模型就是对上述直观过程的数学建模。为此，我们需要回答如下基本问题。

（1）学习的数学实质是什么？

（2）人的先验认知模型是什么？

（3）人的先验分析方法是什么？

（4）人观察的数学实质是什么？

（5）知识的定义与度量是什么？

（6）规律的定义是什么？

（7）学习的基本策略是什么？

（8）学习的数学原理是什么？

（9）学习的目标与极限是什么？

（10）学习的数学模型是什么？

1.10.5　自我意识的基本问题

人是会主动学习的，因为人有自我意识。自我意识是什么？怎样实现一个个体的自我意识？自我意识的数学原理是什么？

直观地说，一个个体的自我意识包括：

（1）感知自身；

（2）自我感知的先验模型；

（3）区分自身与外界；

（4）自身对外界作用的感知与认知；

（5）对来自自身和外界的确定性对自身是有利还是有害的认知；

（6）对来自自身和外界的不确定性对自身是有利还是有害的认知；

（7）对来自自身和外界的确定性到不确定性的转化对自身是有利还是有害的认知；

（8）对来自自身和外界的不确定性到确定性的转化对自身是有利还是有害的认知。

数学地实现以上目标就揭示了自我意识的基本科学原理。

基于自我意识原理所建立的机器可以实现机器的自我意识。

1.10.6　博弈/谋算的基本科学问题

现实世界的每一个个体或对象都有一个趋势保持自己的存在性，保持自己在环境中的作用，以及保持自己的运动性。

现实世界的一个环境中包括很多对象，这些对象在运动中、对象之间相互作用。因此现实世界充满了不确定性，不确定性产生了竞争，每一个对象在竞争中都想获胜、获利。这就是现实世界的基本现象与法则。

然而，在充满了不确定性和竞争的现实世界中，大量的对象被征服或被消灭。

一个自我意识个体在现实世界的竞争与博弈中获胜、获利，保持和改善自身的存在性、保持和扩大自己在现实世界中的作用、扩大自己的运动性就是一个自我意识体智能的表现。

现实世界的每一个对象都有其存在性、作用和运动性；一个对象在现实世界中的存在性、作用和运动性背后的原因就是该对象在现实世界中博弈的结果。因此，博弈还是一个对象存在性、作用和运动性背后的原因。

博弈与竞争是现实世界的基本现象，其背后的深层逻辑必然有一些科学原理。

现实世界博弈与竞争的科学原理是什么？这个问题是智能科学的重大问题，也是人工智能的重大科学问题。

1.10.7　本节小结

我们已经看到，人工智能的根本科学问题实质上是信息科学的重大科学问题。

因此，人工智能科学原理必然是建立在信息科学原理基础之上的。换句话说，人工智能的科学原理本质上就是信息科学原理。破解人工智能科学原理的钥匙是信息。

1.11　信息科学重大挑战性问题

1.11.1　经典信息论

Shannon[2]于 1948 年定义了嵌入在一个随机变量中的不确定性的量。

假设 $p = \{p_1, p_2, \cdots, p_n\}$ 是一个概率分布，X 是服从分布 p 的随机变量，定义嵌入在 X 中的不确定性的量为

$$H(X) = -\sum_{i=1}^{n} p_i \log_2 p_i \qquad (1\text{-}1)$$

称为 X 的熵。

给定一个联合概率分布 $p(x, y)$，假设 X 和 Y 分别是两个随机变量，使得 (X, Y) 服从联合概率分布 $p(x, y)$，Shannon 定义了 X 和 Y 的互信息为

$$I(X; Y) = \sum_x \sum_y p(x, y) \log_2 \frac{p(x, y)}{p(x)p(y)} \qquad (1\text{-}2)$$

互信息 $I(X; Y)$ 表示了知道 Y 的情况下消除的 X 的不确定性的量，也表示知道 X 的情况下消除的嵌入在 Y 中的不确定性的量。

Shannon 于 1948 年证明了如下通信原理：

（1）（数据）假设发送方想传输的数据为 W，它是一个随机变量。

（2）（编码）通过一个纠错码 E 把 W 编码为 $X = E(W)$。

（3）（信道传输）发送方把 X 通过由一个条件概率分布 $p(y|x)$ 定义的通信信道发送，传输给接收方。

（4）（信息）接收方收到 Y，它是一个随机变量，当收到 Y 后，接收方获得的信息为 $I(X; Y)$，即已知 Y 消除的嵌入在 X 中的不确定性的量。

（5）（通信原理）当 $I(X; Y)$ 适当大时，存在解码器 D，使得 $W = D(Y)$，即解码器 D 根据 Y 就可以把发送方想发送的数据 W 解码出来。

Shannon 于 1948 年的论文应用概率方法证明了以上通信原理。

目前为止的信息论就是在不断优化 Shannon 的通信原理。但是整个信息论没有超出 Shannon 通信模型与通信原理的范畴。

Shannon 的理论完美地解决了通信问题，为通信建立了数学原理，这个原理正是通信从 1G 到 5G 通信技术的理论支撑。毫无疑问，Shannon 的理论也是 20 世纪的一个重大科学贡献。

Shannon 的科学贡献在于：

（1）度量了嵌入在一个随机变量的不确定性的量，即该随机变量的熵；

（2）通信信道可以用一个条件概率分布来表示；

（3）信息是消除的不确定性；

（4）信道传输是消除不确定性，即获得信息的动作或操作；

（5）信道传输所获得的信息是可以度量的；

（6）信息是有用的，通过信道传输所获得的信息可以解码发送方想发送的数据。

这为通信技术提供了数学原理。

1.11.2　生成策略

熵是不确定性的量。随机变量肯定包含不确定性，Shannon 熵度量了嵌入在一个随机变量的不确定性的量。

然而，随机变量只是一个特殊的函数。函数是数学中的基本对象，然而现实世界对象要复杂得多，通常情况是函数所不能表示的。

函数概念的推广是二元关系，二元关系的推广是图，一个图表示由很多个体及个体之间的关系构成的系统。

现实世界中的一个对象通常是一个由很多个体及个体之间的关系构成的系统。一个系统的数学表示就是图或非负矩阵。

因此，图（有向或无向，有权重或无权重）表示一个系统，由多个个体及从个体到个体的交互作用构成。

图或系统是表示现实世界对象的基本模型，它表示了由很多相互作用的个体构成的运动系统。

显然图或系统是函数的推广，从而是随机变量的推广。

一个随机变量有不确定性。自然地一个图或系统表示的运动有不确定性。

Shannon 熵度量了嵌入在一个随机变量中的不确定性。然而 Shannon 没有给出嵌入在一个系统中的不确定性的度量。

基本问题是，不确定性在哪里？不确定性是怎样生成的？怎样度量现实世界的不确定性？

这些问题的答案将解决现实世界的不确定性的数学表示与模型，回答信息是怎样生成的这一基本问题。

现实世界中，不确定性来自于很多对象，而且这些对象在运动，对象之间相互作用。原因是：假设只有一个对象，则该对象按自身规律不受干扰地运动，没有不确定性；如果有很多对象，这些对象都不运动，也不相互作用，则所有对象永远保持一个状态，也没有不确定性。

因此，不确定性来自于很多对象的运动和相互作用。表示很多对象的运动和相互作用的数学模型恰好就是图或者等价的非负矩阵。这解决了现实世界中不确定性载体的数学表示与模型。

不确定性来自于多个个体及其相互作用。因此，生成多个个体及其相互作用的动作或操作就是一个生成策略。任何一个生成不确定性的动作或操作都是一个生成策略。

一个生成策略生成的信息称为生成信息。一个生成策略的生成信息是可以度量的。

一个基本问题是，信息生成的原理是什么？

1.11.3　解码策略

信息是消除的不确定性。消除一个不确定性载体中的不确定性需要一个动作。消除不确定性的动作是开放的，有很多种动作消除不确定性。

消除不确定性的动作的例子：

（1）层谱抽象；

（2）计算；

（3）实验；

（4）询问；

（5）每天的学习；

（6）想一想等。

上述都是消除不确定性的策略。

任何一个消除不确定性的动作都称为一个解码策略。

一个策略就是一个生成策略，或者一个解码策略。生成策略生成不确定性，即生成信息；一个解码策略的解码信息就是该策略消除的不确定性的量。

一个策略可能是个物理动作，也可能是个数学动作，还可能是个生物动作等。

由于一个策略可能是不同类型的动作，因此信息也是不同类型对象的基本概念，如是物理概念、数学概念、计算机科学概念或生物概念等，这取决于获取该信息的动作是物理、数学、计算机或生物动作等。

给定一个信息载体，以及该载体的一个解码策略，该解码策略消除的嵌入在载体中的不确定性的量称为解码信息。

解码信息是可以度量的。狭义地说，一个解码策略是一个动作，该动作必然来自于某一个主体，因为现实世界中的任何一个动作都是有消耗的（例如，看一眼都消耗能量），必然来自于某个主体。一个解码策略的解码信息对该策略主体一定是有用的，即解码信息一定有一个语义，表示解码信息的功能与作用。

一个基本问题是，信息解码的原理是什么？

1.11.4　信息的模型

信息是消除的不确定性。

信息的这一定义揭示了信息是一个模型，称为信息模型，它由如下步骤构成：

（1）（主体）策略的主体 O；

（2）（信息生成）信息的生成与信息载体 A；

（3）（解码策略）主体 O 对载体 A 的解码策略 T；

（4）（解码信息）策略 T 消除的嵌入在 A 中的不确定性的量，即解码策略 T 对载体 A 的解码信息 $D^T(A)$，$D^T(A)$ 是可度量的；

（5）（信息的语义）解码信息 $D^T(A)$ 对策略 T 的主体 O 的作用。

信息模型揭示了：

（1）策略是一个新的科学概念；

（2）有两种类型的策略，即生成策略和解码策略；

（3）生成策略必然有一个生成原理；

（4）解码策略必然有一个解码原理；

（5）生成信息就是一个生成策略生成的信息量，即产生的不确定性的量；

（6）解码信息就是一个解码策略消除的不确定性的量；

（7）生成信息是可以度量的；

（8）解码信息是可以度量的；

（9）生成信息是有用的；

（10）解码信息是有用的。

信息模型揭示了作为科学概念的信息的数学实质。注意到，经典信息论中，严格意义上说，信息只是一个通信概念，而不是一个科学概念。

作为科学概念的信息和作为通信概念的信息是两个本质不同的概念。

1.11.5　信息基本定律

信息作为一个全新的科学概念，它不属于任何一个已有的学科，如数学、物理、化学、计算机、生物等，但是由于解码信息的策略可以是任何已有学科的操作，如数学操作、物理操作、化学操作、计算机算法或生物动作等，信息也是包括数学、物理、化学、计算机、生物等学科的基本概念。

作为一个全新的科学概念的信息必然有一些新的基本公理或定律。

一个基本问题是，信息的基本定律是什么？

1.11.6　信息科学的定义

信息是一个全新的科学概念。信息科学就是一个全新的科学，它不同于包括数学、物理、化学、计算机、生物等任何一个已有的学科，同时信息也是所有这些学科的基本概念。

经典信息论中"信息"的实质是一个通信概念，它表示信息传输所解码的信息，或者通过信道传输这一动作或操作所消除的不确定性的量。

信息模型揭示了：

（1）确定性和不确定性是可以相互转化的，转化是有条件的，即需要一个动作或操作，这个动作或操作称为策略；

（2）从确定性到不确定性的转化的策略称为生成策略；

（3）从不确定性到确定性的转化的动作或操作称为解码策略；

（4）生成策略的生成信息是可度量的；

（5）解码策略的解码信息是可度量的；

（6）信息科学就是研究现实世界的确定性和不确定性，以及确定性和不确定性之间相互转化的规律与作用的学科。

1.11.7　信息的数学理论

信息是一个全新的科学概念，是揭示和分析信息世界的钥匙。

信息世界的科学范式或总方法论是什么？这个总方法论的数学理论是什么？

信息世界的科学范式即总方法论是层谱抽象。

层谱抽象的数学定义是编码树，见第 9 章。

编码树的意义是：

（1）编码树是层谱抽象的数学模型；

（2）编码树是层谱抽象的数据结构；

（3）编码树是一个全局的无损编码。

层谱抽象的意义在于：

（1）层谱抽象是一个离散系统的微分算子；

（2）层谱抽象是一个信息系统的解码策略；

（3）层谱抽象是信息世界对象的范式；

（4）层谱抽象是先验认知模型；

（5）层谱抽象是先验感知模型等。

显然信息世界总方法论的数学理论就是支撑信息世界分析的数学原理。

层谱抽象作为解码策略的信息论就是信息的数学理论，它也是信息模型的数学理论，见第 10 章。

1.12　信息科学原理

信息的数学理论揭示了信息科学三原理：

（1）信息演算理论；

（2）信息解码原理；

（3）信息生成原理。

信息演算理论提供了基于编码树的推理理论，建立了融合逻辑推理与直觉推理的数学理论。

更为重要的是信息科学原理建立了层谱抽象这一方法论的数学原理与理论。

由于层谱抽象是信息世界的科学范式和认知模型，信息科学原理建立了层谱抽象认知模型的数学理论，为信息时代的科学提供了新的动力。

现有的科学体系的各学科分支、方向都是在物理世界的科学范式，即范畴的研究，其总方法就是分而治之，是一个分析方法。

总体而言，分而治之是一个科学分析方法，它是物理世界科学体系的总发动机。

信息科学原理揭示了信息时代的科学研究有两个发动机：分而治之的分析方法和层谱抽象的认知方法，这就构成了信息时代科学的双引擎。

信息时代科学的双引擎首先解决的一个问题是人工智能科学的建立，见第11～第14章。

1.13　本 章 小 结

本章分析了人工智能的起源，各阶段的理论基础及根本性缺陷，揭示了人工智能是科学发展的必然结果。人工智能科学的创建是21世纪，即智能时代首先需要攻克的科学堡垒，以建立有原理、可解释、理性、可靠，像人一样智能、理性工作的机器技术与机器。

为什么现在有人担心人工智能会毁灭人类？原因是没有人工智能的科学原理，现有的人工智能技术并没有科学基础。科学必然是理性的。理性，即承认事实、尊重规律，是任何科学原理的前提条件。基于科学原理的人工智能，即便再强大，也不会伤害人类，但是它可能不利于非理性、反人类、反文明的玩家。但是，没有科学原理的人工智能技术，就不能保证人工智能有理性。没有理性的人工智能技术会损害人类文明。

分析了现有科学体系的缺陷，人工智能的重大挑战、信息世界的重大科学挑战性问题。

分析了人工智能科学的根本问题；提出层谱抽象认知模型；提出层谱抽象感知模型；提出博弈的信息原理和数理原理；提出博弈的必胜策略原理；揭示了人工智能的路线图：（观察）学习、自我意识和在竞争中获胜、获利等基本策略和概念。

提出了信息的模型；揭示了信息这一科学概念的数学实质；提出了"策略"

作为信息科学和人工智能科学的全新的基本概念（"策略"是军事科学概念，也是一个常用词语，本书的"策略"是一个有数学定义的信息科学和人工智能科学的基本概念，其中，策略和信息是相伴概念，同时出现，即有信息就有策略，有策略就有信息，没有策略这个概念，就不能揭示信息的科学内涵，就不能给信息一个数学定义），以及生成策略和解码策略的基本概念；提出层谱抽象这一信息世界的科学范式；揭示了层谱抽象这一科学认知模型与方法，为未来科学与技术提供了新动力。

参 考 文 献

[1] Turing A M. On computable numbers，with an application to the entscheidungsproblem[J]. Proceedings of the London Mathematical Society，1936，42：230-265.

[2] Shannon C E. A mathematical theory of communication[J]. The Bell System Technical Journal，1948，27（3）：379-423.

[3] 孙武. 孙子兵法[M]. 曹操，注. 郭化若，译. 上海：上海古籍出版社，2006.

[4] Turing A M. Computing machinery and intelligence[J]. Mind，1950，LIX（236）：433-460.

[5] Turing A M. Can digital computers think[J]. The Turing Test：Verbal Behavior as The Hallmark of Intelligence，1951：111-116.

第二部分　逻辑推理人工智能与计算人工智能

第 2 章　符号主义人工智能

2.1　命题知识表示与推理

知识表示与推理是人工智能中的一个重要领域。早在 1958 年，麦卡锡考虑的人工智能系统建议采纳者（advice taker[1]，其可被视为第一个完整的人工智能系统[2]）已主张采用知识求解问题。目前，知识表示与推理方法的应用涵盖了人工智能领域的多个应用分支，包括形式化验证、问答系统、语义网、自动规划、感知机器人和多智能体系统在内的多个领域[3]。

逻辑是一种使用时间最长，且应用最为广泛的知识表示方法，几乎所有其他知识表示方法都能够使用某种逻辑进行等价表示。早在计算机时代到来之前，数理逻辑学家就已开始使用经典逻辑形式化表示陈述性的知识，主要为了对数学进行形式化，以自动进行定理证明。尽管经典逻辑在某些情况下不能表达人工智能中各式各样的非数学形式的知识，但毫无疑问其仍然在知识表示领域占有举足轻重的地位，其中一阶逻辑由于其极强的表达能力、易理解的基于模型论的语义以及较好的推理能力而最被广泛应用。研究人员为一阶逻辑提出了多种推理方法，如 Tableau 方法[4]、DP 方法[5]、归结方法[6]等，开发了包括 Otter[7]、3TAP[8]、Isabelle[9]等在内的多个推理机。

一阶逻辑最大的问题在于其推理的计算复杂性过高，命题逻辑是一阶逻辑的子集，近 20 多年来随着命题可满足性（satisfiability，SAT）问题求解器效率的快速提高，其在人工智能中发挥着越来越重要的作用[10]。从本质上讲，SAT 求解器提供的是一个通用的命题推理平台，但其可被应用于推理之外的多个组合优化领域。例如，自动规划问题是 PSPACE 完全的，当规划解的长度被限制为多项式时，该问题为 NP 完全问题，可编码为 SAT 问题，著名的 SatPlan 规划器[11]在该思想的基础上实现，其在国际规划竞赛中多次夺得第一名。另外，在有界模型检测（bounded model checking）[12]和回答集编程[13]等领域，SAT 求解器都有重要应用。实际上，很多组合优化问题，通过编码为 SAT 问题后再调用 SAT 求解器的求解效率甚至高于直接求解原问题的效率[3]。

2.1.1　命题逻辑

命题逻辑下的公式由逻辑常量（true 和 false）、命题变量（本节表示为斜体小写字母，如 x,y,z）和逻辑连接词（否定、合取）组成。本书记 φ 中出现的变量的集合为 $\mathrm{Vars}(\varphi)$。任意变量集 X 上赋值是从 X 到{true，false}的映射，X 上所有赋值的集合记为 2^X。给定公式 φ 以及 X 上的赋值 ω，其中 $\mathrm{Vars}(\varphi)\subseteq X$，$\omega$ 满足 φ 递归定义如下：

（1）ω 满足 true；

（2）ω 不满足 false；

（3）ω 满足 x 当且仅当 $x = \mathrm{true}\in\omega$；

（4）ω 满足 φ 当且仅当 ω 不满足 φ；

（5）ω 满足 $\varphi\wedge\psi$ 当且仅当 ω 满足 φ 和 ω 满足 ψ。

给定公式 φ 和 ψ，若任意 $\mathrm{Vars}(\varphi)\cup\mathrm{Vars}(\psi)$ 上满足 φ 的赋值都满足 ψ，则称 φ 蕴含 ψ，φ 与 ψ 等价（记为 $\varphi\equiv\psi$），当且仅当 φ 与 ψ 相互逻辑蕴含。等价于常量 true 或 false 的公式称为平凡（trivial）公式。给定公式 φ，$\mathrm{Vars}(\varphi)$ 上满足 φ 的赋值称为 φ 的模型，φ 的所有模型的集合记为 $M(\varphi)$，φ 是可满足的（satisfiable）当且仅当 $M(\varphi)\neq\varnothing$，$\varphi$ 是有效的（valid）当且仅当 $M(\varphi) = 2^{\mathrm{Vars}(\varphi)}$。给定任意赋值 ω，其中赋值为 false 的变量数称为 ω 的度（cardinality）。给定公式 φ，若其可满足，则 φ 的最小度定义为 $M(\varphi)$ 中所有元素的度的最小值，否则定义为∞。为了方便，本书还将使用到如下五个逻辑连接词（其定义见表 2.1）：析取∨、条件→、反条件←、双条件↔和决策 ITE（表示"if、then、else"）。任意公式 φ 的大小为$|\varphi|$表示公式中使用的逻辑连接词的数目。

表 2.1　逻辑连接词

名称	定义
析取∨	$\varphi\vee\psi = \neg(\varphi\wedge\psi)$
条件→	$\varphi\rightarrow\psi = \neg\varphi\vee\psi$
反条件←	$\varphi\leftarrow\psi = \neg\varphi\vee\psi$
双条件↔	$\varphi\leftrightarrow\psi = (\varphi\rightarrow\psi)\wedge(\varphi\leftarrow\psi)$
决策 ITE	$\mathrm{ITE}(\varphi,\psi,\psi') = (\neg\varphi\wedge\psi)\vee(\varphi\wedge\psi')$

在后面内容中，我们将使用到如下特定类型的公式。

文字（literal）：变量 x（正文字）或其否定 x（负文字）。给定文字 l，若 $l = x$，则其否定文字$\neg l$ 为$\neg x$，否则其否定文字为 x，l 与$\neg l$ 称为互补的文字。给定不含互补文字的文字集 L，下面记 $\mathrm{Vars}(L) = \{x: x\in L$ 或$\neg x\in L\}$，记 $\omega(L) = \{x = \mathrm{false}: \neg x \in L\}\cup\{x = \mathrm{true}: x\in L\}$。给定赋值 ω，下面记 $L(\omega) = \{\neg x: x = \mathrm{false}\in\omega\}\cup\{x: x = \mathrm{true}\in\omega\}$。

子句（clause）：多个文字的析取，在明确上下文中子句有时也表示为文字的集合，相反，给定文字集 L，在未明确上下文的情况下本小节使用 $C(L)$ 表示 L 中所有文字的析取组成的子句。

项（term）：多个文字的合取，在明确上下文中项有时也表示为文字的集合，相反，给定文字集 L，在未明确上下文的情况下本小节使用 $T(L)$ 表示 L 中所有文字的合取组成的项。

合取范式（conjunctive normalform，CNF）：多个子句的合取，有时也表示为子句的集合，所有子句中文字数为 k 的 CNF 公式记为 k-CNF 公式，其中 k 为常数。

析取范式（disjunctive normalform，DNF）：多个项的析取，有时也表示为项的集合。

否定范式（negation normal form，NNF）：否定运算符只出现在变量之前的公式，显然，任意 CNF 和 DNF 公式都为 NNF 公式。

任意命题公式可表示为有根的有向无环图，每个终止节点标记为常量或变量，非终止节点标记为逻辑连接词，然后相同的子公式可合并为一个节点从而节省空间开销。

2.1.2 命题推理问题

命题知识库通常表示为命题公式，库中的知识表示为被该公式蕴含的所有公式，因此命题推理问题通常可表示为知识库的查询问题。本书涉及的推理问题如下。

判定知识库的一致性，即判定对应命题公式的可满足性。该问题的重要性主要来源于两方面：第一，φ 不满足 ψ 当且仅当 $\varphi \wedge \neg\psi$ 可满足，因此该问题在自动推理中处于核心位置；第二，SAT 问题是第一个被证明为 NP 完全的问题，其多项式时间的求解算法将导致所有 NP 中问题皆能在多项式时间求解。任意逻辑公式的可满足性问题都可转化为某个线性大小的 CNF 公式的可满足性问题，且 CNF 公式的可满足性问题也是 NP 完全的，因此有时 SAT 问题也简单表示为 CNF 公式的可满足性问题，k-CNF 公式的可满足性问题相应地称为 k-SAT 问题。当 $k \geq 3$ 时，k-SAT 问题是 NP 完全的，而 2-SAT 问题是 NL 完全的。

判定知识库的有效性。该问题与 SAT 问题互补，是 co-NP 完全的。

判定知识库是否蕴含某个子句。任意公式都可表示为等价的 CNF 公式，而知识库蕴含一个 CNF 公式当且仅当其蕴含 CNF 中所有子句，因此任意表示语言是否支持多项式时间的子句蕴含判定算法是衡量该语言易处理性的最基本标准[14, 15]。

判定某个项是否蕴含知识库。该问题与子句蕴含判定问题互补，在基于模型的诊断领域有重要应用。

计算知识库的模型数。CNF 公式的模型计数问题为 #P 完全问题，模型计数问题在人工智能和形式化验证领域具有众多应用场景，例如，解决多种概率推理问题，如贝叶斯网络推理可以高效地转化为模型计数问题[16]，文献[17]提出的基于加权模型计数的贝叶斯推理方法是目前最快的精确贝叶斯推理方法。此外，模型计数还在自动规划[18]、神经网络验证[19]等领域有着广泛的应用场景。

枚举知识库的所有模型。该操作在产品配置中有重要应用，可用于枚举出所有满足用户需求的方案[20]。

判定知识库间的等价性。该问题在电子设计自动化领域有重要应用，可用于确定两种电路设计是否表现出完全相同的行为[21]。

判定知识库间的蕴含关系。

计算知识库的最小度。知识库的最小度在某些应用中代表明确的语义。例如，在基于模型的诊断中，最小度可表示给定可观察系统中最小的故障数；又如，在自动规划中，可用于表示得到指定目标所需的最少动作数[22]。

2.1.3　命题可满足性求解方法

当命题知识库表示为 CNF 公式时，目前高效的 SAT 求解能较好地解决一致性判定这一问题，在某些情况下甚至可在较短的时间内判定出多达上百万个变量的知识库的一致性。对于其他命题推理任务中，除模型计数、模型枚举以及计算最小度外，也可通过调用一次或线性次 SAT 求解器进行求解。例如，对于子句蕴含问题，φ 蕴含 δ 当且仅当 $\varphi \wedge \neg \delta$ 可满足。又如，对于知识库间蕴含问题，φ 蕴含 ψ 当且仅当对于任意 $\delta \in \psi$ 都有 φ 蕴含 δ。

SAT 求解方法主要可分为完备和非完备两类，前者能判断出可满足性并对于可满足的问题能给出解，后者对于不可满足的问题无法给出判断。完备的求解方法中使用最广的为 DPLL 算法[5, 23]，最早由 Davis 和 Putnam 于 1960 年提出，并在 1962 年由 Davis 等进行进一步的优化，这是一种基于搜索树的深度优先搜索算法，它结合了单文字规则、纯文字规则等缩小搜索空间，主要思想是在公式的所有部分赋值的空间中进行回溯搜索。在 DPLL 框架下，研究人员通过嵌入多种优化技术实现了多个高效的求解器，最著名的优化技术为 1996 年 Silva 和 Sakallah[24] 在求解器 GRASP 中提出的冲突学习技术，后续的完备的求解器都使用到了这项技术，该技术通过对冲突进行分析学习新子句缩减搜索空间，极大地提高了 DPLL 方法的效率，现代的 SAT 求解都使用到了这项技术，对应的求解器也被称为基于冲突的子句学习（conflict-driven clause learning，CDCL）求解器。最经典的 CDCL 求解器是 MiniSAT[25]，后续的很多求解器如 PrecoSAT[26]、CryptoMiniSat[27]、Kissat[28]等都是在 MiniSAT 的源代码基础上改进的。非完备求解方法多基于局部搜索，包括 GSAT[29]、Walksat[30]、调查传播（survey propagation）[31]、格局检测[32]等。自 2002 年开始，SAT 领域内每年举办一次 SAT 竞赛，也极大地推动了 SAT 问题求解效率的提高。

国内对于 SAT 问题也取得了很多研究成果，早在 2000 年，中国科学院软件研究所张健研究员出版了一部关于可满足性求解器的专著，中国科学院软件研究所蔡少伟和华中科技大学何琨等研究组在 SAT 竞赛中多次获得冠亚军，吉林大学欧阳丹彤团队在基于扩展规则的 SAT 求解方面发表了一系列的成果。

2.1.4　模型计数

模型计数问题是 SAT 问题的重要扩展，该问题旨在计算满足公式的赋值的数量。模型计数问题相较于 SAT 问题更具有挑战性，具有#P 完全的计算复杂性。总体而言，模型计数方法可分为精确和近似两大类。随着模型计数应用需求的持续增长以及学界对模型计数相关算法研究的不断深入，再加之模型计数竞赛[10]的推广，领域中已出现了数十种模型计数求解器。

精确求解算法主要分为三类：基于搜索、基于编译以及基于变量消元。基于搜索的模型计数方法的主要思想是通过更智能的枚举部分解来扩展 DPLL 框架[33]。开创性的基于搜索的模型计数求解器是 Cachet[34]，它首先实现了将组件（子句的子集）缓存与冲突驱动的子句学习相结合合来进行模型计数。随后的模型计数求解器 sharpSAT[35]改进了组件缓存方案以及决策启发式。在 sharpSAT 的基础上，Ganak[36]进一步引入了概率缓存。考虑到 Cachet，sharpSAT 和 Ganak 按照 Decision-DNNF[37]进行搜索，可扩展模型计数器 ExactMC[38]按照 Decision-DNNF 的泛化表示进行搜索，实验结果表明能显著提高求解效率。最近的 SharpSAT-TD[39]在 sharpSAT 的基础上使用 FlowCutter 算法计算输入公式的树分解，并将树分解应用到决策启发式中，在 2021 年的模型计数比赛中取得了冠军。基于编译的技术依赖于高效的知识编译器，编译器将输入语言表示的公式编译为目标语言表示的公式，编译后可以使用目标语言的表示高效地进行模型计数。例如，可以将公式转换为二元决策图并从标记为 1 的叶节点开始一直遍历到根节点以读取解的数量。c2d[40]就是一个著名的基于编译的模型计数求解器，它将给定的合取范式公式转换为可分解的否定范式，而该范式是有序二元决策图的严格超集，并且通常更简洁。其他有代表性的模型计数求解器还有 Dsharp[41]、miniC2D[42]和 d4[43]等。基于变量消除的方法对变量进行一系列相乘、映射来执行模型计数。ADDMC[44]是一个具有代表性的基于变量消除的模型计数求解器，它的主要思想是使用代数决策图来执行相乘、映射操作。随后，研究人员提出了一个统一的动态规划框架，称为 DPMC[45]，ADDMC 可以视为 DPMC 的特例。在 DPMC 框架中，公式的模型计数是对公式构建项目连接树后计算得到的。

近似模型计数算法根据提供的近似保障可进一步分为三类。第一类是提供(ε, δ)近似保证的近似求解器，假设真实模型数为Z，则求解器能在$1-\delta$的概率内输出介于$[Z/(1+\varepsilon), Z(1+\varepsilon)]$的估计值，代表性的求解器为ApproxMC[46]。第二类求解器提供一定概率下的上界或下界保证，代表性的求解器包括MBound[47]和SampleCount[48]。第三类不提供任何保证，但在实际应用中可扩展性最强，代表性的求解器为SATSS[49]和STS[50]。

目前国内开展模型计数研究的单位包括吉林大学、中国科学院软件研究所、东北师范大学、暨南大学等。

2.1.5　知识编译

命题推理问题通常被认为是不易处理的。例如，命题知识库的子句蕴含查询为co-NP完全问题，通常被认为不存在多项式时间的求解算法。知识编译是解决这种不易处理问题的重要方法[14, 15, 51]，目前已被应用到模型检测[52]、诊断[53]、产品配置[54]、自动规划[55]、数据库[56]和数据挖掘[57]等多个领域。命题推理问题可从概念上分为知识库和查询两部分，其中知识库的更新频率较低，人们通常需要对同一知识库做多次查询。知识编译的主要思想是将查询应答过程分成两个阶段：离线的编译阶段（off-line compilation phase）和在线的查询应答阶段（online query-answering phase）。在离线时将命题公式编译为易处理的目标语言（target language），从而能更有效地回答在线阶段的查询。离线阶段的时间代价能在多次（甚至指数次）的在线查询中通过类似于分期付款的方式补偿回来。

目标语言是任意知识编译方法的重要方面，其最基本的要求是需满足多项式时间的子句蕴含查询。目前在实际中应用较为广泛的目标语言主要可分为如下三大类。第一类为CNF和DNF的子集，主要包括Horn理论[14, 58]、本原蕴含式/本原蕴含范式（prime implicates/implicants normal form，PI/IP）[59-63]、EPCCL（each pair containing complementary literals）理论[64]、MODS（models）[50]等。第二类为有序二元决策图（ordered binary decision diagram，OBDD）[65, 66]及其推广。第三类为可分解否定范式（decomposable negation normal form，DNNF）[22]及其子集。

目前为止研究人员针对不同的推理问题提出了多种知识编译语言，从而增加了在实际应用中选择合适编译语言的困难性。鉴于此，文献[51]主张按照如下三个标准对知识编译语言进行评估：简洁性（succinctness），多项式时间内支持的查询的种类以及多项式时间内支持的转化的种类。

文献[51]按照上述三种标准对多种知识编译语言进行了评估，并将评估结果形成了一个知识编译图谱（knowledge compilation map）。之后，研究人员多次对知识编译图谱进行了扩展。

除了知识编译图谱中涉及的三个重要评价标准，知识编译语言是否具有规范性（canonicity）（即对于任意知识库，对应编译结果是唯一的）也是实际应用中选择知识编译语言需要考虑的一个重要因素，其能极大地方便搜索最优编译结果。例如，OBDD 在实际中广泛应用的一个重要因素即 ROBDD 具有规范性，且能在线性时间内通过等价的 OBDD 得到 ROBDD[67]。

国内吉林大学最早开展了知识编译的研究，提出了 EPCCL、OBDD[∧]、CCDD 等知识编译语言，并设计了多个编译器。

2.2　自动定理证明

2.2.1　自动定理证明的起源、发展与现状

第一个可运行的定理证明程序是 1954 年由逻辑学家 Davis 完成的，实现了普利斯伯格算术（Presburger arithmetic）的判定过程[68]。自然数的一阶理论又称皮亚诺算术，包括自然数的加法和乘法，普利斯伯格算术是皮亚诺算术的一个子集，只有加法没有乘法。皮亚诺算术不可判定，但普利斯伯格算术是可判定的。这个证明器证明了"两个偶数之和还是偶数"。

1956 年的达特茅斯人工智能讨论会议被认为是人工智能研究领域的起源。讨论会上，Newell 和 Simon 发表了《逻辑理论机》（*The logic theory machine*），被认为是自动定理证明（automated theorem proving，ATP）领域的第一篇论文[69]。逻辑理论机的目标是想机械地模仿人类在证明命题逻辑时所用的推导过程，它可以证明怀海特和罗素的《数学原理》第一卷中命题逻辑部分的一个很大的子集。

1957 年 Dag Prawitz 和他父亲编程实现了根岑（Gentzen）提出的自然演绎，发表了影响深远的论文，在论文中提出合一的概念[70]。

1959 年 IBM 的 Gelernter 等实现几何定理证明器[71]。该系统采用"反向链"的推理方法，从目标开始向前提推理产生新的子目标，这些子目标逻辑蕴涵最终目标。几何定理证明器能够解决直线图形中的大部分高中阶段的问题，并且运行时间也常常与高中生解题时间近似。

同年，与 Gelernter 同项目组的同事 Gilmore 实现了基于语义表（semantic tableau）方法的定理证明器，被认为是对谓词演算的第一个可用的机械证明程序[72]。

1958~1960 年，王浩[73]先后实现了三个 ATP 程序：一个完全的命题逻辑程序，一个谓词逻辑程序及其改进。其改进的谓词逻辑程序在 40min 内证明了《数学原理》中全部的 150 条谓词逻辑以及 200 条命题逻辑定理[74]。王浩的这项工作说明让机器拥有人类的技巧已不再是一种游戏。

Gilmore 方法的理论基础是 Herbrand 定理：为证明某谓词逻辑公式的恒假性，转化为去证明该谓词逻辑公式在 Herbrand 域上实例化得到的命题公式的恒假性[75]。在证明命题公式恒假性时，Gilmore 采用了最原始的"乘法方法"。

1960 年，Davis 和 Putnam 对 Gilmore 方法做了改进，提出所谓的 DP 过程[75]，后进化为当前使用的 DPLL 过程[23]。但是，DP 过程对 Gilmore 方法的改进不是本质的，因为这两种方法都需要枚举基替换，去产生恒假的命题公式。

1960 年 Prawitz 发表论文，指出 DP 过程的这个致命弱点，并给出了改进[70]。Prawitz 不再枚举替换去产生恒假的命题公式，而是主动去寻找产生这个恒假命题公式的那个替换。Prawitz 的"直接寻找替换，从而避免产生公式的组合爆炸"的思想是深刻的，使用了人工智能中的匹配技术。但 Prawitz 在实现这种想法时，效果却很不理想。

1960 年前后的三年间，是自动定理证明领域中逻辑方法的一段重要时间。基于 Herbrand 定理的 Gilmore 方法、DP 过程，尤其是 DP 过程中的单文字规则和 Prawitz 的匹配思想，最终导致归结原理的产生。

1964 年 Robinson 提出简洁而漂亮的归结原理[6]。被 Robinson 用归结原理所形式化的逻辑里，没有公理，只有一条使用合一替换的推导规则。而如此简洁的逻辑系统，却是谓词演算中的一个完备系统：任意一个恒真的一阶公式，在 Robinson 的逻辑系统中都是可证的。

重要的改进工作具体如下。

1964 年 Carson 和 Robinson 提出了单文字子句优先处理[76]和支撑集策略[77]。1965 年 Robinson 提出超归结方法，1967 年提出语义归结[78]。1968 年 Loveland 和 Luckham 提出线性归结[79]。1970 年 Boyer 提出锁归结，同年提出 SL-归结[80]，被用于早期的 PROLOG 语言。1970 年 Chang 提出输入归结，并证明其和单元归结等价[81]。1982 年 Murray 提出 NC（non-clausal）归结[82]。

相等是数学中重要且常见的概念，对于包含等词的公式进行推理需要特殊的规则：Wos 等提出 paramodulation 调解方法[83]，调解方法被推广为 superposition 方法[84]，成为现代定理证明器的理论和实践基础[85]。方程式（等式）是一阶逻辑的子集，即只有一个谓词 EQUAL。BirkHoff 证明了方程逻辑是完全的。在项重写[86]中，证明就是将一个符号串（实际上是谓词逻辑中的项）根据给定的等式重写成另一个符号串。为减少生成的项的数量，引入项之间的序关系来限制重写。Knuth-Bendix Ordering 是 20 世纪 70 年代提出的用于项重写的主要技术[87]。

　　20 世纪 80 年代后，自动定理证明领域没有突破性的进展，但该方向逐渐改名为自动推理，希望计算机程序成为一种工具，能够自动完成各种需要的推理任务。自动推理领域的国际会议是 CADE[88]和 IJCAR[89]，它们都是双年会议，两年里两个会议交替召开。CASC（CADE ATP System Competition）是至今每年仍在 CADE 或 IJCAR 会议上举办的自动定理证明系统比赛[90]，赛题来自 TPTP（Thousands Problems for Theorem Provers），TPTP 是定理证明器的公认的 Benchmark[91]。历年的 CASC 冠军中包括 Otter[92]、Vampire[93]等著名定理证明器。归结原理导致的组合爆炸仍然需要启发式方法的帮助，定理证明领域陷入停滞状态。近年，谷歌团队的实验表明，简单的卷积神经网络可以帮助定理证明器挑选子句从而提高性能[94]。

　　另外，研究者在几何定理证明与计算机代数方向取得比较满意的结果[95]，代表性的工作为吴文俊院士在 20 世纪 70 年代针对特定初等几何问题得到高效的算法[96]，并且被推广到一类微分几何问题上[97]。

2.2.2　Herbrand 定理

　　在离散数学中证明过 Skolem 范式的性质：设谓词逻辑公式 G 的 Skolem 范式为 S，则 G 的不可满足性与 S 的不可满足性等价。因此，若想证明谓词逻辑公式 G 是不可满足的，可以通过证明 S 的不可满足性来实现。相比于公式 G 可以具有任意形式，S 是只包含全称量词的前束范式，并且母式为合取范式（若干个子句的合取）。因此，S 可以看成一个子句集合，该集合中出现的量词均被全称量词作用。这就是下面经常谈论子句集的原因。若项、文字、子句等不含变量，则相应地称为基项、基文字和基子句。

　　首先介绍子句集 S 的 Herbrand 域。

　　设 H_0 是出现于子句集 S 的常量符号集合，若 S 中无常量符号出现，则 H_0 由一个常量符号 a 组成。对于 $i = 1, 2, \cdots$，在 H_{i-1} 中加入 $f^n(T_1, \cdots, T_n)$ 得到的集合 H_i 称为 S 的 i 级常量集，其中 f^n 是出现在 S 中的所有 n 元函数符号，项 $T_1, \cdots, T_n$ 取自 H_{i-1}。H_∞ 称为 S 的 Herbrand 域。

　　例 2.1　$S = \{P(f(x), a, g(y, z), b)\}$，于是

$H_0 = \{a, b\}$

$H_1 = \{a, b, f(a), f(b), g(a, a), g(a, b), g(b, a), g(b, b)\}$

$H_2 = \{a, b, f(a), f(b), g(a, a), g(a, b), g(b, a), g(b, b), f(f(a)), f(f(b)), f(g(a, a)), f(g(a, b)), f(g(b, a)), f(g(b, b)), g(a, f(a)), g(a, f(b)), g(a, g(a, a)), g(a, g(a, b)), \cdots\}$

　　$\cdots$

　　只要子句集 S 中包含函数符号，则 S 的 Herbrand 域是无限集。对于子句集 S

中子句 C，使用 S 的 Herbrand 域中元素代替 C 中变量得到的基子句构成的集合称为 C 的基例集。

定理 2.1　（Herbrand 定理）子句集 S 是不可满足的，当且仅当存在 S 的一个有限不可满足的 S 的基例集 S'。

Herbrand 定理指出了一种证明子句集 S 的不可满足性的方法：如果存在一个机械程序，它可以分别用 H_1, H_2, $\cdots$ 中的元素生成 S 中子句的基例集 S_1', $\cdots$, S_n'，并依次检查 S_1', $\cdots$, S_n' 的不可满足性，那么根据 Herbrand 定理，如果 S 是不可满足的，则这个程序一定可以找到一个有限数 N，使 S_N' 是不可满足的。

因为每个 S_i' 可以视为该集合中全部基子句的合取，因此可以使用命题逻辑中的任意方法检查 S_i' 的不可满足性。Gilmore 是实现这个想法的第一人，他将 S_i' 化为析取范式，如果其中任意一个短语包含一个互补对（文字与该文字的否定），则可以从析取范式中删除该短语。最后，如果某个 S_i' 是空的，则 S_i' 是不可满足的。Gilmore 方法需要求析取范式，因此面临组合爆炸的情况，为了克服这个缺点，Davis 和 Putnam 提出改进方法，即后来的 DPLL 过程[5]。

即使采用 DPLL 来判定命题公式的不可满足性，Herbrand 定理的主要障碍仍然是它要求生成关于子句集 S 的基例集 S_1', S_2', $\cdots$，在多数情况下，这些集合的元素个数是以指数方式增加的。非常有可能发生：子句集 S 的最小的不可满足基例集 S_k' 的元素数远超计算机的存储能力，更别提来判定 S_k' 的不可满足性了。

为了避免上述情况的发生，Robinson 于 1965 年提出归结原理[6]，可以直接判定任意子句集 S（不一定是基子句集）的不可满足性，其核心思想是合一算法，通过合一算法来主动生成能证明 S 不可满足性的实例。

2.2.3　合一与匹配

替换是形如 $\{T_1/v_1, \cdots, T_n/v_n\}$ 的有限集合，其中 v_i 是变量符号，T_i 是不同于 v_i 的项，并且 $v_1, \cdots, v_n$ 互不相同。设替换 $\theta = \{T_1/v_1, \cdots, T_n/v_n\}$，$E$ 是表达式，将 E 中出现的每个变量符号 v_i，都用项 T_i 来代替，得到的表达式记为 E^θ，称为 E 的例。

替换的乘积：设替换 $\theta = \{T_1/x_1, \cdots, T_m/x_m\}$，$\lambda = \{u_1/y_1, \cdots, u_n/y_n\}$，将集合 $\{T_1^\lambda/x_1, \cdots, T_m^\lambda/x_m, u_1/y_1, \cdots, u_n/y_n\}$ 中任意满足如下条件的元素删除：

（1）u_i/y_i，当 $y_i \in \{x_1, \cdots, x_m\}$ 时；

（2）T_j^λ/x_j，当 $T_j^\lambda = x_j$ 时。

如此得到的替换称为替换 θ 和 λ 的乘积，记为 $\theta \cdot \lambda$。

替换 θ 称为是表达式集合 $\{E_1, \cdots, E_k\}$ 的合一，当且仅当 $E_1^\theta = E_2^\theta = \cdots = E_k^\theta$。

表达式集合 $\{E_1, \cdots, E_k\}$ 的合一 σ 被称为最一般合一（匹配），当且仅当对此集合的任意合一 θ，都存在替换 λ 满足 $\theta = \sigma \cdot \lambda$。例如，表达式集合 $\{P(a, y), P(x, f(b))\}$ 是可合一的，其最一般合一为 $\{a/x, f(b)/y\}$。对于有限的可合一的表达式集合，存在合一算法返回其最一般合一。

2.2.4　归结原理

1. 基子句的归结原理

对任意两个基子句 C_1 和 C_2，如果 C_1 中存在文字 L_1，C_2 中存在文字 L_2，且 $L_1 = \neg L_2$，则从 C_1、C_2 中分别删除 L_1、L_2，将 C_1、C_2 的剩余部分析取起来构成子句，称为 C_1 和 C_2 的归结式。例如，$C_1 = \neg P \vee Q \vee R$，$C_2 = \neg Q \vee S$，于是 C_1 和 C_2 的归结式为 $\neg P \vee R \vee S$。设 C_1、C_2 是两个基子句，则 C_1、C_2 的归结式 C 是 C_1 和 C_2 的逻辑结果。

设 S 是子句集，从 S 推出子句 C 的演绎是有限子句序列：$C_1, C_2, \cdots, C_k$。其中 C_i 或是 S 中子句，或是 C_j 和 C_r 的归结式（$j < i, r < i$）；并且 $C_k = C$。从 S 推出空子句 £ 的演绎称为反驳，或称为 S 的一个证明。从子句集 S 演绎出子句 C，是指存在一个从 S 推出 C 的演绎。

例 2.2　$S = \{P \vee Q, \neg P \vee Q, P \vee \neg Q, \neg P \vee \neg Q\}$：

（1）$P \vee Q$；

（2）$\neg P \vee Q$；

（3）$P \vee \neg Q$；

（4）$\neg P \vee \neg Q$；

（5）Q，根据（1）、（2）；

（6）$\neg Q$，根据（3）、（4）；

（7）£，根据（5）、（6）。

如果基子句集 S 是不可满足的，则存在从 S 推出空子句的归结演绎。

2. 一般子句的归结原理

提升引理　如果 C_1' 和 C_2' 分别是子句 C_1 和 C_2 的例，C' 是 C_1' 和 C_2' 的归结式，则存在 C_1 和 C_2 的一个归结式 C，使 C' 是 C 的例。根据 Herbrand 定理和提升引理，可以证明一阶逻辑中归结原理的完备性：若子句集 S 是不可满足的，则存在从 S 推出空子句的归结演绎。

例 2.3　已知某些患者喜欢所有的医生，没有一个患者喜欢任意一个骗子。证明任意一个医生都不是骗子。

证明

令 $P(x)$：x 是患者

$D(x)$：x 是医生

$Q(x)$：x 是骗子

$L(x, y)$：x 喜欢 y

A_1：$\exists x(P(x) \wedge \forall y(D(y) \rightarrow L(x, y)))$

A_2：$\forall x(P(x) \rightarrow \forall y(Q(y) \rightarrow \neg L(x, y)))$

B：$\forall x(D(x) \rightarrow \neg Q(x))$

要证明公式 $A_1 \wedge A_2 \wedge \neg B$ 是不可满足的，先求出其 Skolem 范式中的子句集：

$A_1 = \exists x \forall y(P(x) \wedge (\neg D(y) \vee L(x, y)))$，Skolem 范式为 $\forall y(P(a) \wedge (\neg D(y) \vee L(a, y)))$；

$A_2 = \forall x \forall y(\neg P(x) \vee \neg Q(y) \vee \neg L(x, y))$，Skolem 范式与前束范式相同；

$\neg B = \exists x(D(x) \wedge Q(x))$，Skolem 范式为 $D(b) \wedge Q(b)$。

因此，$A_1 \wedge A_2 \wedge \neg B$ 公式的子句集为下述（1）～（5）：

（1）$P(a)$；

（2）$\neg D(y) \vee L(a, y)$；

（3）$\neg P(x) \vee \neg Q(y) \vee \neg L(x, y)$；

（4）$D(b)$；

（5）$Q(b)$；

（6）$L(a, b)$，根据（2）、（4）；

（7）$\neg Q(y) \vee \neg L(a, y)$，根据（1）、（3）；

（8）$\neg L(a, b)$，根据（5）、（7）；

（9）£，根据（6）、（8）。

3. 删除策略

归结原理是比 Gilmore 或 Herbrand 方法更有效的判定一阶逻辑中公式的不可满足性的方法。但是，归结原理的效率，也由于在归结过程中产生大量的无用子句而受到影响。在子句集 S 上使用归结原理的最直接的一种方法是，计算 S 中所有子句对的归结式，并将这些归结式并入 S，再进一步计算所有子句对的归结式。重复此过程，直到空子句被导出。这个过程被称为水平浸透法。对前面例子中子句集 $S = \{P \vee Q, \neg P \vee Q, P \vee \neg Q, \neg P \vee \neg Q\}$ 使用水平浸透法，将生成非常多的对导出空子句无用的子句。

为了解决防止多余子句产生这个问题，提高归结推理效率，删除策略被引入。

称子句 C 包含子句 D，当且仅当存在替换 σ 使得 $C^\sigma \subset D$。D 称为被包含子句。例如，设 $C = P(x)$，$D = P(a) \vee Q(a)$，令 $\sigma = \{a/x\}$，则 $C^\sigma = P(a) \subset D$，即 C 包含 D。

设 S 是子句集，下面的序列是从 S 出发推出子句 C 的演绎 D：$C_1, C_2, \cdots, C_k$

（$=C$）。如果 C_i 是重言式，或者 C_i 被某个 C_j 包含（$j<i$），则将 C_i 从这个演绎中删除，称对此演绎 D 实行了删除策略。删除策略是完备的，即设 S 是不可满足子句集，如果在水平浸透法中使用删除策略，则最后仍可以推导出空子句。

2.2.5 归结原理的改进策略

1. 语义归结

子句集 S 的子集 T 称为 S 的支撑集，如果 $S–T$ 是可满足的。一个支撑集归结是一个不同时属于 $S–T$ 的两个子句的归结。支撑集归结式由 Wos 等于 1965 年提出[77]。这种策略的思想比较直观：在一阶逻辑中证明 $A_1, \cdots, A_n$ 共同蕴涵 B，即证明（$A_1 \wedge \cdots \wedge A_n$）$\rightarrow B$ 为恒真公式，归结方法是去证明 $A_1 \wedge \cdots \wedge A_n \wedge \neg B$ 是不可满足的。通常，前提集合 $\{A_1, \cdots, A_n\}$ 是可满足的。因此，要找出矛盾（即空子句），避免在 $\{A_1, \cdots, A_n\}$ 中的子句进行归结是明智的。这就是支撑集归结的来源。支撑集归结是完备的。

与支撑集归结的思想相似，语义归结[78]的核心思想是通过一个解释 I，在解释 I 下输入子句集 S 一定会被划分为非空的两个子集：被满足的子句子集 S_1 和被弄假的子句子集 S_2。语义归结要求进行归结的两个子句只能来源于不同的子集。语义归结中也对谓词符号进行排序，在应用归结方法时要求只能应用在子句中最大的谓词符号上。当解释 I 中只有正文字（或者负文字）时，语义归结又被称为正超归结（或者负超归结）。语义归结和超归结都是完备的。

2. Horn 集上的归结原理

单元归结：归结的两个子句中有一个单文字子句。输入归结：归结的两个子句中有一个子句来自最初给定的子句集合 S。若一个演绎中的每个归结步骤都是单元（输入）归结，则称为单元（输入）演绎。

存在从子句集 S 推出空子句的单元演绎当且仅当存在从子句集 S 推出空子句的输入演绎。单元归结和输入归结这样好的推理方法，却是不完备的，例如，前面的例 2.1。然而，对于一类特殊子句集，Horn 集是完备的。Horn 集虽然特殊，却用途广泛。

如果一个子句中最多有一个正文字，则称此子句为 Horn 子句；由 Horn 子句构成的子句集，称为 Horn 集。如下面的 Horn 集 $\{\neg A_1 \vee \neg A_2 \vee \neg A_3 \vee B_1, \neg A_4 \vee \neg A_5 \vee B_2, P \vee Q, A_1, A_4, P\}$ 恰好描写了如下一组知识：

（1）A_1；

（2）A_4；

（3）P；

（4）$A_1 \wedge \neg A_2 \wedge \neg A_3 \rightarrow B_1$；

（5）$A_4 \wedge \neg A_5 \rightarrow B_2$；

（6）$P \rightarrow Q$。

其中前三条公式描述了事实，后三条公式描述了规则。Horn 集描述的知识（事实与规则）恰好是知识工程中经常使用的知识表示方法。因此，针对 Horn 集上归结方法有许多研究工作与改进成果。例如，前述提到的单元归结与输入归结是不完备的。即对于普通的不可满足子句集，仅使用单元演绎或者输入演绎最后未必能推导出空子句。但是单元归结与输入归结对 Horn 集是完备的。设 S 是不可满足的 Horn 集，于是存在从 S 推出空子句的输入演绎和单元演绎。

3. 广义归结

应用归结原理证明谓词公式 G 不可满足时，需要先得到 G 的 Skolem 范式，这种范式的母式是合取范式，首标中只有全称量词。因此，归结方法的输入是来自合取范式中的子句构成的集合，子句中出现的变量均受全称量词限制。求 Skolem 范式的过程烦琐费时，研究者试着避开这一环节。

1979 年王湘浩、刘叙华提出了广义归结方法，1982 年发表于《计算机学报》[98]；同年，Murray 在国际权威期刊 *Artificial Intelligence* 发表论文，提出一种非子句形式的 NC 归结方法[82]。1992 年，刘叙华和孙吉贵研究、比较了广义归结和 NC 归结，证明了 NC 归结对于锁归结、有序归结、语义归结和线性半锁归结都是不完备的，并指出 Murray 论文中的不足。刘叙华在其专著[99]中指出：无论由复杂文字组成的子句的归结（Bollinger 在 IJCAI-91 上发表的论文[100]），还是 NC 归结（1982 年，Murray 在 *AI* 上发表的论文[82]），都是在广义归结中加上某种简单限制，这些限制既带来一些好处，同时也带来一些坏处。

2.2.6 等词推理

相等是数学中的重要且常用的概念之一，使用一阶逻辑来描述表达数学定理时经常需要使用相等这个二元谓词，后面内容中用 = 表示等词，$s = T$，实际上表示 $=(s, T)$，用≠表示 ¬ =。对于包含等词的子句集 S，若 S 是不可满足的，使用归结原理不能找到从 S 推出空子句的演绎。这是因为在应用归结原理的符号系统里，代表等词的 = 就是普通的二元谓词，在解释中可以被指定为任意的二元谓词，并不是一定会被指定为表示相等的谓词。在这种观点下，子句集 S 有可能是可满足的，使用归结原理不能找到从 S 推出空子句的演绎。

为了对包含等词的问题进行推理，一种直接的方法是增加公理集合 K。

（1）$x = x$（反身性）；

（2）$x \neq y \vee y = x$（对称性）；

（3）$x \neq y \vee y \neq z \vee x = z$（传递性）；

（4）$x_j \neq x_0 \vee \neg P(x_1, \cdots, x_j, \cdots, x_n) \vee P(x_1, \cdots, x_0, \cdots, x_n)$，$j = 1, 2, \cdots, n$，$P(x_1, \cdots, x_n)$ 是 S 中任意的 n 元谓词符号（等量代换）；

（5）$x_j \neq x_0 \vee f(x_1, \cdots, x_j, \cdots, x_n) = f(x_1, \cdots, x_0, \cdots, x_n)$，$j = 1, 2, \cdots, n$，$f(x_1, \cdots, x_n)$ 是 S 中任意的 n 元函数符号（等量代换）。

对于包含等词的子句集 S，若 S 是不可满足的，则存在从 $S \cup K$ 推出空子句的演绎。这种方法的缺点是输入的子句集合增大，应用归结原理的过程中将生成更多的无用子句，效率降低。

另一种方法是设计专门的推理规则来处理等词的推理。下面介绍调解法[85]，其本质上是等量替换规则的推广。

以基情况为例，若子句 C_1 和 C_2 分别为 $L[T] \vee C_1'$ 和 $T = s \vee C_2'$，其中 $L[T]$ 表示包含项 T 的文字，C_1' 和 C_2' 是子句，于是 $L[s] \vee C_1' \vee C_2'$ 称为 C_1 和 C_2 的调解式。

在一般子句上，例如：

C_1：$P(x) \vee Q(b)$；

C_2：$a = b \vee R(b)$；

尽管 C_1 中不包含 a，但替换 $\{a/x\}$ 作用在 C_1 上得到 C_1 的例包含 a，于是可以和 C_2 进行调解，得到 $P(b) \vee Q(b) \vee R(b)$。

调解法提出以后，和归结方法一样，为提高其效率，很多改进方法被提出来。例如，支撑集调解法、线性调解法、P 超调解[83]等。

设 P 是子句 C_1 和 C_2 中谓词符号的一个次序，C_1 和 C_2 的一个调解式称为 P 超调解式，当且仅当满足条件：C_1 和 C_2 是正子句；C_1 和 C_2 中的调解文字分别是 C_1 和 C_2 中最大谓词符号。

从 S 出发使用归结和调解的 P 超演绎是一个子句序列，其中的每个子句或者来自 S，或者是一个 P 超归结式，或者是一个 P 超调解式。对于含等词的不可满足子句集 S，存在从 $S \cup \{x = x\} \cup F$ 推出空子句的 P 超演绎，其中 F 是关于 S 中出现的全部函数符号的反身公理集。

1973 年，Chang 和 Lee 出版了人工智能领域颇具影响力的专著 *Symbolic Logic and Mechanical Theorem Proving*[81]。1990 年，吉林大学刘叙华团队发现该专著中关于输入调解和单元调解等价性的猜测是错误的，并发现 Chang 和 Lee 在定义调解和使用调解时，存在着某种含混，从而导致一批引理和定理都可能是错误的，甚至线性调解的完备性都可能是错误的。为此，引入了对称调解的概念，使得 Chang 和 Lee 著作中的所有含混之处都变得明确起来，并进一步指出了调解和对称调解各自的优缺点[99]。

后来，从调解法又发展出 superposition 方法，这是当前主流的等词推理方法[84]。引入项的次序，要求等量替换时只能对排序在前的项应用，进而减少新生成的文字。例如，对于等词 $s[l] = T$ 和 $l = r$，只有当 $s > T, l > r$ 时，才能用 r 替换 l 得出 $s[r] = T$，其中 $s[l]$ 表示包含项 l 的项。

2.2.7　几何定理证明和数学机械化

哥德尔证明一阶整数（算术）是不可判定的，但几乎同时塔尔斯基则证明一阶实数（初等几何和代数）是可判定的[101]。塔尔斯基的结果意味着可以存在算法能对所有初等几何和代数问题给出证明。但塔尔斯基的原始算法是超指数的，被后人多次改进后仍然很难被当作通用算法。数学家吴文俊受到中国数学思想的启发[95]，针对某一大类的初等几何问题给出了高效的算法[96]。后来又将这种方法推广到一类微分几何问题上[97]。

在定理证明的早期，研究者追求"一招鲜吃遍天"，即找到一个超级算法能证明所有问题，最典型的例子是归结方法和 superposition。王浩不认可这种思路，他认为他自己的早期工作和吴文俊的方法都表明最有效的方法是先找对一个相对可控的子领域，然后针对这个子领域的特性，找到有效的算法。

吴文俊院士喜欢用"数学机械化"而不是"机器定理证明"来描述自己的工作。笛卡儿认为代数使得数学机械化，因此使得思考和计算步骤变得容易，无须花很大脑力。小学算术很难的题目，在初中代数中通过方程很容易被解决。每一次数学的突破，往往以脑力劳动的机械化来体现[102]。

2.2.8　定理证明器竞赛和著名定理证明器

自动定理证明领域的权威国际会议有 CADE 和 IJCAR，它们均是每两年召开一次，交替召开。美国迈阿密大学的 Geoff Sutcliffe 每年都在 CADE 或 IJCAR 上组织机器定理证明大赛 CASC，主要面向命题逻辑和一阶逻辑证明器。Sutcliffe 还维护一个 TPTP 网站，是 CASC 的比赛题库，也是公认的检验一阶逻辑证明器性能的 Benchmark。在 2000 年以前的比赛中，Otter 是多个组别的冠军，2005 年后英国曼彻斯特大学的 Vampire 后来居上，至今一直维持领先状况。定理证明程序可用于软硬件验证，例如，Vampire 曾被微软公司用来进行软件系统验证。

美国阿贡国家实验室的 William McCune 在 20 世纪 90 年代使用 C 语言实现了 Otter 定理证明器，Otter 实现了当时定理证明里最先进的所有技术，在 CASC 比赛中获得多个组别的冠军。例如，归结原理中的删除策略要求删除被包含的子句，包含测试时定理证明器中最耗时的部分。McCune 最早把项索引引入定理证明器。
Otter 主要用到两种项索引：一种是路径索引；另一种是 McCune 提出的差别树索引（discrimination tree indexing），这项技术极大地提高了定理证明器的效率[103]。

McCune 利用 Otter 的模块开发了专门用于等词推理的证明器 EQP。1996 年
10 月，McCune 使用 EQP 证明了罗宾斯猜想[92]。这是数学家罗宾斯于 1933 年提出的一个关于布尔代数的猜想，几十年来从未被证明。EQP（equational theorem prover）在一台 486 机器上运行 13 天给出证明，之后又在一台 IBM RS/6000 工作站上运行 7 天进行验证。阿贡国家实验室的定理证明小组在 2006 年被撤销，被认为是符号派低潮的标志性事件。

2.3 约束可满足性求解

"Constraint programming represents one of the closest approaches computer science has yet made to the Holy Grail of programming：The user states the problem，the computer solves it." 这是美国艺术与科学学院院士、AAAI Fellow、约束程序（constraint programming，CP）研究领域的开创者和奠基人、著名人工智能学学者、爱尔兰考克大学 Eugene Freuder 教授 1996 年为我们描绘的约束程序未来发展愿景[104]。这也毫无疑问是人工智能，乃至计算机科学的最高理想，即用户表述问题，计算机自动求解。彼时，CP 这个源于计算机图形学[105, 106]的问题求解方法刚在人工智能研究领域中占有一席之地，尚未广为人知。

进入 21 世纪，约束程序研究得到空前快速发展，并已逐步成为人工智能的基本支撑方法和技术[107, 108]。2005 年 3 月，在法国成立了国际约束程序学会（Association for Constraint Programming，ACP）[109]，会刊为 International Journal of Constraints，每年定期召开 CP 学术年会。目前，在 IJCAI、AAAI 等权威人工智能国际会议上，与约束程序相关的研究论文数量呈现逐年增长的趋势，愈发显示其作为人工智能问题求解方法的重要地位。IJCAI2011、IJCAI2013、AAAI2019 和 IJCAI2020 的程序委员会主席分别是澳大利亚新南威尔士大学的 Walsh 教授、意大利帕多瓦大学的 Rossi 教授、美国密歇根大学的 Hentenryck 教授（与南京大学周志华教授同为联合主席）和法国蒙彼利埃大学的 Bessiere 教授，他们都是蜚声国际专门从事约束程序研究的人工智能学者。

约束程序以人工智能领域著名的约束满足问题（constraint satisfaction problem，CSP）的建模和求解研究[107, 108]为核心，大量来自汽车、交通、航空、电信、教育等领域中的规划、调度、配置、推荐等问题都适合采用约束满足问题来建模和求解[107, 108]，这为约束程序的成功应用提供了天然优越条件。当前，约束程

序在工业界取得极大成功。IBM ILOG 优化引擎已成为 SAP、Oracle 等跨国 IT 巨头 ERP 等软件产品的核心优化技术[110]。2014 年 11 月 12 日，欧洲宇航局发射的彗星探测器的着陆器"菲莱"成功登陆"丘留莫夫-格拉西缅科"彗星，完成人造探测器的首次彗星登陆壮举，在"菲莱"执行此次任务及后续实验过程中起主导作用的软件技术是约束传播和基于约束调度方法等 CP 技术[111, 112]，这为人工智能助力人类太空探索历史留下了浓墨重彩的一笔。

但是，和通用人工智能当前面临的困境类似[113]：具有通用功能的约束程序的建模和求解方法的进展与我们的期望还有距离。尤其在大数据背景下，特别是 2015 年以来，在以机器学习飞速进步为代表的新人工智能浪潮冲击下，约束程序还面临不少新的挑战。如我们面对的约束满足问题呈现出开放交互、大规模、结构化不显著等多种特征[114]，怎样利用大数据和机器学习方法改善现有的建模和求解方法？……约束程序从建模到求解全过程的自动化和可用性亟待加强，这也是 2017 年国务院印发的《新一代人工智能发展规划》对人工智能发展提出的新要求[115]。

当前，由 Freuder 教授创立、目前由 O'Sullivan 教授领导的爱尔兰科克大学 Insight 研究中心是最具影响力的约束程序研究基地，并辐射法国、澳大利亚、美国、英国和意大利等国研究机构。其中，O'Sullivan 教授领导的研究组在约束建模和约束组合求解等方面研究独树一帜，蒙彼利埃大学 Bessière 教授等在自适应约束传播和自动约束建模方法的研究最为突出。

国内研究主要集中在经典和分布式约束求解方法的研究，对于交互式约束建模与求解方法研究涉及不多，代表性工作有北京航空航天大学许可教授等提出的著名的 RB、RD 模型[116]。香港中文大学的李浩文教授主要研究基于对称消除的约束求解方法[117]；国防科技大学王怀民教授、东北大学张斌教授以及中国科学技术大学陈恩红教授等主要研究分布式约束优化问题的求解算法[118-120]，中国科学院软件研究所张健教授、马菲菲博士对于混合约束满足问题求解方法及应用的研究[121, 122]。吉林大学研究组早期在孙吉贵教授领导下，在国内较早开展约束程序研究，在约束求解理论、方法及约束求解系统方面做了很多颇具特色的研究工作[123, 124]，研究结果得到 Bessière 教授、李浩文教授等国际知名研究者的肯定。

约束建模[125]是约束求解的基础，模型选择的好坏将直接影响约束求解效率甚至问题是否可解，这一点已经得到约束程序界的共识[126, 127]。对于约束程序建模，2000 年，Simonis 曾给出了"30 条金法则"[128]，但是多数并不具有普适性，只有"尽量不用布尔模型"、"尽量少用变量和约束"等简单规则有一定影响。商用和学术方面取得成功的约束建模语言也层出不穷，如 OPL、Essence、MiniZinc 等功能都十分强大，但这些建模语言都有一定的局限性：要求用户对于问题特征和求解算法有一个清晰的了解，即用户应具备相当专业的约束程序知识。

在互联网浪潮下，对于计算机系统的交互能力要求日渐提升，自动化同时也是各种人工智能系统追求的普遍目标，对于交互建模和自动建模的能力需求迫切。基于此，先后在 2003 年和 2007 年，Bessière 等开创了基于问答的约束模型获取研究工作[129, 130]并开发原型系统 CONACQ。2009 年，Shchekotykhin 等[131]，提出了基于辩论的建模方法，以减少学习实例数。2010 年，Lallouet 等[132]提出基于归纳逻辑程序的约束模型自动获取方法。2016 年，Picard-Cantin 等[133]针对序列约束建模问题提出了从正例中学习参数的方法。2017 年，Bessière 等首次提出了归纳约束程序循环理论模型[134]，为机器学习和约束程序融合研究搭建了桥梁，同时也为约束自动模型获取研究指明了方向，但仅限于理论层面和小规模问题实例上，具体实现细节还不十分清晰。

近年来，约束求解方法的发展极为迅速[107]，算法组合方法（algorithms portfolios）和自动配置问题成为研究热点[135, 136]。目前新的研究进展有，2010 年，Balafoutis 等用统计学习方法对当前流行的变量序启发式地做了一个比较系统的实验评估[137]。对于值选择启发式，最近的代表性工作有，2008 年，Epstein 等联合研制了个性化启发式策学习、挖掘系统[138]，2015 年，Chu 等提出了值选择启发式学习策略[139]。同年，Ortiz-Bayliss 等首次提出了初步具备自动选择功能的"超级变量启发式"[140]。但目前，在挖掘新的选择启发式策略和各种启发式策略组合应用方面的研究刚起步，研究空间很大。对于算法级别的组合研究，2013 年，Amadini 等对约束求解器级别的组合求解进行了初步的实验评估[141]，取得不错的效果，未来需要结合机器学习方法加强约束求解方法的精确选择和深度融合。

自适应约束传播的有影响力的开创性工作是 2009 年 Stergiou 提出的基于探查和简单学习机制实现的自适应[142]。最新进展是 2015 年，Balafrej 等提出的参数化自适应约束传播[143]，我们的研究组对此也有贡献。但对于交互式环境的约束满足问题的自动求解研究刚刚起步，理论基础不足。除此之外，约束满足问题的结构特征也是影响算法求解效率的重要因素，法国阿尔多瓦大学的 Lecoutre 教授整理建立的 Benchmark 测试问题实例库[108, 144]，涵盖各个应用领域的 2000 多个问题实例，是良好的学习和测试数据集。

2017 年，Freuder 教授为 ACP 会刊 *Constraints* 创刊 20 周年专门撰文 *Progress towards the Holy Grail* 指出[113]：自动约束建模、自动问题求解[145]将是约束程序下一步的研究重点。

2.4　基于模型的诊断

基于模型诊断（model-based diagnosis，MBD）是为了弥补传统基于规则诊断方法的严重缺陷而兴起的智能诊断方法，避免了基于规则诊断方法对被诊断问题进行规则提取及其带来的不完备性问题。MBD 依据被诊断问题的拓扑结构和逻辑行为知识将诊断问题建模为可满足性问题，随后利用智能推理技术进行完备性诊断求解。MBD 智能诊断方法一经提出，就引起了国际人工智能和故障诊断领域众多专家和学者的赞誉。人工智能领域著名学者 Kleer 将其称为故障诊断领域理论和方法上的重大技术性革命[146]。著名 MBD 学者 Struss 称基于推理技术的 MBD 方法是 AI 研究发展的试金石和重大挑战[147]。著名人工智能学者 Dressler 等在 IJCAI-99 会议上特邀报告中指出：MBD 求解方法和理论的进一步研究，不仅是 AI 基础理论研究的需要，对整个 AI 领域研究的发展也起着进一步深化和推动的作用[148]。

2.4.1 MBD 问题

定义 2.1 诊断问题[146]（diagnosis problem，DP）：诊断问题可以被定义为一个三元组<SD，Comps，Obs>，在这个三元组中：

SD（system description）表示诊断问题的系统描述，用谓词公式的集合表示；

Comps（system components）代表系统中所有组件的集合，用一个有限的常量集表示；

Obs（system observations）代表系统的一个观测，用谓词公式的集合表示。

假定所有组件的状态是正常的，当系统的模型描述和观测出现不一致时，我们称存在一个诊断问题，也就是

$$SD \land Obs \land \{\neg h(c)|c \in Comps\} \vDash \perp \tag{2-1}$$

其中，系统中组件的状态用一元谓词 $h(c)$ 表示，$h(c)$ 的值为 1 代表组件 c 是故障的，相反，$h(c)$ 为 0 代表组件 c 是正常的。系统描述部分包含系统的行为描述以及系统的连接情况。行为描述是一个描述了组件在正常和异常（故障）状态下的执行功能的情况的公式。系统的连接情况是一个形式为 $i_c = o_c$ 的公式，其中 i_c 表示组件 c 的输入，o_c 表示组件 c 的输出。

下面我们给出诊断的定义。

定义 2.2 诊断[146]（diagnosis）：诊断问题用三元组<SD，Comps，Obs>表示，一个诊断被定义为一组组件 Δ 的集合，其中 $\Delta \in Comps$，当

$$SD \land Obs \land \{h(c)|c \in \Delta\} \land \{\neg h(c)|c \in Comps - \Delta\} \nvDash \perp \tag{2-2}$$

其中，Δ 为一组关于组件的赋值，用于表示组件是正常状态还是异常（故障）状态的行为假设；$\nvDash$ 表示逻辑蕴涵关系的否定；$\perp$ 表示矛盾。

2.4.2　国内外总体研究现状

国外从事 MBD 领域研究的知名大学和研究机构主要集中分布在欧美。普林斯顿大学教授 Malik 领导的 MBD 研究小组已经成为全世界一流的研究基地；斯坦福研究院设有芯片故障调试和诊断研究中心，在研究员 Dutertre 的带领下此研究小组在全球享有盛誉；里斯本大学教授 Marques-Silva 在 SAT 和 MBD 方面取得的研究成果国际领先；多伦多大学教授 Veneris 领导的研究小组在 MBD 方面得了系列重要科研成果；在密歇根大学、不来梅大学、澳大利亚国立大学、格拉茨工业大学等著名大学也都设有 MBD 相关的研究小组。

随着 SAT 和 MaxSAT 求解技术的飞速发展，MBD 问题主流求解方法也都调用 SAT 和 MaxSAT 求解器。在调用此求解器前需要将 MBD 问题的描述形式转换成 SAT 可接受的布尔可满足形式，而在转换时其内部元件间的拓扑和逻辑信息被丢弃[149, 150]。在 MBD 求解过程中，电路的拓扑和逻辑信息对提高 MBD 求解效率起着重要作用。

国内外学者开始研究结合电路结构和逻辑信息的 MBD 优化方法，Zhu 等[151]给出了利用诊断解中骨架变量信息提高 MBD 求解效率的方法，在 MBD 方法得到部分候选诊断解后，提取当前诊断解集中的所有变量的骨架变量信息，在下次求解前约束传播已有骨架变量对应的赋值，进而在骨架变量对应的缩减空间中进行 MBD 求解，有效缩减了后续求解时的搜索空间。Deorio 等[152]提出结合电路设计阶段的模式信息对 MBD 进行优化的方法，在设计阶段学习电路设计中通信模型的模式信息，在对流片后的芯片诊断时利用提取的模式信息对 MBD 候选诊断解空间进行剪枝，进而减小了 MBD 问题的求解空间，提高了诊断效率。欧阳丹彤等[153]给出了结合电路结构特征进行抽象的 MBD 方法，提取电路结构特征并将电路抽象成不同的区域，调用 MaxSAT 求解器对这些区域构成的抽象电路求解得到诊断，将此诊断解扩展以有效地获得抽象电路对应的所有诊断。周慧思等[154]提出一种结合结构特征的随机搜索 MBD 方法，依据单元传播规则结合问题结构特征逐步将问题中硬单元子句分成两部分，对新的子问题再次利用单元传播得出原问题中的硬单元子句中硬阻塞变量，再结合子句特征翻转相应软阻塞变量，从而提高 MBD 的求解效率。

Feldman 等[155]提出结合 MaxSAT 的诊断求解方法，首先将诊断问题建模成最大可满足性问题（maximum satisfiability，MaxSAT），此方法比基于随机搜索的 SAFARI 求解方法运行时间更长。文献[156]从编译建模角度提出考虑电路的统治关系的 SATbD 诊断方法，此方法依据统治关系有效缩减求解空间，进而高效地找出所有极小势诊断。2015 年，Ignatiev 等[157]提出一种面向统治者编码（dominator oriented encoding，DOE）的诊断问题建模方法，通过寻找过滤掉一些节点和一些边的方法将 MBD 编码为 MaxSAT，进而有效缩减建模后诊断问题的规模。此种建模编码方法利用了系统的结构信息，有效地缩减了 MBD 问题建模后子句集的规模。欧阳丹彤等[158]从拓扑结构出发以第一组观测的系统输入为基础，分析其他观测与第一个观测之间的差异，提出多观测压缩模型对所选系统变量的约束进行编码，多观测压缩模型还可以用于计算极小势的聚合诊断或极小子集的聚合诊断。此外，还从逻辑关系角度出发提出基于支配的多观测压缩模型，在压缩模型中使用支配门的概念来计算压缩模型的顶层诊断，此模型更适用于计算极小势的聚合诊断。

2.5　神经符号系统

2.5.1　神经符号系统的背景

　　智能系统往往需要兼具感知与认知能力。近年来，神经系统实现了感知智能且具有高效的学习能力，但推理能力差。符号系统实现了认知智能且具有强推理能力，但学习效率差。目前，越来越多的国内外学者开始尝试结合神经系统与符号系统两者的优点，开发兼具高效学习能力与强推理能力的模型，该类模型被称为神经符号系统（neural-symbolic system）。神经符号系统利用神经网络快速的计算能力和符号强大的表达能力，能够在不同领域的任务上有效地学习与推理，实现模型的感知与认知。

　　解决现实世界很多领域中的问题都需要智能感知与认知，如医学领域中的医疗诊断和自动驾驶领域中的智能决策等。图灵奖获得者约书亚·本吉奥（Yoshua Bengio）在 NeuIPS 2019 的特邀报告中明确提到："深度学习需要从系统 1（system 1）到系统 2（system 2）转化，其中，系统 1 表示直觉的、快速的、无意识的、非语言的、习惯的系统；系统 2 表示慢的、有逻辑的、有序的、有意识的、可用语言表达以及可推理的系统。" 该观点表明了人工智能的一个重要发展方向。如图 2.1 所示，纵观人工智能的发展史，从 20 世纪 50～90 年代，符号主义比较盛行，逻辑推理和知识工程成为人工智能的主流技术。之后，联结主义比较盛行，机器学习是人工智能的主流技术，研究者不再过多地关注逻辑推理。从图中也可以看出，人工智能的整个发展主要包含两大主义：符号主义（符号系统）与联结主义（神经系统）。符号主义研究演绎、逻辑推理以及为特定模型求解的搜索算法，如专家系统（通过规则与决策树从输入数据中推导出结论）、约束求解器（在一些给定的可能性中求解）与规划系统（从一些初始状态值中找到一系列动作实现给定目标）等。联结主义研究归纳、学习以及可以从数据中自动捕获信息的神经网络，如卷积神经网络（擅长处理有关图像问题）与长短期记忆网络（擅长处理有关时间序列的问题）等。

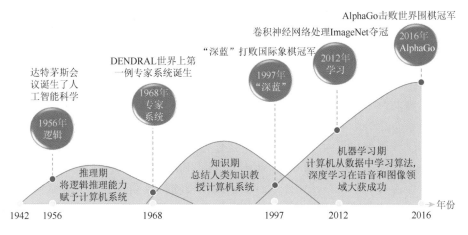

图 2.1　人工智能发展简史

基于以上分析，表 2.2 分别列出了神经系统和符号系统的优缺点。通过对两者优缺点的总结及对比可以发现：符号系统与神经系统的优缺点具有互补性。符号系统善于利用知识，神经系统善于利用数据，而人在做决策时需要知识与数据并存。根据符号系统与神经系统优缺点的互补性，以及人作决策时所需的条件，将两者结合是未来人工智能发展的主要趋势。

表 2.2　神经系统及符号系统优缺点

系统	优点	缺点
符号系统 （擅长演绎推理）	泛化能力强 具有可解释性 知识驱动	不擅长处理非结构化数据 鲁棒性差 推理速度慢
神经系统 （擅长归纳学习）	擅长处理非结构化数据 鲁棒性强 学习速度快	泛化能力弱 不具有可解释性 需要大量标注数据

2.5.2　神经符号系统研究现状

神经符号系统研究的相关工作归结为三大类：神经辅助符号（learning for reasoning）、符号辅助神经（reasoning for learning）和神经-符号（learning-reasoning）。第一类方法以符号系统为主，神经系统为辅。它的目的是利用神经网络的计算速度快的优势去辅助用符号系统搜索解，使得推理更加高效[159-165]。例如，在基于统计关系学习（statistical relational learning，SRL）[166]的方法中用神经网络来近似搜索算法，实现模型的高效推理。第二类以神经系统为主，符号系统为辅。它的目的是整合符号系统（符号知识包括逻辑规则和知识图谱）的优势到神经系统学习的过程中，提升神经系统的学习性能[167, 168]。如正则化（regularization）方法将符号作为神经网络的约束项，指导模型的学习。第三类方法，神经系统与符号系统以平等的方式参与到模型中，两者以一种互利共存的方式充分发挥其优势[169-174]。

神经辅助符号。Qu 等分别提出了概率逻辑神经网络（probabilistic logic neural network，pLogicNet）[175]和 ExpressGNN[176]。这两个模型的主要思想都是将知识图谱中的推理问题（三元组补全问题）建模为概率图中隐变量的推理问题，都采用变分期望最大化（expectation maximization，EM）方法和神经网络相结合的思路进行近似推理。以上方法手工设计概率图模型的势函数，但仅利用专家构建的规则不能完全捕获隐含在数据中的知识，为此研究者开始探索从数据中自动捕获规则的方法。Marra 等[177, 178]扩展了马尔可夫逻辑网（Markov logic network，MLN）的学习模型，设计了一个通用的神经网络从原始数据中自动学习规则和 MLN 的势函数。除了基于 MLN 自动学习规则的方法，一些学者在传统逻辑编程（inductive logic programming，ILP）方法的基础上，结合神经网络与逻辑提出了可微的ILP[160, 179-182]。Yang 等[183]提出了神经逻辑归纳学习（neural logic inductive learning，NLIL）方法，可以推理复杂的规则信息（如树形规则和合取式规则等），通过学习到的一阶逻辑解释隐含在数据中的模式，应用于目标检测任务。

符号辅助神经。Diligenti 等[184,185]分别提出语义正则化（semantic-based regularization，SBR）和语义损失（semantic loss，SL）方法，将逻辑知识作为假设空间的约束，如果违背了相应的逻辑规范或逻辑理论，模型将受到惩罚。SBR 是一种从约束中学习的方法，该方法融合了经典机器学习（具有连续特征表示学习能力）和统计关系学习（具有高级语义知识推理能力），以解决多任务优化和分类等问题。SL 方法将命题逻辑的自动推理技术与现有的深度学习架构相结合，将神经网络的输出传输给损失函数，作为可学习神经网络的约束，通过训练算法将命题逻辑编码为损失函数的一部分，提高神经网络学习能力。该方法使用目标原子的边缘概率定义正则项，并用算术电路评估模型的有效性。Hu 等[186]提出了一个通用框架，称为利用逻辑规则辅助深度学习（harnessing deep neural network with logic rule，HDNN）方法。其中，神经网络模型包括 CNN 和 DNN 等。该方法借助知识蒸馏的思想，通过一个大规模且已训练好的网络去引导小规模网络的学习，设计了教师网络和学生网络。教师网络能够学习标签数据和逻辑规则（无标签数据）中的信息，学生网络近似教师网络，使逻辑规则编码的结构化信息可以约束学生网络的学习。Xie 等[187]将命题逻辑融入关系检测模型中，提出了具有语义正则化的逻辑嵌入网络（logic embedding network with semantic regularization，LENSR），以提升深度模型的关系检测能力。Luo 等[188]提出基于前后内容的零次学习（context-aware zero-shot recognition，CA-ZSL）方法，解决零次目标检测问题。它基于深度学习和条件随机场建立模型，利用类别之间的语义关系图谱辅助识别未知类别的目标。Li 等[189]提出了大规模的小样本学习（large-scale few shot learning，LSFSL）方法，解决小样本图像识别任务。Chen 等[190]发现迁移类间的相关性信息可以帮助学习新概念，采用知识图谱建模已知类与未知类之间的相关性，结合神经网络提出了知识图谱迁移网络（knowledge graph transfer network，KGTN）模型，解决小样本分类问题。

神经-符号。文献[159]基于 ProbLog 提出了将概率、逻辑与深度学习有机结合的模型-深度概率逻辑（deep probabilistic logic，DeepProbLog）。该模型首次提出了将神经网络与概率逻辑以某种方式结合的通用框架，它兼具两者的优点，有更强的表达能力，并且可以基于样本进行端到端的训练。DeepProbLog 是一种概率程序设计语言，以"神经"谓词（neural predicates）的方式与深度学习结合，也就是输入谓词中的实体对（本书中的数据都是二元谓词）。神经网络的分类器预测实体对属于所有谓词的概率，然后将预测的结果用于概率程序的推理。不同于DeepProbLog，文献[190]基于反绎推理提出了反绎学习（abductive learning，ABL）。ABL 利用机器学习的归纳和逻辑程序的反绎，将两者结合到一个统一的框架中，进行端到端的学习。该方法用逻辑程序语言表示一阶谓词逻辑知识并且建模复杂的推理任务。其中，逻辑程序语言中的部分事实由机器学习提供。基于 ABL 的思想，Tian[173]提出了一个弱监督的神经符号学习模型（WS-NeSyL）去完成具有逻辑推理的感知任务。该方法将机器学习部分设计为一个编码器-解码器框架，其中包含一个编码器和两个解码器。编码器将输入信息映射为一个向量后，感知解码器会将向量解码为伪标签，认知解码器会基于伪标签采样出来的逻辑规则进行推理。整个过程是一个端到端的迭代优化，直到模型收敛。吉林大学杨博团队[174]提出了一个双层概率图推理框架（bi-level probabilistic graphical reasoning，BPGR），该框架利用统计关系将神经网络和符号推理整合起来。其中，概率图模型的上层节点是神经网络的预测结果，下层节点是逻辑规则中的闭原子。整个模型进行端到端的迭代训练，直到神经网络的预测结果不再变化。BPGR 用神经网络提升了概率推断的效率，用符号推理提升了神经网络的预测性能。

2.5.3　神经符号系统的挑战及未来研究方向

前面内容详细介绍了神经符号系统的研究现状，在此基础上，本节尝试分析目前的神经符号系统面临的主要挑战，以及未来的研究方向。

1. 推断方法

从概率图的角度建模神经符号系统时，计算阶段依然存在推理困难的问题。例如，基于 MLN 模型，如果逻辑规则数量多且实体规模较大，那么实例化的数量将呈"指数级"增长，导致模型推理的速度迅速下降。例如，实体的数量是 n，一个 m 元谓词实例化，需要 n^m 种方式。针对该问题，尽管已经提出了一些改进方法[191, 192]，但其仍然存在局限性，例如，常用的近似推断是以减少数据的使用率和牺牲推理准确性为代价提高推理速度的。因此，结合深度学习模型的特征，为 MLN 等统计关系学习模型设计规则实例化的选取方法及快速推理算法是神经符号系统亟需解决的一个问题。

2. 规则自动构建

上述神经符号系统模型使用的规则通常都是领域专家人工构建好的，这种构建方式费时费力且不具有可扩展性。如何从数据中端到端的学习出刻画先验知识的规则，也是神经符号系统面临的一个挑战问题。目前，人们探索并扩展基于 ILP 的方法解决规则的自动构建问题，但该类方法存在推理过程复杂且发现的规则比较简单（只能发现单链式规则）等问题。为此，端到端的规则自动构建也是神经符号系统未来需要关注的方向。

3. 符号表示学习

好的符号表示能够使看似复杂的学习任务变得更加容易和高效。例如，在零次图像分类任务中，引入符号知识对提升模型的分类能力至关重要，如果学得的符号表示包含较少所需的语义信息，那么分类模型将不胜任复杂的分类任务。目前，多数符号表示方法都不能很好地处理具有强相似性的谓词（语义相似但字面意思不同）。若两个谓词语义相似，但逻辑公式形式不同，当前的符号表示学习方法就不能捕获到一致的语义，从而损害了模型的推理能力。因此，如何设计更加鲁棒和高效的符号表示学习方法是神经符号系统面临的一个重要挑战。随着图表示学习的发展，将节点映射为低维、稠密、连续的向量，可以灵活地嵌入各类学习和推理任务。很多符号知识都可以建模为异质、多关系甚至多模态的有向图或无向图，如何发展和利用异质图表示学习方法应对神经符号系统面临的挑战也是一个值得探索的方向。

4. 应用领域扩展

目前，神经符号系统主要应用于计算机视觉与自然语言处理领域，并取得了不错的效果。此外，一些工作还探索了如何利用神经符号系统解决推荐系统的可解释性问题[193]和网络节点的分类问题[194, 195]。因此，一个很自然的想法是，神经符号系统还能有效解决哪些领域的问题，如何针对共性和特点（特殊性）设计相应的模型和方法。

参 考 文 献

[1] McCarthy J. Programs with common sense[C]. Proceedings of the Teddington Conference on the Mechanization of Thought Processes，London，1959：75-91.

[2] Russell S J，Norvig P. Artificial Intelligence：A Modern Approach[M]. New Jersey：Prentice Hall，2010.

[3] van Harmelen F，Lifschitz V，Porter B. Handbook of Knowledge Representation[M]. Amsterdam：Elsevier，2008.

[4] D'Agostino M，Gabbay D M，Hähnle R，et al. Handbook of Tableau Methods[M]. Berlin：Springer Science & Business Media，2013.

[5] Davis M，Putnam H. A computing procedure for quantification theory[J]. Journal of the ACM（JACM），1960，7（3）：201-215.

[6] Robinson J A. A machine-oriented logic based on the resolution principle[J]. Journal of the ACM（JACM），1965，12（1）：23-41.

[7] McCune W，Wos L. Otter-the CADE-13 competition incarnations[J]. Journal of Automated Reasoning，1997，18：211-220.

[8] Beckert B，Hähnle R，Oel P，et al. The tableau-based theorem prover 3 TAP Version 4.0[C]. Automated Deduction——Cade-13：13th International Conference on Automated Deduction，New Brunswick，1996：303-307.

[9] Paulson L C. Isabelle：A Generic Theorem Prover[M]. Berlin：Springer，1994.

[10] Biere A，Heule M，van Maaren H，et al. Handbook of Satisfiability[M]. Amsterdam：IOS Press，2009.

[11] Kautz H，Selman B. Planning as satisfiability[C]. Proceeding of the 10th European Conference on Artificial Intelligence，Vienna，1992：359-363.

[12] Biere A，Cimatti A，Clarke E，et al. Symbolic model checking without BDDs[C]. Proceedings of the Workshop on Tools and Algorithms for the Construction and Analysis of Systems，LNCS，Amsterdam，1999：193-207.

[13] Huang G，Jia X，Liau C，et al. Two-literal logic programs and satisfiability representation of stable models：A comparison[C]. Proceedings of the Canadian Conference on AI，Calgary，2002：119-131.

[14] Selman B，Kautz H. Knowledge compilation and theory approximation[J]. Journal of the ACM，1996，43（2）：193-224.

[15] Cadoli M，Donini F. A survey on knowledge compilation[J]. AI Communications，1997，10（3/4）：137-150.

[16] Roth D. On the hardness of approximate reasoning[J]. Artificial Intelligence，1996，82（1/2）：273-302.

[17] Chavira M，Darwiche A. On probabilistic inference by weighted model counting[J]. Artificial Intelligence，2008，172（6/7）：772-799.

[18] Domshlak C，Hoffmann J. Probabilistic planning via heuristic forward search and weighted model counting[J]. Journal of Artificial Intelligence Research，2007，30：565-620.

[19] Baluta T，Shen S，Shinde S，et al. Quantitative verification of neural networks and its security applications[C]. Proceedings of the 2019 ACM SIGSAC Conference on Computer and Communications Security，London，2019：1249-1264.

[20] Stumptner M. An overview of knowledge-based configuration[J]. AI Communications，1997，10（2）：111-125.

[21] Lavagno L，Martin G，Scheffer L. Electronic Design Automation for Integrated Circuits Handbook[M]. Jersey：CRC Press，2006.

[22] Darwiche A. Decomposable negation normal form[J]. Journal of the ACM，2001，48（4）：608-647.

[23] Davis M，Logemann G，Loveland D. A machine program for theorem-proving[J]. Communications of the ACM，1962，5（7）：394-397.

[24] Silva J P M，Sakallah K A. GRASP-a new search algorithm for satisfiability[C]. Proceedings of International Conference on Computer Aided Design，San Jose，1996：220-227.

[25] Eén N，Sörensson N. An extensible SAT-solver[C]. Proceedings of the 6th International Conference on Theory and Applications of Satisfiability Testing，Santa Margherita Ligure，2003：502-518.

[26] Biere A. Lingeling，plingeling，picosat and precosat at SAT race 2010[R]. Technical Report 10/1，Institute for Formal Models and Verification. Linz：Johannes Kepler University，2010.

[27] Soos M，Nohl K，Castelluccia C. Extending SAT solvers to cryptographic problems[C]. Proceedings of the 12th International Conference on Theory and Applications of Satisfiability Testing，Swansea，2009：244-257.

[28] Biere A，Fleury M. Gimsatul，isasat and kissat entering the SAT competition 2022[J]. Proceedings of SAT Competition，2022：10-11.

[29] Selman B，Levesque H J，Mitchell D G. A new method for solving hard satisfiability problems[C]. Proceedings of the 10th National Conference on Artificial Intelligence，San Jose，1992：440-446.

[30] Selman B，Kautz H A，Cohen B. Local search strategies for satisfiability testing[J]. Cliques，Coloring，and Satisfiability，1993，26：521-532.

[31] Mézard M，Parisi G，Zecchina R. Analytic and algorithmic solution of random satisfiability problems[J]. Science，2002，297（5582）：812-815.

[32] Cai S，Su K. Configuration checking with aspiration in local search for SAT[C]. Proceedings of the AAAI Conference on Artificial Intelligence，Toronto，2012：434-440.

[33] Birnbaum E，Lozinskii E L. The good old Davis-Putnam procedure helps counting models[J]. Journal of Artificial Intelligence Research，1999，10：457-477.

[34] Sang T，Bacchus F，Beame P，et al. Combining component caching and clause learning for effective model counting[C]. Online Proceedings of the SAT Conference，Vancouver，2004.

[35] Thurley M. Sharpsat-counting models with advanced component caching and implicit BCP[J]. Proceedings of the SAT Conference，2006，4121：424-429.

[36] Sharma S，Roy S，Soos M，et al. Ganak：A scalable probabilistic exact model counter[C]. Proceedings of the Twenty-Eighth International Joint Conference on Artificial Intelligence（IJCAI-19），Macau，2019：1169-1176.

[37] Oztok U，Darwiche A. On compiling CNF into Decision-DNNF[C]. Proceedings of the International Conference on Principles and Practice of Constraint Programming，Lyon，2014：42-57.

[38] Lai Y，Meel K S，Yap R H C. The power of literal equivalence in model counting[C]. Proceedings of the AAAI Conference on Artificial Intelligence，Virtual Event，2021：3851-3859.

[39] Korhonen T，Järvisalo M. Sharpsat-TD participating in model counting competition 2021[J]. Journal of the SAT Competition，2021.

[40] Darwiche A. New advances in compiling CNF to decomposable negation normal form[C]. Proceedings of the European Conference on Artificial Intelligence（ECAI），Valencia，2004：328-332.

[41] Muise C，McIlraith S A，Beck J C，et al. D sharp：Fast d-DNNF compilation with sharpsat[C]. Proceedings of the Canadian Conference on Artificial Intelligence，Toronto，2012：356-361.

[42]　Oztok U, Darwiche A. A top-down compiler for sentential decision diagrams[C]. Proceedings of the Twenty-Fourth International Joint Conference on Artificial Intelligence (IJCAI), Buenos Aires, 2015: 3141-3148.

[43]　Lagniez J M, Marquis P. An improved decision-DNNF compiler[C]. Proceedings of the Twenty-Sixth International Joint Conference on Artificial Intelligence (IJCAI), Melbourne, 2017: 667-673.

[44]　Dudek J, Phan V, Vardi M. ADDMC: Weighted model counting with algebraic decision diagrams[C]. Proceedings of the AAAI Conference on Artificial Intelligence, New York, 2020: 1468-1476.

[45]　Dudek J M, Phan V H N, Vardi M Y. DPMC: Weighted model counting by dynamic programming on project-join trees[C]. Proceedings of the International Conference on Principles and Practice of Constraint Programming, Louvain-la-Neuve, 2020: 211-230.

[46]　Chakraborty S, Meel K S, Vardi M Y. A scalable approximate model counter[C]. Proceedings of the 19th International Conference on Principles and Practice of Constraint Programming (CP 2013), Uppsala, 2013: 200-216.

[47]　Gomes C P, Sabharwal A, Selman B. Model counting: A new strategy for obtaining good bounds[C]. Proceedings of the National Conference on Artificial Intelligence (AAAI), Boston, 2006: 54-61.

[48]　Gomes C P, Hoffmann J, Sabharwal A, et al. From sampling to model counting[C]. Proceedings of the International Joint Conference on Artificial Intelligence (IJCAI), Hyderabad, 2007: 2293-2299.

[49]　Gogate V, Dechter R. Samplesearch: Importance sampling in presence of determinism[J]. Artificial Intelligence, 2011, 175 (2): 694-729.

[50]　Ermon S, Gomes C P, Selman B. Uniform solution sampling using a constraint solver as an oracle[C]. Proceedings of the Twenty-Eighth Conference on Uncertainty in Artificial Intelligence, Barcelona, 2012: 255-264.

[51]　Darwiche A, Marquis P. A knowledge compilation map[J]. Journal of Artificial Intelligence Research, 2002, 17: 229-264.

[52]　Clarke E, Grumberg O, Peled D. Model Checking[D]. Massachusetts: The MIT Press, 2000.

[53]　Sztipanovits J, Misra A. Diagnosis of discrete event systems using ordered binary decision diagrams[C]. Proceedings of the Seventh International Workshop on Principles of Diagnosis, Val Morin, 1996.

[54]　Sinz C. Knowledge compilation for product configuration[C]. Proceedings of the Workshop on Configuration at ECAI, Lyon, 2002: 23-26.

[55]　Cimatti A, Roveri M. Conformant planning via symbolic model checking[J]. Journal of Artificial Intelligence Research, 2000, 13: 305-338.

[56]　Jha A K, Suciu D. Knowledge compilation meets database theory: Compiling queries to decision diagrams[C]. Proceedings of ICDT, Uppsala, 2011: 162-173.

[57]　Loekito E, Bailey J, Pei J. A binary decision diagram based approach for mining frequent subsequences[J]. Knowledge and Information Systems, 2010, 24 (2): 235-268.

[58]　Horn A. On sentences which are true of direct unions of algebras[J]. The Journal of Symbolic Logic, 1951, 16(1): 14-21.

[59]　Roth J P. Computer Logic, Testing, and Verification[D]. Potomac: Computer Science Press, 1980.

[60]　Schrag R. Compilation for critically constrained knowledge bases[C]. Proceedings of the Thirteenth National Conference on Artificial Intelligence (AAAI-96), Menlo Park, 1996: 510-515.

[61]　Marquis P. Knowledge compilation using theory prime implicates[C]. Proceedings of the Fourteenth International Joint Conference on Artificial Intelligence (IJCAI-95), Portland, 1995: 837-843.

[62]　Murray N V, Rosenthal E. Linear response time for implicate and implicant queries[J]. Knowledge and

Information Systems，2010，22（3）：287-317.

[63] Bienvenu M. Prime implicates and prime implicants：From propositional to modal logic[J]. Journal of Artificial Intelligence Research，2009，36：71-128.

[64] Lin H，Sun J. Knowledge compilation using extension rule[J]. Journal of Automated Reasoning，2004，32（2）：93-102.

[65] Bryant R E. Graph-based algorithms for boolean function manipulation[J]. IEEE Transactions on Computers，1986，C-35（8）：677-691.

[66] Bryant R E. Symbolic boolean manipulation with ordered binary-decision diagrams[J]. ACM Computing Surveys（CSUR），1992，24（3）：293-318.

[67] Sieling D，Wegener I. Reduction of OBDDs in linear time[J]. Information Processing Letters，1993，48（3）：139-144.

[68] Davis M. Handbook of Automated Reasoning[M]. Amsterdam：Elsevier，2001.

[69] Newell A，Simon H. The logic theory machine—a complex information processing system[J]. IRE Transactions on Information Theory，1956，2（3）：61-79.

[70] Prawitz D，Prawitz H，Voghera N. A mechanical proof procedure and its realization in an electronic computer[J]. Journal of the ACM（JACM），1960，7（2）：102-128.

[71] Gelernter H. Realization of a geometry-theorem proving machine[J]. Computers and Thought，1963：134-152.

[72] Gilmore P C. A program for the production from axioms，of proofs for theorems derivable within the first order predicate calculus[C]. IFIP Congress，Paris，1959：265-272.

[73] Wang H. Toward mechanical mathematics[J]. IBM Journal of Research and Development，1960，4（1）：2-22.

[74] Wang H. Proving theorems by pattern recognition I[J]. Communications of the ACM，1960，3（4）：220-234.

[75] Lightstone A H，Robinson A. On the representation of Herbrand functions in algebraically closed fields[J]. The Journal of Symbolic Logic，1957，22（2）：187-204.

[76] Wos L，Carson D，Robinson G. The unit preference strategy in theorem proving[C]. Proceedings of the October 27-29，Fall Joint Computer Conference，Part I，San Francisco，1964：615-621.

[77] Wos L，Robinson G A，Carson D F. Efficiency and completeness of the set of support strategy in theorem proving[J]. Journal of the ACM（JACM），1965，12（4）：536-541.

[78] Slagle J R. Automatic theorem proving with renamable and semantic resolution[J]. Journal of the ACM，1967：687-697.

[79] Anderson R，Bledsoe W W. A linear format for resolution with merging and a new technique for establishing completeness[J]. ACM，1970，17（3）：525-534.

[80] Kowalski R，Kuehner D. Linear resolution with selection function[J]. Artificial Intelligence，1971，2（3/4）：227-260.

[81] Chang C L，Lee R C T. Symbolic Logic and Mechanical Theorem Proving[M]. Pittsburgh：Academic Press，2014.

[82] Murray N V. Completely non-clausal theorem proving[J]. Artificial Intelligence，1982，18（1）：67-85.

[83] Wos L，Overbeek R，Henschen L. Hyperparamodulation：A refinement of paramodulation[C]. Proceedings of the International Conference on Automated Deduction. Berlin：Springer，1980：208-219.

[84] Nieuwenhuis R，Rubio A. Paramodulation-based Theorem Proving. Handbook of Automated Reasoning（in 2 volumes）[M]. Amsterdam：Elsevier and MIT Press，2001：371-443.

[85] Bachmair L，Ganzinger H. Handbook of Automated Reasoning（in 2 volumes）[M]. Amsterdam：Elsevier and MIT Press，2001：19-99.

[86]　Baader F，Nipkow T. Term Rewriting and All That[M]. Cambridge：Cambridge University Press，1998.

[87]　Küchlin W. A theorem-proving approach to the Knuth-Bendix completion algorithm[C]. Proceedings of the European Computer Algebra Conference，Berlin，1982：101-108.

[88]　CADE Inc. Conference on automated deduction[C]. Retrieved from https://cadeinc.org/.

[89]　IJCAR. International joint conference on automated reasoning[C]. Retrieved from https://ijcar.org/.

[90]　TPTP. The CADE ATP system competition[C]. Retrieved from https://www.tptp.org/CASC/29/.

[91]　TPTP. Thousands of problems for theorem provers[C]. Retrieved from https://www.tptp.org/.

[92]　McCune W. Solution of the Robbins problem[J]. Journal of Automated Reasoning，1997，19：263-276.

[93]　Vampire Team. Team of the vampire theorem prover[C]. Retrieved from https://vprover.github.io/team.html/.

[94]　Loos S M，Irving G，Szegedy C，et al. Deep network guided proof search[J]. LPAR，2017：85-105.

[95]　Wenjun W. Basic principles of mechanical theorem proving in elementary geometries[J]. Selected Works of Wen-Tsun Wu，2008：195.

[96]　Wen-Tsun W. Mechanical theorem proving of differential geometries and some of its applications in mechanics[J]. Journal of Automated Reasoning，1991，7（2）：171-191.

[97]　Wu W. Mechanical Theorem Proving in Geometries：Basic Principles[M]. Berlin：Springer Science & Business Media，2012.

[98]　王湘浩，刘叙华. 广义归结[J]. 计算机学报，1982，2：81-92.

[99]　刘叙华. 基于归结方法的自动推理[M]. 北京：科学出版社，1994.

[100]　Bollinger T. A model elimination calculus for generalized clauses[C]. IJCAI，1991：126-131.

[101]　朱水林. 哥德尔不完备性定理[M]. 沈阳：辽宁教育出版社，1987.

[102]　吴文俊. 脑力劳动机械化与科学技术现代化[J]. 中国科协学会，2001，9：9-10.

[103]　McCune W. Experiments with discrimination-tree indexing and path indexing for term retrieval[J]. Journal of Automated Reasoning，1992，9（2）：147-167.

[104]　Freuder E. In pursuit of the holy grail[J]. ACM Computing Surveys（CSUR），1996，28（4）：63.

[105]　Sutherland I E. Sketch pad a man-machine graphical communication system[C]. Proceedings of the SHARE Design Automation Workshop，California，1964：329-346.

[106]　Waltz D L. Understanding line drawings of scenes with shadows[J]. The Psychology of Computer Vision，1975：19-91.

[107]　Rossi F，van Beek P，Walsh T，et al. Handbook of Constraint Programming[M]. Amsterdam：Elsevier，2006.

[108]　Lecoutre C. Constraint Networks：Techniques and Algorithms[M]. New York：Wiley，2010.

[109]　Answer Set Programming Portal[EB/OL]. Available：http://www.a4cp.org/.

[110]　IBM CPLEX CP Optimizer[EB/OL]. https://www.ibm.com/analytics/data-science/prescriptive-analytics/cplex-cp-optimizer.

[111]　Simonin G，Artigues C，Hebrard E，et al. Scheduling scientific experiments for comet exploration[J]. Constraints，2015，20：77-99.

[112]　Chien S，Rabideau G，Tran D，et al. Scheduling science campaigns for the Rosetta mission：A preliminary report[C]. Proceedings of the International Workshop on Planning and Scheduling for Space（IWPSS），Moffett Field，2013.

[113]　Freuder E C. Progress towards the Holy Grail[J]. Constraints，2017，7：1-14.

[114]　Puget J F. Constraint programming next challenge：Simplicity of use[C]. Proceedings of the 10th International Conference on Principles and Practice of Constraint Programming（CP），LNCS 3258，Toronto，2004.

[115] 佚名. 新一代人工智能发展规划[M]. 北京：人民出版社，2017.

[116] Xu K，Boussemart F，Hemery F，et al. Random constraint satisfaction：Easy generation of hard（satisfiable）instances[J]. Artificial intelligence，2007，171（8/9）：514-534.

[117] Lee J H M，Zhu Z. Towards breaking more composition symmetries in partial symmetry breaking[J]. Artificial intelligence，2017，252：51-82.

[118] 丁博，王怀民，史殿习，等. 低约束密度分布式约束优化问题的求解算法[J]. 软件学报，2011，22（4）：625-639.

[119] 段沛博，张长胜，张斌. 分布式约束优化方法研究进展[J]. 软件学报，2016，27（2）：264-279.

[120] 王秦辉，陈恩红，王煦法. 分布式约束满足问题研究及其进展[J]. 软件学报，2006，17（10）：2029-2039.

[121] 季晓慧，黄拙，张健. 约束求解与优化技术的结合[J]. 计算机学报，2005，28（11）：1790-1797.

[122] Ma F，Gao X，Yin M，et al. Optimizing shortwave radio broadcast resource allocation via pseudo-boolean constraint solving and local search[C]. Principles and Practice of Constraint Programming：22nd International Conference，CP 2016，Toulouse，2016：650-665.

[123] 孙吉贵，朱兴军，张永刚，等. 一种基于预处理技术的约束满足问题求解法[J]. 计算机学报，2008（6）：919-926.

[124] 孙吉贵，高健，张永刚. 一个基于最小冲突修补的动态约束满足求解算法[J]. 计算机研究与发展，2007（12）：2078-2084.

[125] Smith B M. Modelling[M]. Handbook of Constraint Programming. Amsterdam：Elsevier，2006.

[126] Freuder E C. Modeling：The final frontier[C]. Proceedings PACLP99，the 1st International Conference on the Practical Applications of Constraint Technologies and Logic Programming，1999.

[127] Puget J F. Constraint programming next challenge：Simplicity of use[C]. Principles and Practice of Constraint Programming-CP 2004：10th International Conference，CP 2004，Toronto，2004.

[128] Simonis H. Finite domain constraint programming methodology[J]. Tutorial at Practical Application of Constraint Technologies and Logic Programming（PACLP），2000.

[129] Coletta R，Bessière C，O'Sullivan B，et al. Semi-automatic modeling by constraint acquisition[C]. International Conference on Principles and Practice of Constraint Programming. Berlin：Springer，2003.

[130] Bessière C，Coletta R，O'Sullivan B，et al. Query-driven constraint acquisition[C]. IJCAI'07：International Joint Conference on Artificial Intelligence，Hyderabad，2007.

[131] Shchekotykhin K，Friedrich G. Argumentation based constraint acquisition[C]. Proceedings of the 2009 Ninth IEEE International Conference on Data Mining，Miami，2009.

[132] Lallouet A，Lopez M，Martin L，et al. On learning constraint problems[C]. Proceedings of the 22nd IEEE International Conference on Tools for Artificial Intelligence，Arras，2010.

[133] Picard-Cantin É，Bouchard M，Quimper C G，et al. Learning parameters for the sequence constraint from solutions[C]. Principles and Practice of Constraint Programming：22nd International Conference，CP 2016，Toulouse，2016.

[134] Bessière C，de Raedt L，Guns T，et al. The inductive constraint programming loop[J]. IEEE Intelligent Systems，2017，32（5）：44-52.

[135] Wolpert D H，Macready W G. No free lunch theorems for optimization[J]. IEEE Transactions on Evolutionary Computation，1997，1（1）：67-82.

[136] Amadini R，Gabbrielli M，Mauro J. An extensive evaluation of portfolio approaches for constraint satisfaction problems[J]. International Journal of Interactive Multimedia and Artificial Intelligence，2016，3（7）：81-86.

[137] Balafoutis T，Stergiou K. Evaluating and improving modern variable and revision ordering strategies in CSPs[J].

Fundam. Inform.，2010，102（3/4）：229-261.

[138] Zhang Z，Epstein S L. Learned value-ordering heuristics for constraint satisfaction[C]. Proceedings of the STAIR-08 Workshop at AAAI-2008，Chicago，2008.

[139] Chu G，Stuckey P. Learning value heuristics for constraint programming[C]. Integration of AI and OR Techniques in Constraint Programming，Springer LNCS 9075，Barcelona，2015.

[140] Ortiz-Bayliss J，Terashima-Marín H，Conant-Pablos S. Lifelong learning selection hyper-heuristics for constraint satisfaction problems[C]. Mexican International Conference on Artificial Intelligence，Springer LNCS 9413，Cuernavaca，2015.

[141] Amadini R，Gabbrielli M，Mauro J. An empirical evaluation of portfolios approaches for solving CSPs[C]. Integration of AI and OR Techniques in Constraint Programming for Combinatorial Optimization Problems：10th International Conference，CPAIOR 2013，Yorktown Heights，2013.

[142] Stergiou K. Heuristics for dynamically adapting propagation in constraint satisfaction problems[J]. Ai Communications，2009，22（3）：125-141.

[143] Balafrej A，Bessiere C，Paparrizou A. Multi-armed bandits for adaptive constraint propagation[C]. Proceedings of the Twenty-Fourth International Joint Conference on Artificial Intelligence，Buenos Aires，2015：290-296.

[144] CRIL Benchmarks[EB/OL]. http://www.cril.univ-artois.fr/~lecoutre/benchmarks.html.

[145] O'Sullivan B. Automated modelling and solving in constraint programming[C]. Proceedings of the Twenty-Fourth National Conference on Artificial Intelligence，Atlanta，2010.

[146] Hamscher W，Console L，de Kleer J. Readings in Model-Based Diagnosis[M]. San Francisco：Morgan Kaufmann Publishers，1992.

[147] Struss P. Model-based Diagnosis—Progress and Problems[M]. Berlin：Springer，1989.

[148] Console L，Dressler O. Model-based diagnosis in the real world：Lessons learned and challenges remaining[C]. Proceedings of the 16th International Joint Conference on Artificial Intelligence，Stockholm，1999.

[149] Ali M F，Veneris A，Smith A，et al. Debugging sequential circuits using boolean satisfiability[C]. Proceedings of the 2004 IEEE/ACM International Conference on Computer-Aided Design，San Jose，2004.

[150] Gao Z，Cecati C，Ding S X. A survey of fault diagnosis and fault-tolerant techniques—Part I：Fault diagnosis with model-based and signal-based approaches[J]. IEEE Transactions on Industrial Electronics，2015，62（6）：3757-3767.

[151] Zhu S C，Weissenbacher G，Malik S. Post-silicon fault localisation using maximum satisfiability and backbones[C]. Proceedings of the 11th International Conference on Formal Methods in Computer-Aided Design，Austin，2011：63-66.

[152] Deorio A，Li J L，Bertacco V. Bridging pre-and post-silicon debugging with BiPeD[C]. Proceedings of the International Conference on Computer-Aided Design，San Jose，2012：95-100.

[153] Liu M，Ouyang D T，Cai S W，et al. Efficient zonal diagnosis with maximum satisfiability[J]. Science China Information Sciences，2018，61（11）：112101.

[154] 周慧思，欧阳丹彤，刘梦，等. 利用 SAT 问题的多解求解高效区域故障诊断[J]. 中国科学：信息科学，2018，48（8）：1073-1088.

[155] Feldman A，Provan G M，van Gemund A J C. Computing minimal diagnoses by greedy stochastic search[C]. Proceedings of the Twenty-Third AAAI Conference on Artificial Intelligence，Chicago，2008：911-918.

[156] Rish I，Dechter R. Resolution strategies for constraint satisfaction problems[J]. Artificial Intelligence，2000，122（1/2）：1-39.

[157] Marques-Silva J，Janota M，Ignatiev A，et al. Efficient model-based diagnosis with maximum satisfiability[C]. Proceedings of the Twenty-Fourth International Joint Conference on Artificial Intelligence，Buenos Aires，2015：1966-1972.

[158] Zhou H，Ouyang D，Zhao X，et al. Two compacted models for efficient model-based diagnosis[C]. Proceedings of the 36th Conference on Artificial Intelligence，Vancouver，2022：3885-3893.

[159] Manhaeve R，Dumancic S，Kimmig A，et al. Deepproblog：Neural probabilistic logic programming[C]. Advances in Neural Information Processing Systems，Montreal，2018：3749-3759.

[160] Evans R，Grefenstette E. Learning explanatory rules from noisy data[J]. Journal of Artificial Intelligence Research，2018，61：1-64.

[161] Dos Martires P Z，Derkinderen V，Manhaeve R，et al. Transforming probabilistic programs into algebraic circuits for inference and learning[C]. Proceedings of the Program Transformations for ML Workshop at NeurIPS，Vancouver，2019.

[162] Kalyan A，Mohta A，Polozov O，et al. Neural-guided deductive search for real-time program synthesis from examples[C]. Proceedings of the International Conference on Learning Representations，New Orleans，2018：1-18.

[163] Ellis K M，Morales L E，Sable-Meyer M，et al. Learning libraries of subroutines for neurally-guided Bayesian program induction[C]. Proceedings of the Neural Information Processing Systems，Montréal，2018.

[164] Si X，Raghothaman M，Heo K，et al. Synthesizing datalog programs using numerical relaxation[C]. Proceedings of the International Conference on Machine Learning，Long Beach，2019：1-9.

[165] Bonjak M，Rocktschel T，Naradowsky J，et al. Programming with a differentiable Forth interpreter[C]. Proceedings of the International Conference on Machine Learning，Sydney，2017：1-18.

[166] Getoor L，Taskar B. Introduction to Statistical Relational Learning[M]. Cambridge：MIT Press，2007：1-6.

[167] Cohen W W，Yang F，Mazaitis K R. Tensorlog：Deep learning meets probabilistic DBs[J]. CoRR，2017，abs/1707.05390.

[168] Xu J，Zhang Z，Friedman T，et al. A semantic loss function for deep learning with symbolic knowledge[C]. Proceedings of the International Conference on Machine Learning，Stockholm，2018：1-10.

[169] Donadello I，Serafini L，Garcez A D. Logic tensor networks for semantic image interpretation[C]. Proceedings of the Twenty-Sixth International Joint Conference on Artificial Intelligence，Melbourne，2017：1-14.

[170] Chen R，Chen T，Hui X，et al. Knowledge graph transfer network for few-shot recognition[C]. Proceedings of the AAAI Conference on Artificial Intelligence，New York，2020：10575-10582.

[171] Marra G，Giannini F，Diligenti M，et al. Integrating learning and reasoning with deep logic models[C]. Proceedings of the European Conference on Machine Learning and Knowledge Discovery in Databases，Würzburg，2020：517-532.

[172] Zhou Z H. Abductive learning：Towards bridging machine learning and logical reasoning[J]. Science China Information Sciences，2019，62（7）：76101.

[173] Tian J，Li Y，Chen W，et al. Weakly supervised neural symbolic learning for cognitive tasks[C]. Proceedings of AAAI，Virtual Event，2022.

[174] Yu D，Yang B，Wei Q，et al. A probabilistic graphical model based on neural-symbolic reasoning for visual relationship detection[C]. Proceedings of CVPR，New Orleans，2022.

[175] Qu M，Tang J. Probabilistic logic neural networks for reasoning[C]. Proceedings of the Neural Information Processing Systems，Vancouver，2019.

[176] Zhang Y，Chen X，Yang Y，et al. Efficient probabilistic logic reasoning with graph neural networks[C].

Proceedings of the International Conference on Learning Representations，Addis Ababa，2020：1-20.

[177] Marra G，Kuželka O. Neural markov logic networks[J]. Arxiv Preprint Arxiv：1905.13462，2019：1-30.

[178] Marra G，Diligenti M，Giannini F，et al. Relational neural machines[C]. Proceedings of the European Conference on Artificial Intelligence，Santiago de Compostela，2020：1340-1347.

[179] Galarraga L，Teflioudi C，Hose K，et al. Fast rule mining in ontological logical knowledge bases with amie[J]. The VLDB Journal The International Journal on Very Large Data Bases，2015，24（6）：707-730.

[180] Campero A，Pareja A，Klinger T，et al. Logical rule induction and theory learning using neural theorem proving[J]. Arxiv Preprint Arxiv：1809.02193，2018：1-11.

[181] Rocktaschel T，Riedel S. End-to-end differentiable proving[C]. Advances in Neural Information Processing Systems，Long Beach，2017：3788-3800.

[182] Payani A，Fekri F. Inductive logic programming via differentiable deep neural logic networks[J]. Arxiv Preprint Arxiv：1906.03523，2019：1-12.

[183] Yang Y，Song L. Learn to explain efficiently via neural logic inductive learning[C]. International Conference on Learning Representations，Addis Ababa，2020：1-15.

[184] Diligenti M，Gori M，Sacca C. Semantic-based regularization for learning and inference[J]. Artificial Intelligence，2015，244：143-165.

[185] Xu J，Zhang Z，Friedman T，et al. A semantic loss function for deep learning with symbolic knowledge[C]. International Conference on Machine Learning，Stockholm，2018：1-10.

[186] Hu Z T，Ma X，Liu Z，et al. Harnessing deep neural networks with logic rules[C]. Proceedings of the 54th Annual Meeting of the Association for Computational Linguistics，Berlin，2016.

[187] Xie Y，Xu Z，Kankanhalli M S，et al. Embedding symbolic knowledge into deep networks[C]. Neural Information Processing Systems，Vancouver，2019：4233-4243.

[188] Luo R，Zhang N，Han B，et al. Context-aware zero-shot recognition[C]. Proceedings of the AAAI Conference on Artificial Intelligence，New York，2020：11709-11716.

[189] Li A，Luo T，Lu Z，et al. Large-scale few-shot learning：Knowledge transfer with class hierarchy[C]. Proceedings of the IEEE Conference on Computer Vision and Pattern Recognition，Long Beach，2019：7212-7220.

[190] Dai W Z，Xu Q，Yu Y，et al. Bridging machine learning and logical reasoning by abductive learning[J]. Advances in Neural Information Processing Systems，2019：32.

[191] Khot T，Natarajan S，Kersting K，et al. Learning Markov logic networks via functional gradient boosting[C]. 2011 IEEE 11th International Conference on Data Mining，Vancouver，2011：320-329.

[192] Bach S H，Broecheler M，Huang B，et al. Hinge-loss Markov random fields and probabilistic soft logic[J]. Journal of Machine Learning Research，2017，18（109）：1-67.

[193] 廖国琼，蓝天明. 基于事件社会网络推荐系统综述[J]. 软件学报，2021，32（2）：424-444.

[194] Ghoul A E，Sahbi H. Semi-supervised learning using a graph-based phase field model for imbalanced data set classification[C]. IEEE International Conference on Acoustics，Florence，2014：2942-2946.

[195] Shi M，Tang Y，Zhu X，et al. Multi-class imbalanced graph convolutional network learning[C]. International Joint Conferences on Artificial Intelligence Organization，Yokohama，2020：2879-2885.

第3章　大数据算法与可信计算理论

一直以来，算法都是推动人工智能发展的重要力量，而各类计算范式与计算模型则奠定了人工智能技术进步的基础。在算法层面，超大规模的数据处理算法一直是人工智能发展的必要条件；近两年，大模型的训练也成为算法研究的热点之一。在计算范式方面，随着人工智能技术的普及，新的计算需求不断涌现，其中可信性（如鲁棒性、公平性等）是近期新计算范式研究的核心关注点。

算法的理论发展一直推动着人工智能的前进。从早期的线性规划算法到近年来的凸规划与非凸规划算法，从机器学习早期的自适应提升算法到神经网络训练算法，一系列经典算法为人工智能的发展做出了巨大贡献。仅就大数据算法的发展而言，美国自然基金委员会就推出了多个大规模的长期计划来资助大数据处理、分析以及应用算法的研究，并专门设立了人工智能优化算法的研究中心。然而，随着人工智能问题的不断涌现，针对不同计算资源受限场景的算法设计与分析的需求也在不断扩张。推动各类算法理论的发展同样是保证人工智能稳定进步的重要基础。

人工智能技术的应用普及也急需新的计算范式来满足可信的需求。作为人工智能的理论保障，算法的鲁棒性是其广泛应用的基础。同时，许多场景在鲁棒性的基础上，进一步要求对人工智能的计算具有公平性。近年来，越来越多的场景对保护用户数据的隐私提出了更高的要求。早在 2012 年，美国自然基金委员会就资助哈佛大学 500 万美元用于新型安全可信的计算范式研究；而在 2022 年，美国自然基金委员会也启动了安全与可信计算项目的新一轮资助计划。在理论层面保障人工智能的可信成为下一阶段理论研究的重要课题。

3.1　大数据算法计算模型

在计算资源受限的场景，针对不同的计算资源（如时间、空间、通信等），我们可以考虑相应的计算模型。在这些计算模型设计提出的各类算法可以帮助我们更好地理解和优化实际应用中使用的算法效率和性能。以下是几个典型的、具有一定理论基础的模型的简单介绍，这些模型可以用于图、矩阵、分布、几何等各种场景。

3.1.1　亚线性时间算法

　　随着许多应用中数据规模的指数级增长（如社交网络、基因组学和互联网规模的数据），传统的多项式时间（甚至线性时间）算法由于其不断增加的计算需求而变得不切实际。在面对如此庞大的数据量时，我们迫切需要运行时间比输入大小都要小很多的算法，这种算法被称为亚线性时间算法。亚线性时间算法的基本思想是利用随机抽样的方法，观测输入对象（如大规模图或网络数据）的局部信息，通过这些信息来近似地推断整个输入的全局性质或估计其参数。这种方法为我们提供了一种高效处理大规模数据集的新途径，使得即使是海量数据，也能在可接受的时间内进行有效处理。

　　在过去的二十几年里，以性质检测为代表的亚线性时间算法一直是理论计算机科学领域的研究热点。性质检测主要关注如何高效且近似地测试给定对象（如图或函数）是否满足某种性质或远离满足该性质。它的主要目标是通过少量的查询，而不是对整个对象进行详尽分析，来确定对象是否具有特定性质。性质检测在计算几何、图论和机器学习等各个领域都有广泛应用。它可以高效验证大型数据集或复杂结构的性质，并对现实世界中的算法设计和数据分析产生重要影响。性质检测的研究带来重要的算法技术，并加深了对各种问题计算复杂性的理解。

　　图性质检测是用于快速判定一个图是否满足某个性质（如连通性、二部性、3-可着色性、平面性等）的亚线性时间算法。我们也可以对图中不同的重要参数进行快速估计，设计近似最小生成树权重、边数、最大匹配数、子图个数等参数的亚线性时间算法。更进一步地，当输出结构很大时（如需要输出图中的最大匹配），我们可以设计相应的局部计算算法，允许用户"探测"到输出中的局部位置信息（如查询某条边是否属于最大匹配）；对于每次"探测"，算法对输入图做尽可能少的查询。

3.1.2　亚线性空间算法

　　以数据流算法为代表的亚线性空间算法也是处理大规模数据的有效手段。在这个场景里，输入以一个包含元素更新的序列形式呈现：对于图数据流，这些元素对应于图中的边；对于几何数据流，这些元素可能是欧氏空间中的点；对于数据串数据，元素可能对于某个整数。我们的目标是使用尽可能少的空间来分析数据。由于存储空间有限，我们希望在扫描一次（或少量几次）输入流之后，可以较为准确地推断大数据的性质或结构。数据流算法的代表性工作之一曾在2005年获得了理论计算机科学领域著名的哥德尔奖。流算法能大幅度降低服务器的运算开销，被谷歌、网飞（Netflix）等公司广泛运用于数据的分析与处理。此外，流算法无须存储数据的特点也能有效保护用户数据的隐私。

在数据流算法中，有许多经典问题，其中包括向量的频率矩和信息熵等。为了解决这些问题，学者提出了一系列抽样和勾勒等算法框架。典型的抽样方法包括重要性采样、拒绝采样、重采样等。勾勒技术在大数据处理和实时分析中扮演着重要角色，它允许使用较少的内存和计算资源在数据流中获得近似的答案，同时支持回答一些有趣的查询。数据处理过程中持续不断地有数据到达，无法将全部数据存储在内存中，因此通过使用勾勒技术，我们可以在有限的内存和计算资源下对数据进行摘要和近似处理，从而实现高效的数据分析和查询。此外，勾勒技术在优化、联邦学习等领域也发挥着重要作用。在优化问题中，勾勒技术可以加速动态数据结构的更新，从而提高优化算法的效率；在联邦学习中，勾勒技术可以帮助保护隐私并减少通信开销，同时仍然能够进行有意义的模型聚合和更新。

在图数据算法方面，当网络规模过大而无法完全容纳在计算机的主内存中，并且边以数据流的形式出现时，我们希望能够对网络结构进行近似分析。特别是在网络相对密集的情况下，半流算法提供了一种重要的空间高效（相对于输入大小）的处理方式。对于图中的最大匹配等问题，设计高近似比的半流算法仍然是当前研究的热点问题。

3.1.3 动态图算法

动态图算法是数据结构中的一个重要分支。它是一种支持边的插入、删除，并能够回答与所考虑问题相关的特定查询的数据结构。其目标是尽可能快速地支持查询和更新操作，通常比重新计算要快得多。在动态图算法的研究中，当前的热点问题包括如何设计更加鲁棒的算法以适应不断变化的输入，以及如何保证在每次更新或查询时算法的时间复杂度尽可能小（即最坏情况下的时间复杂度）。为了解决这些问题，通用的算法设计技巧被广泛应用于动态图算法的设计中，其中最常见的是图分解。图分解包括扩张图分解和低直径分解两种类型。扩张图分解指将一个图分解成若干个扩张图，保证每个扩张图内部联系紧密且连通性良好，同时扩张图之间的边数较少。而低直径分解则指将一个图分解成若干直径较小的子图，保证这些子图之间的边数较少。这些算法设计技巧为动态图算法的高效实现提供了重要支持。

3.1.4　大规模并行计算

大规模并行计算模型是对现实世界中并行计算系统框架进行数学抽象的一种方式，这些系统包括 MapReduce、Hadoop、Spark 和 Dryad 等。这个模型处理的是如下场景：由于图的规模太大，我们将图的边任意地存储在若干个机器上。每个机器存储图的部分数据，且这些机器的总空间几乎是整个图大小的线性函数。计算在同步轮次中进行。在每一轮中，每台机器对存储在本地的数据执行一些计算，然后与其他机器交换消息。这个过程可以被抽象为通信模型，其中每台机器在每一轮中创建消息包，并将其加载到路由网络中。每台机器的空间大小也隐含地反映了大规模并行计算模型中的通信瓶颈。局部计算通常在线性或近线性时间内运行，在大规模并行计算算法的分析中通常被忽略，因为通信是瓶颈。大规模并行计算模型中算法设计的目标是使用尽可能少的通信轮次来尽可能准确地对数据进行分析。

3.1.5　数据降维

大数据处理中的另一个焦点问题是数据的降维算法，用来减少高维数据的运算代价。经典的 Johnson-Lindenstrauss 引理和压缩感知算法诞生以来，数据降维算法得到了大量的发展。压缩、蒸馏、核心集等算法的进步也推动了业界对高维数据处理技术的发展。很多流处理与数据降维的理论算法依赖于随机高斯变量的独特性质，而后者在实际中很难被实现。

由于上述各类算法的高效性，它们在实际应用中具有极大的吸引力。大数据算法领域成为当前计算机科学中的热门研究方向之一，备受国际知名学术单位（如麻省理工学院、斯坦福大学等）和信息技术产业界知名研究机构（如谷歌、微软等）的重点发展。在当前大数据时代，亚线性算法、动态算法及降维等方法的进展为处理庞大数据量的实际问题提供了有力支持，同时也为计算机科学领域的创新和进步带来了新的可能性。然而，当前大数据的理论算法研究与实际应用之间仍然存在相当大的距离。因此，填补当前理论算法研究与实际应用的空白是大数据处理的关键。

3.2　满足可信需求的算法

随着人工智能、机器学习在实际场景中的广泛应用，其鲁棒性、公平性、隐私保护等可信性需求一直是一个主要挑战。下面我们针对这几种需求分别给出简单介绍。

3.2.1 鲁棒性

机器学习的鲁棒性问题一直是其实际应用的主要挑战。与此同时，我们迫切需要利用机器学习技术来改进传统仅针对最坏情况性能设计的算法。最近，一种带有预测的算法设计框架被提出。该框架利用机器学习所提供的额外信息，以实现鲁棒性需求。在这个新框架中，算法可以访问通过机器学习技术得到的不可信的预测器，并且需要在预先不了解预测器具体性能的情况下，实现有效利用预测器提供的信息和具备最坏情况性能保证（即鲁棒性）。实现这一目标需要考虑以下几个关键环节。针对具体问题，利用机器学习方法从历史数据中得到对未来数据本身或最优解的预测器。针对研究问题，综合考虑预测器的特点，设计一种对预测器误差的衡量方法。根据误差衡量和预测器所提供的信息，对已有具备最坏情况保证的算法进行改造，以在不牺牲最坏情况保证的前提下，充分利用预测器的信息。这一步是整个框架的重点和技术难点，需要综合具体问题、算法、预测器以及误差衡量的结构和性质来进行设计，因此需要具体问题具体分析。通过有机地结合这些步骤，我们可以获得一种新的高效鲁棒算法，该算法可以有效地利用机器学习预测，同时保证鲁棒性。这一创新性框架为解决机器学习应用中的鲁棒性难题，并提高传统算法的性能，带来了新的可能性。

这一框架一经提出，便受到广泛认可和应用，在短短 3 年多时间内，已经受到了国际上诸多知名学者的关注。相比之下，国内在这一领域的研究处于相对起步阶段。然而，这个方向与传统算法研究有很多交叉点，与工业界的需求紧密结合，并正在成为国际上的研究热点和国内的新兴方向，具有广阔的研究前景。

目前带预测的算法框架主要被用于研究在线问题，但它也可被用于提高非在线问题的算法性能，如算法的运行时间或近似比。传统的"超越最坏情况分析"为了提升近似算法的性能，往往考虑的是一些特殊的图或平均情形的图。然而，带有预测的算法在最坏情况下，如果加上合适的预测，可以改进算法的近似比。

3.2.2 公平公正

为了解决偏见、歧视等问题，我们可以设计满足公平性约束的算法来寻求解决方案。在这个领域，一些研究的热点问题包括：根据不同的公平性指标度量，设计快速准确的算法来检测数据和模型的公平性；利用带可信约束的优化方法以及加入公平性正则化等技术，设计机器学习算法和模型，以最小化数据中的固有歧视和偏见，从而实现对个体和群体的公平保障。在公平性算法设计方面，一个重要的研究难点是如何使用恰当的公平性指标来量化算法在分析数据时产生的歧视或偏见。目前，如何高效地检测算法的公平性，以及如何引入合适的约束优化问题并以此设计公平性算法，都是尚待解决的研究问题。

3.2.3　隐私保护

为解决当前数据隐私泄露、滥用和大规模数据带来的计算挑战等问题，需要实现隐私损失与估计精度权衡更优的隐私保护算法，即保证个体用户信息不泄露的同时，尽量避免数据的重要统计信息和模式发生较大偏离。以差分隐私为代表的隐私保护算法是目前国内外学术界与工业界的研究热点。哈佛大学、麻省理工学院等知名高校及苹果、谷歌、阿里巴巴等 IT 公司在理论研究与落地应用中已经取得了显著成果。然而，大部分差分隐私及公平性算法在计算性能上的保证相对较弱。具体来说，由于许多数据规模宏大，传统的多项式时间算法（甚至是线性时间算法）已经不再适用；在有些应用中，数据以流的形式动态出现，给高效分析其性质和结构带来挑战。而现有的差分隐私与公平性算法大多集中在多项式时间算法或静态数据上，这极大地限制了这类可信算法的适用范围。另外，尽管已有研究发现差分隐私算法与自适应数据分析、鲁棒性算法之间有一定的关联，但对于这种关联性的理解还很初步。例如，我们仍不清楚在什么条件下可以使用差分隐私的算法来设计对抗性鲁棒的数据流算法。

总体来说，算法的发展与计算范式的进步对于人工智能技术的发展至关重要。亚线性（时间或空间）算法、动态图算法、大规模并行计算等计算模型为高效处理大规模数据提供了新的途径。同时，可信与安全性成为新的计算范式中备受关注的核心问题，鲁棒性、公平性和隐私保护是当前研究的热点方向。填补算法研究与实际应用之间的距离，加强学术界与工业界的合作与交流，培养更多的专业人才，将为人工智能技术的发展和应用带来新的突破。

第4章 难解问题的智能算法

在计算机科学领域，难解问题代表一类解空间庞大且解空间搜索规模往往会随着问题规模增大而呈指数级增长的组合优化问题。由于此类问题本身的难解性，极大地增加了这类问题求解的难度。难解问题普遍存在于实际应用的诸多领域中，包括物流和供应链管理、航空运输、生产调度等。人们提出了求解难解问题的一系列求解算法，如启发式算法、精确算法、近似算法、随机算法等，并提出了诸多求解难解问题的算法设计与分析技术，推动了理论计算机及其相关领域的发展。随着大数据和人工智能领域的发展，难解问题普遍存在于人工智能的各种应用中，研究难解问题的求解可以提升人工智能系统的性能和效率。因此，研究难解问题的求解方法，对于深化人工智能的理论基础，提升人工智能的应用效果，推动人工智能技术的进步，具有重大的实际价值和意义。

尽管难解问题可以通过精确算法、近似算法和随机算法等方法进行求解，但各类方法在求解难解问题的过程中仍然存在一定的局限性。精确算法面临的主要挑战是计算复杂性。对于难解问题，精确算法在最坏的情况下往往需要指数时间才能找到精确解，这使得精确算法无法在实际可行的时间对大规模难解问题进行求解。近似算法的挑战主要来自于解的质量和理论保证的设计。首先，如何设计出能在多项式时间内给出高质量近似解的算法是一个重要的问题。这往往需要对问题本身有深刻的理解和精巧的算法设计。随机算法的挑战主要来自于概率性和随机性。随机算法的解是基于概率的，因此不能保证每次运行都能得到同样的结果，也不能保证总是得到高质量的解。此外，随机算法的分析和设计往往需要使用复杂的概率论和统计学知识，这增加了随机算法的理解和实现的难度。

难解问题的高效求解是一个充满挑战的任务。每个难解问题都可能具有独特的特征、约束和目标函数等，不同问题所采用的求解方法不尽相同。另外，问题实例的多样性增加了算法设计的复杂性和难度。难解问题实例规模的增大也给难解问题的高效求解带来了挑战。当问题的数据量和复杂性增加时，计算资源的需求也随之增加。如何面对大规模难解问题实例保持高效的求解速度是一个具有挑战性的难题。某些难解问题需要在有限的时间内给出最优或次优解。例如，在实时调度问题中，需要在短时间内确定最佳的任务分配方案。因此，高效的求解效率是难解问题求解中的一个重要因素。另外，难解问题的求解还需要考虑如下内容：如何根据优化目标进行参数调优和优化？如何在有限的资源和时间内设计出高效且可靠的算法？如何选择合适的数据结构实现算法效率的优化？综上所述，如何高效求解难解问题面临着问题实例多样性、问题规模大、求解效率要求高和优化复杂等多个方面的挑战。应对这些挑战需要深入理解问题的特点和约束，灵活应用合适的算法技术，并持续进行优化和改进，以实现对难解问题的高效求解。

针对难解问题求解带来的挑战，机器学习方法相较于传统方法具有特定的优势。首先，机器学习算法通过学习和训练的方式，能够为难解问题提供高效求解方法。对于难解问题而言，机器学习算法可以通过学习数据中的模式和规律，并根据这些学习结果给出接近最优解的结果。机器学习算法具备自适应性和泛化能力，能够从大量数据中学习并推广到难解问题新实例中。这种泛化性使得机器学习算法可以适应不同类型和规模的难解问题，并为其提供解决方案。其次，机器学习算法可以借助并行化和分布式技术，增强求解难解问题的效率。通过将任务分解为多个独立子任务，并同时进行计算和处理，机器学习算法能够加速难解问题的求解过程。例如，针对传统经典排序问题，传统方法在对大量数据进行排序时会面临复杂度上升的困扰，而 OpenAI 提出的基于机器学习的排序算法[1]通过训练模型使其能够学习和理解数据规律，将大数据排序算法的求解速度提升了 70%。这一思想对于处理大规模难解问题尤为重要，因为它消除了计算资源限制和响应时间的压力。机器学习算法还具备结合领域知识和人类专家经验的能力，通过引入领域知识和专家经验，机器学习算法可以针对难解问题提取有意义的特征和规则，从而改善难解问题求解的准确性和效率。

难解问题的机器学习求解方法通常包含如下步骤：数据收集和准备、特征提取、模型选择和训练、模型评估和优化、预测决策与问题求解。在数据收集和准备阶段，需要收集足够的难解问题训练数据，并对其进行预处理和清洗，包括去除噪声、处理缺失值和异常值等。这一步骤对于保证模型的训练和泛化能力非常关键，因为高质量的数据能够提供有代表性的样本分布，更有利于问题求解的泛化。特征提取需要从实例中编码并提取相关的特征，包含特征选择、降维和特征转换等，进而可以更好地表征难解问题并捕获与问题相关的关键信息。在模型选择和训练阶段，机器学习方法需要根据难解问题的特性和数据特点选择合适的机器学习算法。常见的算法包括图学习、强化学习等。在模型评估和优化阶段，机器学习方法需要使用独立的测试数据集来评估训练好的模型性能，并通过各种指标（如准确率、精确率、召回率等）来衡量模型的效果。如果模型表现不佳，可以进行参数调整、模型结构修改或者尝试其他改进方法，以进一步提升性能。最后，在预测决策与问题求解阶段，机器学习方法将训练好的模型应用于实际问题的求解中，对新的输入样本进行预测决策与问题求解。

在难解问题求解的机器学习方法中，图学习和强化学习是两个重要的分支。其中，图学习方法的核心思想是基于难解问题的图结构关系，利用图结构中的节点和边之间的关系对难解问题进行表征，结合图结构中的拓扑信息和节点特征来理解难解问题，采用图神经网络等技术对图进行分析并对难解问题进行求解。图学习方法在难解问题求解中应用广泛，其中常用的模型包括图卷积网络、图注意力网络等。此类方法能够充分考虑图实例中节点和边之间的交互，并学习到节点的表示和图级别的特征，帮助理解和推断难解问题的决策和求解。强化学习则通过智能体与环境的交互来求解难解问题。在强化学习中，智能体根据当前的环境选择动作，并观察环境返回的奖励信号，通过迭代的进行试错和学习，智能体能够找到每次迭代的最优策略以最大化累积奖励。在难解问题求解中，可以将问题的求解状态定义为环境，利用强化学习算法来优化决策策略，找到最佳的决策对难解问题进行求解。常用的强化学习算法包括深度 Q 网络、策略梯度等，能够在复杂的难解问题状态空间中找到较好的决策策略。

4.1　难解问题图学习方法求解

诸多图问题本身就属于难解问题，如旅行商问题、最大割问题等。此外，许多其他的难解问题可以通过转化为图问题来进行求解。这种转化通常涉及将问题中的元素映射为图中的节点，并利用图中的边来表示元素之间的关系或约束。例如，布尔可满足性问题可以转化为图的着色问题，线性规划问题可以转化为图的最大流或最小割问题，调度优化问题也可以转化为图着色问题进行求解等。在图问题的求解过程中，图中的拓扑结构和边的关系对难解问题求解具有较大的影响。例如，在任务调度问题中，图中节点代表任务，边表示任务之间的依赖关系。图的拓扑结构可以用来判断是否存在循环依赖，并帮助确定任务的执行顺序。图结构在求解难解问题中发挥着重要作用，利用图结构求解难解问题可以提供更好的问题表征。由于难解问题通常具有复杂的结构和相互依赖关系，图结构提供了一种有效的方式来表示和分析这些难解问题的底层逻辑和层谱结构。通过将问题建模为图结构，可以利用图中的拓扑信息、节点特征和边关系来理解问题，并设计相应的图学习算法和利用图学习模型来求解难解问题。

图学习是机器学习领域的一个重要分支，专注于处理和分析图数据。图数据具有节点和边的关系，能够描述实体之间的复杂交互和依赖关系。图学习的目标是通过学习图数据中的模式、结构和特征，从中提取知识并进行预测。与传统的数据形式（如表格或向量）不同，图数据的处理需要考虑节点之间的连接和依赖关系，以及节点本身的属性特征。图学习算法可以自动发现图中的模式、社区、中心节点和相似性等重要信息，从而对新的节点特征或边特征进行推断。在图层级上，图学习可以用于进行分类或回归任务。在节点层级上，图学习可以用于进行节点属性预测。在边层级上，图学习可以用于进行边属性预测或缺失边预测。在子图层级上，图学习可以用于进行社区检测或子图属性预测。

图学习方法已被广泛应用于求解各种难解问题，如旅行商问题、最大割问题、调度问题等。难解问题图学习方法的求解思路包含问题的图表征、图特征的学习、目标优化函数设计和问题求解几个关键步骤。在问题的图表征阶段，需要建立待求解难解问题与图的关系，将问题中的实体抽象为图的节点，将实体间的抽象关系构建为图的边连接，并为每个节点和边赋予恰当的特征。这个阶段的关键目标是构建一个精准且可以被图学习算法处理的图模型。图特征的学习阶段主要是通过图神经网络或其他相关算法，对图的节点和边的特征进行编码和学习，从而得到一个可以反映图结构和特征的向量。这一步的目标是提取出图的关键特征，从而为后续的优化和求解提供数据支持。在目标优化函数设计阶段，需要设计一个具体的目标优化函数，用以度量当前图的状态和期望的学习目标之间的差距。对于不同的难解问题，这个优化函数可能会有所不同。最后是问题的求解阶段，主要通过学习的模型特征，在满足各种约束条件的情况下，利用模型决策预测找到问题的最优解或近似解。例如，在旅行商问题的求解中，其目标是寻找一条可以遍历所有城市并返回原点的最短路径。这个问题的主要挑战在于随着城市数量的增加，可能的路线组合呈指数级增长。图学习可以利用图卷积神经网络，学习旅行商问题中的图结构特性和节点间的关系，挖掘问题的全局结构，并根据当前求解状态对近似最优的路径选择进行预测，显著降低了搜索空间和计算复杂度。对于最大割问题，其目标是在一个给定的无向图中将图中节点分成不同子集，使得子集之间的边权之和最大。图学习方法可以融合最大割问题中的节点与其邻居节点的特征，使得每个节点都能获取其周围邻居的信息。具体地，学习方法经过多层图卷积操作，使得每个节点的特征将会包含更广泛的 k-跳邻域信息。图卷积网络能够捕获到图的深度结构信息，并利用学习的特征进行分割决策，从而实现对最大割问题的求解。难解问题的图学习求解方法主要可以分为两类：一类是基于端到端学习的求解方法；另一类是基于决策配置学习的求解方法。

基于端到端学习的求解算法是一种完全依赖端到端训练完成问题求解的方法。该方法的核心是通过构建一个端到端的模型，接收输入的问题图表征，经过学习和训练，直接输出问题的最优解或者近似解。这类方法一般采用图神经网络技术，其优点在于可以自动学习到问题的复杂特征和规律，并通过不断地训练，不断优化其学习效果。然而，端到端的方法也存在一定的缺点，即需要大量的实例数据和计算资源来训练、优化模型，并且端到端方法在模型训练的过程中很难进行有效的控制和干预。

基于决策配置学习的求解方法主要利用机器学习方法，尤其是图卷积神经网络、图循环神经网络等确定最佳的决策配置选择。此类方法通过反复的试错和学习，不断优化其算法决策的编码特征，最终找出一个近似最优的算法决策配置。基于决策配置学习的求解方法可以帮助确定难解问题求解过程中算法下一步应该探索的方向。具体来说，基于决策配置学习的求解方法首先使用图神经网络提取难解问题实例的图编码特征。其次，基于这些特征，决策配置学习将训练一个模型来预测算法学习特征的重要性。在每一步的决策优化中，决策配置学习求解方法都会根据当前的状态和已经学习到的特征重要性，选择一个算法的近似最优决策。最后，根据这个算法决策的结果，自动调整其决策策略，以便后续做出更好的决策。这种方法的优点在于，在经过一定量的训练后，决策配置学习求解方法可以自动地找到一个有效的重要性特征刻画和算法决策策略，从而在很大程度上减轻了人工干预和参数调整优化。同时，通过持续的学习和优化，决策配置学习求解方法也能够不断改进其决策策略，以适应不断变化的难解问题环境。

　　图学习方法已被广泛应用于求解各种难解问题，这些问题包括路径规划问题、最大割问题、作业调度问题以及资源分配问题等。下面将以路径规划问题、最大割问题和作业调度问题为例，详细阐述图学习方法求解难解问题的具体方式和策略。

4.1.1　路径规划问题

　　路径规划问题（path planning problem）是一类受到广泛关注的组合优化问题，旨在满足一定约束的情况下，寻找从源节点到目标节点的最优路径。旅行商问题、汽车路由问题（vehicle routing problem，VRP）均为典型的路径规划问题。求解路径规划问题的传统启发式算法往往基于局部搜索技术，求解一个实例往往需要较长的时间，无法满足实际应用场景中的效率要求。基于图学习方法求解路径规划问题，挑战在于图学习方法需要设计和训练模型来处理大量可能的路径组合。另外，路径的顺序影响着求解的质量。因此，在图学习过程中，需要在处理图结构时采用特殊的策略模拟路径的先后顺序选择。路径规划问题需要在全局层面找到问题的解，而不仅仅是在局部找到较好的解决方案。如何寻找问题的全局结构是一个挑战，因为大多数图神经网络都基于邻域信息聚合，可能无法有效地捕捉全局结构信息。

　　路径规划问题的直接求解思路是利用端到端学习方法进行训练求解。为了克服端到端学习方法中的路径规划节点顺序问题，Kool 等[2]提出了一种基于图注意力机制的模型，来学习旅行商问题节点序列之间的公共模式，并基于训练得到特征构造路径解。Chen 等[3]提出了一种称为 NeuRewriter 的方法，通过深度图神经网络学习重写当前路径解的局部模块，改进路径选择过程。NeuRewriter 可以分解为 region-picking 和 rule-picking 两个模块，每个模块由 actor-critic 方法分别进行训练，分别负责路径规划中的路径顺序选择和路径重新规划决策。Lu 等[4]提出一种新的学习方法（L2I）。基于一个随机初始解，L2I 从一系列由图编码特征预训练得到的运算符中进行选择，通过选定的最优运算符改进路径顺序。尽管上述路径规划训练方法考虑了节点选择的先后顺序特征，但训练过程缺乏有效的搜索策略，这也导致这些方法在路径规划问题上的求解质量难以保证。

为了进一步提高路径规划问题的求解质量，Fu 等[5]考虑首先在子图中训练一个小规模神经网络模型，然后利用图采样、图转换和图合并等技术构建完整图的热力图。基于合成得到的热力图，通过蒙特卡罗树搜索获得高质量路径解。Jin 等[6]提出了一种基于多指针 Transformer 的端到端图深度学习方法（Pointerformer）。通过可逆残差网络和多指针网络，Pointerformer 有效地控制了编码器-解码器架构的内存消耗。同时，Pointerformer 通过引入特征增强和上下文增强方法，可以获取更优的搜索决策，从而提升了路径解的质量。

虽然图神经网络算法的计算速度优势明显，但其求解路径规划问题的质量相对于传统启发式搜索方法仍有很大的提升空间。为了结合二者的优势，人们提出利用图神经网络指导传统启发式搜索共同改进路径规划解的质量。Delarue 等[7]设计了基于值函数的深度图卷积网络框架，将搜索过程的动作选择问题建模为混合整数优化问题，并通过启发式搜索算法进行改进。Hottung 等[8]使用了条件变分自编码器，学习如何将潜在搜索空间中的点映射到特定实例的图编码特征中，并通过无约束连续优化方法对所学习的图特征进行导向性搜索。

利用图神经网络指导传统启发式搜索的图学习方法在求解速度和求解质量上相较于传统启发式方法有了很大的提升。然而，由于大规模图神经网络具有较高的计算复杂性，大规模路径规划问题实例的搜索空间庞大，这些方法只能够依赖于小规模图神经网对生成实例小样本进行训练。为了提高问题求解泛化能力，人们尝试用 Transformer、多阶段学习等方法进行改进。Li 等[9]提出了在图神经网络中引入一种基于 Transformer 模型的局部搜索框架，利用空间局部性原理从原始指数级解空间中选择线性数量的子问题，最终调用启发式求解器来迭代优化路径解，提高了求解大规模路径规划实例的能力。Choo 等[10]提出在图神经网络中引入模拟引导的束搜索算法，在固定宽度的树搜索中识别候选解，减小了问题的搜索空间，提高了问题求解的泛化能力。Hou 等[11]提出两阶段划分方法，对 VRP 问题子路径序列进行编码。在求解过程中首先根据子路径编码将大实例划分为小实例，通过调用传统启发式算法进行求解，提升了问题的求解效率和求解能力。

尽管基于端到端的学习方法可以有效求解路径规划问题，但它需要大量的训练数据生成和计算资源来对模型进行预训练。路径规划问题的另一种求解方法是利用决策配置学习方法进行求解。在决策配置学习方法中，训练模型将学习图实例的抽象特征并直接学习算法决策的重要性，进而获得较好的求解决策。Xin 等[12]设计了一种多解码器注意力模型（multi-decoder attention model，MDAM）对路径序列特征进行学习，获得了问题求解的自主决策。研究人员也考虑使用图卷积神经网络学习节点与边特征的重要性，利用高度并行化的集束搜索（beam search）算法生成路径解，并在配置学习过程中不断改进启发式算法的决策搜索效率。为了进一步提升端到端的学习方法的准确性，研究人员提出将机器学习算法与动态规划算法的优势相结合的学习方法，即基于深度策略的动态规划（deep policy dynamic programming，DPDP）方法。具体来说，DPDP 方法训练一个深度神经网络对实例中的边进行打分，并基于网络打分结果减少动态规划算法决策状态空间，以提高求解速度与求解质量。

4.1.2　最大割问题

给定一个无向图，最大割问题的目标是将图的节点分成两个不相交的子集，使得两个子集之间边的权重最大。最大割问题的求解过程涉及对每个节点做二进制决策，这是非连续的。这种非连续性在神经网络中往往难以直接建模。传统的图神经网络主要基于节点和其邻居的局部信息进行推理，可能无法有效捕获整个图的全局信息。

在最大割问题的求解过程中，许多端到端图学习方法利用图神经网络学习顶点和其邻居的特征关系，并基于学习到的特征关系给出节点分类预测。Barrett 等[13]提出了一种探索性图神经网络，该方法通过逐步扩大探索域改进解节点分类和最大割问题的求解质量。Khalil 等[14]利用图神经网络学习最大割问题的重复结构，并基于训练得到的网络设计贪心策略逐步构建每个节点的分类决策。直接的端到端图学习方法受解空间复杂性影响，往往难以适应大规模最大割问题实例的求解。为了改进端到端图学习方法的泛化性能，Barrett 等[15]提出 ECORD（exploratory combinatorial optimization with recurrent decoding）学习算法。ECORD 算法在图数据进入递归探索单元前，预先将其在单一神经元进行预处理，提高了求解效率和模型泛化性能。Ireland 等[16]提出了 LeNSE 算法，用于学习基于割集得到的子图特征。LeNSE 算法调用启发式算法求解子问题，最终基于局部解合成全局解，提高了模型求解的效率和泛化能力。

为了进一步提高模型求解的质量，研究最大割问题中的全局结构对节点分类的影响是一个重要内容。基于对最大割问题全局结构的刻画，Yao 等[17]引入了一个通用全局结构学习框架，该方法首先利用图神经网络提取问题实例的特征表示，然后应用深度 Q 学习通过全局翻转或交换顶点标签逐步改进解的质量。Zhang 等[18]认为最大割问题中高度结构化的全局约束会阻碍解的优化。在图神经网络中引入 GFlowNet 可以高效地从非标准化概率密度中进行采样，进而削弱组合优化问题中全局约束造成的不利影响。Zhang 等[18]针对最大割等多个组合优化问题，基于条件 GFlowNet 在解空间中进行采样，同时基于长期信度分配问题技术对图神经网络进行训练，提高了模型对全局结构约束的理解能力，提高了最大割问题解的质量与泛化性能。

基于决策配置学习的最大割问题求解方法通过利用图学习方法获得算法分类决策的重要性特征，进而指导搜索策略对最大割问题进行求解。Li 等[19]将图深度学习技术与经典启发式算法相结合来求解最大割问题。通过训练图卷积神经网络对图中每个顶点是否属于最优解进行打分，并利用树搜索方法探索解空间提升解的质量。Karalias 等[20]提出了一种通过图神经网络学习求解最大割问题的无监督框架。该框架通过优化神经网络实现概率分布的学习，并确定最大割问题的搜索空间映射。该分布可以以一定的概率生成满足问题约束条件的低成本整数解。

4.1.3　作业调度问题

作业调度问题（job shop scheduling problem，JSSP）是计算机科学和运筹学中广泛研究的组合优化问题，在制造业和交通运输等行业中有着广泛的应用。在 JSSP 中，许多具有预定义约束的作业被分配给一组异构机器，该问题的求解目标为最小化完工时间、流动时间或延迟。优先级调度规则（priority dispatching rule，PDR）是在实际中被广泛应用的一种高效启发式规则。PDR 计算快速、直观且易于实现。然而，设计一个有效的 PDR 需要大量的领域知识和试错，特别是对于复杂的调度问题。机器学习可以很好地发掘实例的共同特征，且通过大量实例训练得到的模型表现往往相对稳定。因此，人们越来越关注调度问题的机器学习求解方法。

调度问题通常基于端到端的图学习方法进行求解。例如，基于图深度学习的动态调度方法，可以采用近端策略优化来寻找调度的最优策略，以应对由于问题规模增加而导致的状态和行动空间维度灾难。Zhang 等[21]通过端到端图深度学习获得调度的公共模式，并应用训练得到的模型来自动学习分配优先级。Zhang 等[21]使用离散图表示调度过程，提出了一种基于图神经网络调度过程求解方法，有效地提高了泛化性能。然而，上述学习方法没有考虑到作业车间调度问题中决策顺序对整体求解的影响，影响了求解的质量。为了克服决策顺序对问题求解质量的影响，研究人员提出使用图神经网络来学习作业车间调度问题的框架。将 JSSP 的调度过程建模为一个具有图表示的序列决策问题，随后使用图神经网络（graph neural network，GNN）来学习节点特征，通过节点特征学习最佳调度。Jeon 等[22]提出了一种基于机器学习的序列调度器，该调度器使用 one-shot 图神经网络编码器对节点序列优先级进行采样,通过列表调度将节点序列优先级转换为最终调度。研究人员也提出了另一种基于图深度学习的实时调度器 ScheduleNet。具体地,ScheduleNet 首先将多代理调度问题建模为具有连续奖励的 semi-MDP,用智能体(agent)任务图表示调度问题的状态,利用类型感知图注意力提取智能体和任务节点的节点嵌入,最终用计算出的节点嵌入计算调度分配概率。

4.1.4　其他难解问题

对于其他难解问题,人们同样基于图学习方法提出了一系列求解方案。下面以可满足性、计算资源分配、装箱、图编辑距离、影响力最大化等问题为例简要概述[23-28]。对于可满足性问题,人们基于图神经网络加速可满足性问题分支搜索过程,提高了求解准确率。对于计算资源分配问题,人们利用图神经网络学习资源分配的公共模式,自适应分配计算资源。对于装箱问题,人们基于图神经网络预测不同装箱动作的可行性,并通过树搜索算法进行剪枝。对于图编辑距离问题,人们通过注意力机制等学习图节点特征,加速图结构的检索和匹配。对于影响力最大化问题,人们通过图神经网络学习影响力公共模式,提高了分支搜索速度。

4.2　难解问题强化学习求解

强化学习旨在研究智能体在与环境(environment)的交互过程中学习到一种行为策略,以最大化地得到的累积奖赏。强化学习由两部分和三要素组成,两部分指的是智能体和环境,三要素则为状态(state)/观察值(observation)、动作(action)以及奖励(reward)。在强化学习过程中,智能体与环境一直在交互,智能体在环境中获取某个状态后,会利用该状态输出一个动作,然后这个动作会在环境中被执行,环境会根据智能体采取的动作,输出下一个状态以及当前这个动作带来的奖励。智能体的目的就是尽可能多地从环境中获取奖励。

难解问题的求解过程和强化学习之间存在紧密的关系。诸多难解问题存在许多不确定性,传统的方法难以找到高质量解。强化学习通过与环境的交互学习,能够自主地发现并优化决策策略,以适应问题的动态变化和不确定性。另外,许多难解问题的求解需要在庞大的搜索空间中找到高质量解。强化学习可使用搜索算法(如蒙特卡罗树搜索)或价值函数估计来引导搜索过程,实现高效的探索和优化解空间。许多难解问题具有很好的组合优化结构。强化学习可利用问题的组合结构,通过建立合适的状态表示、定义动作空间和奖励函数等实现问题的求解。

在求解难解问题时，随着问题规模的增加，解空间变得非常庞大。强化学习为难解问题的求解提出了新的思路，其目标是最大化得到的累积奖赏。在求解难解问题时，强化学习方法可能需要在不同的阶段做出不同的决策，以实现较好解的获取，并考虑长期回报的优化来引导决策过程，使智能体能够在全局找到更好的求解方案，通过不断的尝试和学习来改进决策策略，并逐步接近最优解。总之，强化学习作为一种强大的学习和决策方法，可以应用于各种难解问题求解。它的学习能力、搜索优化能力和适应性使得它在求解难解问题时具有广泛的应用潜力。

近年来，强化学习方法已被成功应用于若干难解问题的求解中，如混合整数规划、计算资源分配、车辆路径规划等问题。例如，在混合整数规划问题中，强化学习可以结合搜索算法，如分支定界或割平面法，来引导决策过程。通过学习最佳的分支或割平面选择策略，实现加速找到最优整数解的过程。在车辆路径规划问题中，强化学习可用于学习最优的路径选择和车辆调度策略。通过与环境的交互和学习，强化学习可以逐步改进路径规划和调度决策，以最大化服务效率和资源利用。诸多研究结果表明，强化学习模型可成为求解难解问题的一种有效方法。

在难解问题求解中，强化学习方法可以分为有模型（model-based）和无模型（model-free）两种。有模型方法的智能体尝试通过在环境中不断执行动作来获取样本，并构建对未知环境元素（如奖励函数、状态转移函数）的模型。而无模型方法则不尝试对环境进行建模，而是直接寻找最优策略。根据模型的来源，有模型方法可分为给定模型（given model）和学习模型（learn model）。无模型方法可分为基于值（value-based）函数估计的方法、基于策略（policy-based）估计的方法以及两者结合的 Actor-Critic 方法。

4.2.1 基于无模型的强化学习方法

无模型方法在求解难解问题时主要关注直接寻找最优策略，而不需要对环境进行建模，具体包括基于值函数估计的方法、基于策略估计的方法以及两者结合的 Actor-Critic 方法。

基于值函数估计的方法试图在与环境交互的过程中估计出每一状态上每一动作对应的累积奖赏，从而得出最佳策略。典型的基于值函数估计的方法有 Q-learning 方法[29]、Deep Q-Network（DQN）方法[30]和时序差分方法[31]。近年来，基于值函数估计的方法在难解问题求解中得到了广泛应用。例如，Khalil 等[32]提出了一种结合 Q-learning 和图嵌入的框架，用于求解旅行商问题、最小顶点覆盖问题和最大割问题。给定问题实例图 G，该方法将图 G 作为输入，将部分解（图中部分节点的集合）作为状态 S，并将图中不属于当前状态 S 的一个节点作为动

作 v。在每个时间步，智能体采取动作 v，并根据环境反馈的回报奖励 r 来更新 Q 值表，以估计状态 S 和动作 v 的 Q 值。然后，根据 Q 值表选择具有最大收益的动作来进行决策。这种方法的核心思想是通过使用 Q-learning 算法和图嵌入技术，学习并优化状态和动作之间的 Q 值，从而指导求解难解问题的决策过程。Cappart 等[33]设计了深度强化学习模型来确定与问题相关的决策图变量顺序，该模型可用于最大独立集问题和最大割问题。此外，研究人员还提出了一种图神经网络和深度 Q-learning 相结合的检测最大公共子图的方法，该方法使用探索树在两个图中提取相应的子图，并通过 DQN 进行训练以优化子图提取奖励。Barrett 等[34]提出了结合强化学习和深度图神经网络的探索性组合优化深度 Q 网络，该方法可以使智能体通过训练数据反馈不断改进解决方案。另一种基于深度强化学习方法来求解模拟环境中的全局路由问题的思路是使得智能体能够根据所提出的各种问题产生最优路由策略，并利用了深度强化学习的联合优化机制。Scavuzzo 等[35]提出了一种马尔可夫决策过程范式的泛化，为更一般的分支变量选择、强化学习算法和奖励函数提供了基础。Jacobs 等[36]提出鲁棒优化来求解路径优化问题，该方法通过精确求解内部最小化问题来获得鲁棒解，并应用强化学习来学习外部问题的启发式方法。

相比基于值函数估计的方法，基于策略估计的方法不需要显式地估计每个状态或动作对应的 Q 值，而是直接输出下一步动作的概率，根据概率来选取动作。近年来，策略梯度、PPO 等基于策略估计的方法也逐渐应用于难解问题求解中。Yolcu 等[37]提出了一种图神经网络和强化学习相结合的随机局部搜索方法，该方法通过图神经网络计算变量选择启发式策略，并通过强化学习训练一套专门针对不同类别的启发式求解器，从而较好地求解布尔满足性问题。另一种图神经网络和强化学习相结合的求解方法是基于图指针网络和分层强化学习相结合的方法来求解旅行商问题，该方法采用分层强化学习框架和 GPN 架构，有效地求解了带时间窗约束的旅行商问题。Nazari 等[38]提出一种使用强化学习求解车辆路径问题的端到端框架，该方法训练了一个单一的策略模型，仅通过观察奖励信号和遵循可行性规则，就能为类似规模的问题实例找到接近最优的解决方案。Kool 等[39]提出了一个基于注意力层的模型并使用强化学习来训练模型，从而求解旅行商问题。Bello 等[40]提出了一种循环神经网络和强化学习相结合的求解旅行商问题的方法。该方法在给定一组城市坐标的情况下，训练一个循环神经网络，并以负路径长度作为奖励信号，使用策略梯度方法优化循环神经网络的参数，从而预测不同城市排列的分布。Lu 等[41]提出一种迭代搜索的方法求解车辆路径规划问题。该方法在同一时间训练多个强化学习策略，并使用不同的状态输入特征。

虽然基于值函数估计的方法和基于策略估计的方法在求解难解问题上获得了较好的效果，然而这些方法均存在明显的不足。基于值函数估计的方法不能直接得到动作值输出，难以扩展到连续动作空间上，并存在高偏差的问题。而基于策略估计函数估计的方法要对大量的轨迹进行采样，而每个轨迹之间的差异可能是巨大的，可能导致高方差和较大梯度噪声问题。为了解决高方差和高偏差之间的矛盾，基于值函数估计的方法和基于策略估计的方法被结合起来形成 Actor-Critic 方法。该方法构造一个全能型的智能体，既能直接输出策略，又能通过价值函数来实时评价当前策略的好坏。Chen 等[42]提出了一种车辆路径规划的 NeuRewriter 策略。该策略分解为一个区域选择和一个规则选择模块，每个模块都由 Actor-Critic 方法训练的神经网络进行参数化。Malazgirt 等[43]提出了一种 TauRieL 方法，该方法受 Actor-Critic 方法的启发，采用普通前馈神经网络来获得策略更新向量，并用该向量来改进生成策略的状态转移矩阵。

4.2.2 基于有模型的强化学习方法

有模型的强化学习方法使用已知的环境模型或通过学习建立的环境模型来进行规划和决策，根据模型的来源可分为模型给定（given model）法和模型学习（learn model）法。

模型给定法假设已经拥有一个准确的环境模型，该模型描述了环境中的状态转移和与状态-动作对关联的奖励。这些问题的已知模型可以是具体规则、概率转移矩阵等，使得智能体能够根据这些信息得到最佳的行动策略。AlphaZero[44]是 DeepMind 公司开发的一种人工智能算法。通过自我对弈的方式，AlphaZero 采用深度强化学习的方法，成功超越了人类在如国际象棋、围棋等游戏上的表现，代表了模型给定强化学习方法的一种典范。AlphaZero 的成功在于其与蒙特卡罗树搜索算法的巧妙结合。蒙特卡罗树搜索是一种在博弈游戏中广泛应用的智能搜索算法。该算法通过大量的随机抽样来估计最优策略，有效地平衡了两者之间的关系。当蒙特卡罗树搜索与 AlphaZero 结合使用时，每次搜索步骤可以借助深度神经网络来评估状态并选择行动，进而产生更优的策略。这种将 AlphaZero 与蒙特卡罗树搜索结合的方法已被广泛应用于各种难解问题求解中，因为它能够有效地处理大规模状态空间和决策空间，并从中发现较好的策略。例如，Laterre 等[45]提出了一种名为 Ranked Reward（R2）的算法，用于在单人游戏中实现自我对弈的训练策略。该算法通过对单个代理在多个游戏中获得的奖励进行排名，创建了一个相对性能度量。特别地，R2 算法在二维和三维装箱问题的实例上，优于通用的蒙特卡罗树搜索、启发式算法和整数规划求解器。基于 AlphaGo Zero[44]的强化学习策略，Abe 等[46]进一步发展了这种思路，提出了一种名为 CombOptZero 的新型学习策略，用于求解最小顶点覆盖、最大割和最大团等问题。Abe 等[46]将图组合优化问题转化为马尔可夫决策过程，并将 AlphaZero 中的卷积神经网络替换为图神经网络，提高了模型对问题的处理能力。在此基础上，利用蒙特卡罗树搜索训练网络，让智能体依据网络预测的信息来确定最佳策略。Li 等[47]将深度学习技术与经典启发式算法的元素相结合，提出了一个新的求解方法。该方法通过训练图卷积神经网络来估计图中每个顶点属于最优解的概率，然后通过树搜索方法搜索解空间。在布尔可满足性、最大独立集、最小顶点覆盖和最大团等问题上的应用表明，该方法与最先进启发式求解器性能相当。Pierrot 等[48]结合了神经程序解释器和 AlphaZero 的优点，提出了一种新型的算法，被称为 AlphaNPI。神经程序解释器采用模块化、层次结构和递归等结构性偏差，从而降低了样本复杂性，提高了泛化性能。而 AlphaZero 则为其提供了神经网络引导搜索算法。

模型学习方法主要依赖于与环境的交互，进而理解环境的动态性。具体来说，模型学习方法尝试基于已观察到的状态转移和奖励来估计环境的未知转移和奖励函数。当模型被学习后，它可以用来模拟环境，预测未来的状态和奖励。模型学习方法可大致分为参数化方法和非参数化方法。参数化方法指的是学习一个具有特定参数的环境模型，而非参数化方法不假定任何特定的环境模型，直接估计状态转移和奖励函数。一些模型学习方法还利用了深度学习技术，以构建更复杂的环境模型。尽管学习环境模型可以帮助更深入地理解环境动态，从而提升规划和决策的有效性，但在实际应用中，特别是在处理组合优化问题时，模型学习方法仍然处于初级阶段。

4.3　总结与展望

图学习方法和强化学习方法构成了求解难解问题的重要研究方向。图学习方法的基本原理是基于难解问题实例与图的关系，依赖图中节点和边的互联关系为这些难解问题做出表征，借助于图的拓扑结构和节点特性，对难解问题进行深度理解，并运用图神经网络等工具对图进行深入的剖析和推理，以此对难解问题进行求解。强化学习方法通过智能体在其环境中的探索行为求解难解问题。在这个求解过程中，智能体通过连续的互动和反馈，学习如何采取最优行动策略实现特定的优化目标。然而，难解问题的机器学习方法仍然存在如下挑战。

（1）泛化能力差：诸多图学习方法在训练数据上性能表现良好，然而大规模实例和实际应用实例上的性能表现不佳。这主要是由模型过拟合或者对训练数据的分布假设过于严格造成的。这种泛化能力差的问题在复杂、高维度和稀疏的数据环境中尤为严重。尽管强化学习方法在许多组合优化问题上的表现不错，但将学习到的策略有效地泛化到其他问题或数据分布上仍然有难度。

（2）全局结构无法获取：在利用机器学习方法处理结构化图问题时，图问题全局结构的获取往往对学习的性能有着重要的影响。由于图学习方法的局限性，很多时候模型只能获取局部的、片段的信息，而无法获取全局的、整体结构信息。对于强化学习方法，尽管可以通过集束搜索、局部搜索和采样策略等手段提升全局结构的特征获取能力，但在许多研究中，直接由深度神经网络模型输出的解仍然效果不佳。

（3）分布外泛化（out-of-distribution，OOD）：各领域中的难解问题经常出现训练分布和测试分布不一致的情况，也就是所谓的 OOD 问题。这种情况下，图学习方法可能在训练分布上表现良好，但在测试分布（尤其是与训练分布迥异的分布）上表现很差。不同问题可能有着各自独特的动态特性和约束条件，使得某一特定问题或数据分布上表现良好的策略并不能直接迁移到另一问题或数据分布上。对于强化学习方法，如何处理各类应用问题中的不确定性和动态性从而解决OOD 问题也是一个主要挑战。

（4）约束问题求解困难：许多难解问题都涉及一些严格或者复杂的约束。这些约束使得问题的解需要满足特定性质，增加了解的搜索难度，现有的图学习方法和强化学习方法在一定程度上很难有效地处理这些约束。

（5）可解释性差：基于图学习和强化学习求解难解问题的方法大多结合了深度学习方法，而深度学习方法往往因其复杂的模型结构和抽象的特征表达，导致内部决策机制难以解释，被称为"黑箱"问题。这种可解释性不足限制了模型在各领域难解问题求解中的应用。

事实上，上述各个方面也是诸多机器学习方法共同面临的挑战。人们针对此方面也进行了系列研究，在机器学习方法中引入自监督学习和主动学习等强泛化模型可能有助于弥补机器学习泛化性能差的缺陷。自监督学习是一种训练模型的方式，它通过使用数据中已有的标签信息来进行学习，而无须人工进行标注。自监督学习已经在图像、语音和自然语言处理领域得到了很好的应用，并且有助于提高模型的泛化能力。主动学习是模型自主选择最需要标注的数据样本进行学习，这样可以更高效地使用有限的标注资源，从而提高模型的泛化能力。诸多难解问题本身具有很好的组合结构，并且这些结构往往具有全局属性，如何更好地挖掘难解问题的结构属性，设计融合问题结构属性的学习方法是克服难解问题机器学习方法泛化能力差的一个重要方向。另外，目前诸多基于机器学习的难解问题求解方法往往在较小规模的训练数据上进行训练，难以有效学到影响问题求解的全局结构和复杂结构，进而出现泛化能力差的缺陷。因此，如何对较大规模训练数据进行高效学习也是消除难解问题机器学习方法泛化能力差的一个重要手段。

针对难解问题机器学习求解方法存在全局结构无法获取和可解释性差等问题，在机器学习方法中引入结构熵和编码树机制[49, 50]可提高机器学习方法获取难解问题全局结构的能力，并且增强机器学习算法对难解问题求解的可解释性。近年来，基于结构熵和编码树的机器学习方法已经引起了广泛的关注。结构熵是衡量图或网络结构中所包含信息量的度量标准。给定一个图 G，图的一维结构熵被定义为图中每个顶点的熵之和，其中顶点的熵是其度数和图的体积的函数，图的体积是图中所有顶点的度数之和。图的 k 维结构熵被定义为具有最多 k 层的图的所有可能编码树的最小熵。编码树是一种层次结构，将加权无向图的顶点集划分为子集。编码树的熵是连接节点内部顶点与节点外部顶点所有边权重之和与节点体积的函数。基于结构熵的编码树是一种模型的层谱抽象，是离散系统中的微分算子，刻画了数学的层次抽象结构，可以用于从信息系统中对信息进行编码和解码，并可将原始的图结构进行抽象和简化，捕获难解问题的全局结构。编码树方法还能够提供对问题求解过程的解释和可解释性。通过对编码树的分析和理解，可以获得问题实例的直觉推理和层谱抽象，以便可以更好地理解问题结构和特征，并为问题求解过程提供推理解释。因此，基于结构熵和编码树的方法为机器学习方法获取难解问题的全局结构提供了理论和技术支撑，有助于机器学习方法学到问题实例的全局结构，进而有助于提高学习方法的泛化性能。另外，基于结构熵和编码树的方法也为难解问题机器学习求解方法的可解释性提供了新的思路。

人们提出了诸多方法处理机器学习方法存在的分布外现象。例如，在机器学习方法中引入对抗性训练、贝叶斯深度学习可能有助于增强机器学习模型的鲁棒性。对抗性训练方法利用生成对抗性训练生成更极端、偏离训练数据分布的样本，以提高模型对未知分布数据的鲁棒性。贝叶斯神经网络和贝叶斯卷积神经网络等引入权重不确定性，能量化模型预测结果的不确定性，帮助提高模型对 OOD 数据的鉴别力。诸多难解问题的求解效率和准确度与问题实例的分布和属性具有密切的关联关系。因此，对于难解问题的机器学习求解方法，如何根据问题的结构属性和求解目标生成多样化的训练数据对克服分布外现象具有重要的意义。

诸多难解问题都存在各类约束，影响了问题求解的效率与准确率。难解问题机器学习求解方法可在求解过程中引入约束优化、生成模型、约束神经网络等方法，提升机器学习方法对于复杂约束难解问题的求解能力。约束优化方法可以在目标函数优化过程中引入包括拉格朗日乘数法、KKT 条件等方法，寻找满足一定约束条件的最优解。生成模型旨在利用条件生成对抗网络和变分自编码器等方法生成满足某些条件（约束）的样本以辅助训练过程。因此，对于带约束的难解问题，如何高质量地将约束条件融入机器学习模型是求解约束难解问题的关键。另外，对于带约束的难解问题，约束往往限定了问题实例的组合结构属性。因此，充分挖掘问题约束下的实例结构属性有助于机器学习方法对问题结构属性的学习，可提高问题求解的效率和准确率。

参 考 文 献

[1] Hutson M. DeepMind AI creates algorithms that sort data faster than those built by people[J]. Nature，2023，618（7965）：443-444.

[2] Kool W，Hoof H V，Welling M. Attention，learn to solve routing problems！[C]. Proceedings of the International Conference on Learning Representations. ICLR，New Orleans，2019.

[3] Chen X，Tian Y. Learning to perform local rewriting for combinatorial optimization[C]. Proceedings of the Advances in Neural Information Processing Systems. NeurIPS，Vancouver，2019：6278-6289.

[4] Lu H，Zhang X，Yang S. A learning-based iterative method for solving vehicle routing problems[C]. Proceedings of the International Conference on Learning Representations. ICLR，Addis Ababa，2020.

[5] Fu Z H，Qiu K B，Zha H. Generalize a small pre-trained model to arbitrarily large TSP instances[C]. Proceedings of the AAAI Conference on Artificial Intelligence. AAAI，Virtual，2021：7474-7482.

[6] Jin Y，Ding Y，Pan X，et al. Pointerformer：deep reinforced multi-pointer transformer for the traveling salesman problem[C]. Proceedings of the AAAI Conference on Artificial Intelligence. AAAI，Washington，2023.

[7] Delarue A，Anderson R，Tjandraatmadja C. Reinforcement learning with combinatorial actions：An application to vehicle routing[C]. Proceedings of the Advances in Neural Information Processing Systems，Virtual，2020.

[8] Hottung A，Bhandari B，Tierney K. Learning a latent search space for routing problems using variational autoencoders[C]. Proceedings of the International Conference on Learning Representations. ICLR，Austria，2021.

[9] Li S，Yan Z，Wu C. Learning to delegate for large-scale vehicle routing[C]. Proceedings of the Advances in Neural Information Processing Systems. NeurIPS，Virtual，2021：26198-26211.

[10] Choo J，Kwon Y D，Kim J，et al. Simulation-guided beam search for neural combinatorial optimization[C]. Proceedings of the Advances in Neural Information Processing Systems. NeurIPS，Vancouver，2022：8760-8772.

[11] Hou Q，Yang J，Su Y，et al. Generalize learned heuristics to solve large-scale vehicle routing problems in real-time[C]. Proceedings of the International Conference on Learning Representations. ICLR，Kigali，2023.

[12] Xin L，Song W，Cao Z，et al. Multi-decoder attention model with embedding glimpse for solving vehicle routing problems[C]. Proceedings of the AAAI Conference on Artificial Intelligence. AAAI，Washington，2023：12042-12049.

[13] Barrett T，Clements W，Foerster J，et al. Exploratory combinatorial optimization with reinforcement learning[C]. Proceedings of the AAAI Conference on Artificial Intelligence. AAAI，New York，2020：3243-3250.

[14] Khalil E，Dai H，Zhang Y，et al. Learning combinatorial optimization algorithms over graphs[C]. Proceedings of the Advances in Neural Information Processing Systems. NeurIPS，Long Beach，2017：26198-26211.

[15] Barrett T D，Parsonson C W，Laterre A. Learning to solve combinatorial graph partitioning problems via efficient exploration[C]. Proceedings of the International Conference on Learning Representations. ICLR，2022.

[16] Ireland D，Montana G. Lense：Learning to navigate subgraph embeddings for large-scale combinatorial optimisation[C]. Proceedings of International Conference on Machine Learning. ICML，Baltimore，2022：9622-9638.

[17] Yao F，Cai R，Wang H. Reversible action design for combinatorial optimization with reinforcement learning[C]. Proceedings of the AAAI Conference on Artificial Intelligence. AAAI，Vancouver，2020.

[18] Zhang D，Dai H，Malkin N，et al. Let the flows tell：Solving graph combinatorial optimization problems with GFlowNets[J]. arXiv preprint. arXiv：2305.17010，2023.

[19] Li Z，Chen Q，Koltun V. Combinatorial optimization with graph convolutional networks and guided tree search[C]. Proceedings of the Advances in Neural Information Processing Systems. NeurIPS，Montreal，2018：537-546.

[20] Karalias N，Loukas A. Erdos goes neural：an unsupervised learning framework for combinatorial optimization on graphs[C]. Proceedings of the Advances in Neural Information Processing Systems. NeurIPS，2020：6659-6672.

[21] Zhang C，Song W，Cao Z，et al. Learning to dispatch for job shop scheduling via deep reinforcement learning[C]. Proceedings of the Advances in Neural Information Processing Systems. NeurIPS，2020：1621-1632.

[22] Jeon W，Gagrani M，Bartan B，et al. Neural DAG scheduling via one-shot priority sampling[C]. Proceedings of the International Conference on Learning Representations. ICLR，Kigali，2023.

[23] Malherbe C，Grosnit A，Tutunov R，et al. Optimistic tree searches for combinatorial black-box optimization[C]. Proceedings of the Advances in Neural Information Processing Systems. NeurIPS，Louisiana，2022：33080-33092.

[24] Wang R，Hua Z，Liu G，et al. A bi-level framework for learning to solve combinatorial optimization on graphs[C]. Proceedings of the Advances in Neural Information Processing Systems. NeurIPS，2021：21453-21466.

[25] Fu Z H，Qiu K B，Zha H. Generalize a small pre-trained model to arbitrarily large TSP instances[C]. Proceedings of the AAAI Conference on Artificial Intelligence. AAAI，Virtual Event，2021：7474-7482.

[26] Li Y，Gu C，Dullien T，et al. Graph matching networks for learning the similarity of graph structured objects[C]. Proceedings of the International Conference on Machine Learning. ICML，California，2019：3835-3845.

[27] Wang R，Shen L，Chen Y，et al. Towards one-shot neural combinatorial solvers：Theoretical and empirical notes on the cardinality-constrained case[C]. Proceedings of the Eleventh International Conference on Learning Representations，2023.

[28] Meirom E，Maron H，Mannor S，et al. Controlling graph dynamics with reinforcement learning and graph neural networks[C]. Proceedings of the International Conference on Machine Learning. ICML，Virtual Event，2021：7565-7577.

[29] Watkins C J C H，Dayan P. Q-learning[J]. Machine Learning，1992，8：279-292.

[30] Osband I，Blundell C，Pritzel A，et al. Deep exploration via bootstrapped DQN[C]. Proceeding of the Advances in Neural Information Processing Systems. NeurIPS，Barcelona，2016：4026-4034.

[31] Anschel O，Baram N，Shimkin N. Averaged-dqn：Variance reduction and stabilization for deep reinforcement learning[C]. Proceedings of International Conference on Machine Learning. ICML，Sydney，2017：176-185.

[32] Khalil E，Dai H，Zhang Y，et al. Learning combinatorial optimization algorithms over graphs[C]. Proceedings of the Advances in Neural Information Processing Systems. NeurIPS，Long Beach，2017：6348-6358.

[33] Cappart Q，Goutierre E，Bergman D，et al. Improving optimization bounds using machine learning：Decision diagrams meet deep reinforcement learning[C]. Proceedings of the AAAI Conference on Artificial Intelligence. AAAI，Honolulu，2019：1443-1451.

[34] Barrett T，Clements W，Foerster J，et al. Exploratory combinatorial optimization with reinforcement learning[C]. Proceedings of the AAAI Conference on Artificial Intelligence. AAAI，New York，2020：3243-3250.

[35] Scavuzzo L，Chen F，Chételat D，et al. Learning to branch with tree mdps[C]. Proceedings of the Advances in Neural Information Processing Systems. NeurIPS，Louisiana，2022：18514-18526.

[36] Jacobs T，Alesiani F，Ermis G，et al. Reinforcement learning for route optimization with robustness guarantees[C]. Proceedings of the International Joint Conference on Artificial Intelligence. IJCAI，Montreal，2021：2592-2598.

[37] Yolcu E，Póczos B. Learning local search heuristics for boolean satisfiability[C]. Proceedings of the International Conference on Machine Learning. PMLR，Virtual Event，2020：9367-9376.

[38] Nazari M，Oroojlooy A，Snyder L，et al. Reinforcement learning for solving the vehicle routing problem[C].

Proceeding of the Advances in Neural Information Processing Systems. NeurIPS，Montreal，2018：9839-9849.

[39]　Kool W，Hoof H V，Welling M. Attention，learn to solve routing problems[C]. Proceedings of the International Conference on Learning Representations. ICLR，New Orleans，2018.

[40]　Bello I，Pham H，Le Q V，et al. Neural combinatorial optimization with reinforcement learning[C]. Proceedings of the International Conference on Learning Representations. ICLR，Toulon，2017.

[41]　Lu H，Zhang X，Yang S. A learning-based iterative method for solving vehicle routing problems[C]. Proceedings of the International Conference on Learning Representations. ICLR，Addis Ababa，2020.

[42]　Chen X，Tian Y. Learning to perform local rewriting for combinatorial optimization[C]. Proceedings of the Advances in Neural Information Processing Systems. NeurIPS，Vancouver，2019：6278-6289.

[43]　Malazgirt G A，Unsal O S，Kestelman A C. Tauriel：Targeting traveling salesman problem with a deep reinforcement learning inspired architecture[J]. Arxiv Preprint Arxiv：1905.05567，2019.

[44]　Silver D，Schrittwieser J，Simonyan K，et al. Mastering the game of Go without human knowledge[J]. Nature，2017，550（7676）：354-359.

[45]　Laterre A，Fu Y，Jabri M K，et al. Ranked reward：Enabling self-play reinforcement learning for combinatorial optimization[J]. Arxiv Preprint Arxiv：1807.01672，2018.

[46]　Abe K，Xu Z，Sato I，et al. Solving NP-hard problems on graphs with extended AlphaGo Zero[J]. Arxiv Preprint Arxiv：1905.11623，2019.

[47]　Li Z，Chen Q，Koltun V. Combinatorial optimization with graph convolutional networks and guided tree search[C]. Proceedings of the International Conference on Neural Information Processing Systems. NeurIPS，Montreal，2018：537-546.

[48]　Pierrot T，Ligner G，Reed S，et al. Learning compositional neural programs with recursive tree search and planning[C]. Proceedings of the Advances in Neural Information Processing Systems. NeurIPS，Vancouver，2019：14673-14683.

[49]　Yang Z，Zhang G，Wu J，et al. Minimum entropy principle guided graph neural networks[C]. Proceedings of the ACM International Conference on Web Search and Data Mining. WSDM，Singapore，2023：114-122.

[50]　Wu J，Li S，Li J，et al. A simple yet effective method for graph classification[C]. Proceedings of the International Joint Conference on Artificial Intelligence. IJCAI，Vienna，2022：3580-3586.

第三部分　神经网络人工智能与生物人工智能

第5章 神经网络的数学原理

5.1 神经网络的背景及意义

5.1.1 神经网络的发展历史

神经网络作为人工智能领域的重要组成部分，已经在过去几十年中取得了巨大进展，如图 5.1 所示。根据关键技术的提出作为时间节点，神经网络的发展历程可划分为以下三个时期。

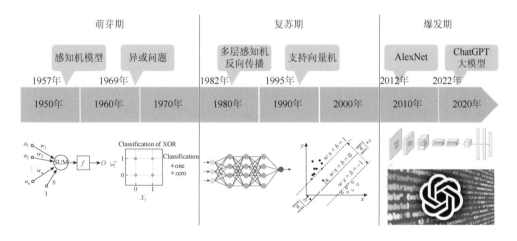

图 5.1　神经网络的发展历史

1. 神经网络研究的萌芽及遇冷

早期的神经网络模型受生物学神经元的启发而提出，其中最著名的是 20 世纪 50 年代的感知机模型。感知机模型由两层神经元组成，输入层接收外部输入信号，输出层产生相应的输出。然而，感知机模型的局限性在于只能解决线性可分问题，无法处理非线性问题，甚至无法表示逻辑学中基础的异或关系。受限的表达能力以及当时孱弱的硬件算力使得对神经网络的研究萌芽后不久就进入了寒冬期。

2. 神经网络研究的突破及复苏

20 世纪 80 年代，多层感知机的提出以及非线性激活函数的引入极大地增强了神经网络的表达能力，反向传播等理论的提出也为训练神经网络提供了方法论层面的指导。理论发展的同时也伴随着硬件算力的提升，此前横亘在神经网络前的表达受限及算力不足显著改善，神经网络真正开始受到广泛关注。尽管关于神经网络的研究已然复苏，但是囿于较小的训练数据集规模，神经网络并没有取得突出的性能表现，因此人工智能的研究重心仍落在传统的机器学习方法上，如支持向量机（support vector machine，SVM）等。

3. 神经网络研究的飞速发展

2012 年，基于卷积神经网络（convolutional neural network，CNN）的 AlexNet 在 ImageNet 比赛中以远超第二名 10 个百分点的优异成绩取得冠军。这样令人震撼的成绩引燃了研究者的研究热情，神经网络开启了爆炸式的发展。一系列的改进和变种模型相继出现，如残差神经网络（ResNet）、循环神经网络（recurrent neural network，RNN）和 Transformer 等，这些模型在计算机视觉、自然语言处理和语音识别等领域取得了重大突破。其中，Transformer 因其蕴含较弱的归纳偏置，适用于处理大量的无先验认知的数据，被广泛用作各类预训练模型或大模型的骨架网络结构，如语言领域的 Bert 模型、图像领域的 ViT 模型和以 GPT-4 为代表的大模型。合适的网络结构、大量的数据以及充足的算力，这些条件促成了深层神经网络的诞生，也掀起了人工智能大模型的时代浪潮。

5.1.2 神经网络对人工智能发展的作用

作为人工智能的子领域，神经网络专注于模拟和构建类似于人脑神经元网络的计算模型。近十年来，神经网络在迅速发展的同时也取得了令人瞩目的成就，对人工智能的发展起到了重要的推动作用。其主要贡献如下所述。

1. 为人工智能的应用提供工具和技术支持

神经网络通过构建多层的人工神经元网络，并利用网络中神经元的连接关系、对应的权重和激活函数来处理输入数据，实现了从输入到输出的信息传递、处理和转换。根据通用近似定理，神经网络被证实为强大的函数逼近器，这使得神经网络能够被广泛地应用于模式识别、分类、回归等复杂的任务。

2. 为人工智能的泛化与自主学习能力提供保证

神经网络现已发展出了多种学习及训练范式，如监督学习、半监督学习、无监督学习及强化学习等。多样化的学习范式使得神经网络能够适应于不同场景、任务和领域。特别地，无监督学习实现了引导神经网络来学习和提取无标注数据中的特征，从而使其拥有自主学习能力。

3. 为人工智能的类人化和智能化奠定基础

伴随着神经网络结构和算法的改进及创新，人工智能在视觉、自然语言处理、语音识别等领域取得了重大突破。这些领域的进展使得人工智能具备更好地理解和处理复杂的视觉、语言和音频信息的能力。值得注意的是，基于深度自注意力网络构建出的大模型（如 GPT-4 等）在众多任务中都达到甚至超越了人类的能力，因此也被一些研究人员视为是通用人工智能（artificial general intelligence，AGI）的雏形。

5.1.3　神经网络给人工智能带来的挑战

虽然神经网络在众多领域中都取得了巨大的成功，但也仍面临着一些挑战。本节将列举出目前存在的代表性问题及挑战，并归纳这些挑战中蕴含的数学原理。

1. 神经网络的优化理论欠缺

神经网络的训练对应基于梯度信息的迭代优化过程。算法通过计算损失函数对网络参数的梯度，并根据梯度更新参数，以实现最小化损失函数。然而，对于深度神经网络，优化算法存在着局部最优和梯度消失等问题，模型初始位置、学习率等超参数的选择会对训练效果产生显著的影响。特别地，在如今大模型的训练场景中，完全基于实验的网络搜索参数方法正在消耗着难以承受的算力资源。然而，已有的优化理论不能有效利用模型结构，对复杂非凸的神经网络仍缺乏理论指导。

2. 神经网络的泛化能力薄弱

现有的训练方法能确保神经网络在训练数据集上具有可靠的性能表现，然而由于数据分布的长尾性，训练数据集难以覆盖所有可能的数据。如何确保神经网络在训练集之外的数据集也能保持可靠的性能被称为神经网络的泛化问题。在自动驾驶、工业生产等风险敏感场景中，确保模型在遭遇意外情况时仍然能够正确应对而非不知所措是最基本的可靠性要求，这也对模型的泛化能力提出了更高要求。然而，人工智能任务中的数据通常具有非独立同分布、不完备、异质等特点，统计学基本假设不再适用，使得神经网络的泛化能力欠缺理论保证。

3. 神经网络的可解释性差

神经网络的可解释性问题也是一个重要挑战。由于神经网络的结构复杂以及参数众多，难以解释网络的决策过程和内部工作机制。这使得神经网络在一些对解释性要求较高的领域，如法律和医疗等方面的应用受到了限制。现有研究中，可解释性可以分为全局可解释性和局部可解释性，全局可解释性关注各个特征在模型全局的重要性，可用梯度方法和信息熵方法进行刻画；局部可解释性关注模型做出特定决策的原因，可将模型在数据输入的位置进行线性逼近，并根据线性化的结果定量地给出解释。然而，如何全方面地、定量地评价模型的可解释性仍有待探索。

5.2　神经网络的数学原理的内涵

5.2.1　研究意义

研究神经网络的数学原理，有以下两方面的意义。

（1）针对神经网络为人工智能所带来的挑战，从数学上理解神经网络的运行机理，从而增强神经网络的可解释性、降低训练成本、提升泛化性能。

（2）借助神经网络这一科技领域的发展，促进数学等基础学科的发展。如前所述，神经网络研究需要依据多个基础学科发展新的数学方法和技术，将丰富数学等基础学科的研究内容。

5.2.2　分析视角

由于神经网络是一个复杂的系统，神经网络的数学分析需要结合多种技术。目前神经网络的数学分析视角主要包括优化理论、概率统计、函数逼近论、信息论与控制论等。

1. 优化理论

优化理论是研究神经网络的数学原理的重要分析视角，因为神经网络的训练过程常常被封装成为求解一个最小化目标函数优化问题。优化理论的作用主要包括以下几点。

（1）提供优化速率保证。目前训练神经网络的优化器包含大量超参数，其取值通常基于经验而缺乏理论保障，使得神经网络的表现有较大的不确定性。优化理论通过为优化算法提供收敛速率保证，为优化器的超参选择提供指导，提高神经网络训练过程的稳定性。

（2）设计新型优化器。收敛速率分析理论能比较不同优化器收敛速度的差异并探讨差异对应的原因，引导设计收敛速度更快的优化器，从理论上指引下一代优化器的发展方向，降低神经网络的训练成本。

（3）有助于建立泛化理论。优化器本身对于求解目标函数最优解具有偏好，不同偏好往往带来不同的泛化性能，这被称为优化器的隐式正则效应。优化理论可以刻画隐式正则效应，并进一步指导具有更强隐式正则效应的优化器的设计。

2. 概率统计

概率统计是神经网络的数学原理研究中的另一个重要视角，能分析数据、建模、训练、推理各个环节的随机因素。概率统计的作用主要包括以下两点。

（1）刻画数据的属性。概率统计能刻画训练数据和真实场景数据分布之间的距离，为神经网络的场景泛化能力提供基础；而且概率统计可以通过数据建模删除冗余信息，凸显数据特性，启发设计对应的神经网络结构。

（2）分析训练中的随机性。神经网络训练中，优化器需要随机选取一部分数据进行模型迭代以降低计算开销。概率统计可以分析初始化及优化中的随机性，设计更好的初始化方式，缩减随机性所带来的训练不稳定。

3. 函数逼近论

在神经网络的数学原理中，函数逼近论被用来分析神经网络的表达能力，即在最理想的数据、算法、算例情况下，神经网络是否有能力完成某一任务。函数逼近论的作用主要包括如下。

（1）显示神经网络强大的表达能力。根据函数逼近论，神经网络可以高效逼近任意复杂度的连续函数，具有强大的模型表达能力，为实际场景中训练神经网络提供了理论上限，也为神经网络在人工智能任务中取得优秀表现提供了理论依据。

（2）指导神经网络结构的设计。函数逼近论刻画神经网络结构（如层数、每层神经元个数、模型基本单元结构）对模型表达能力的影响，能指导如何平衡神经网络的结构参数实现表达能力最大化，并启发针对特定任务设计新的基本架构。

除上述视角以外，信息论与控制论也对分析神经网络的数学原理有重要作用。信息论中的相对熵可以度量两个分布之间的距离，检验参数与数据独立性，设计

神经网络的损失函数，基于复杂度度量进行网络压缩等；控制论可以刻画智能体
与外界交互的行为，支撑基于神经网络的深度强化学习算法的设计与分析。

5.2.3　基本框架

围绕目标和分析路线，神经网络的数学原理的研究内容可以分为三个部分：一
是理解与提升神经网络的优化速度；二是理解与增强神经网络的泛化能力；三是理
解与拓宽神经网络的表示能力，如图 5.2 所示。三个部分共同支撑研究目标，每个
部分需要不同的数学分析视角，这些研究也将促进数学的学科发展，具体如下。

（1）理解优化算法可以增强神经网络训练过程的可解释性，从而改进优化算
法，降低训练成本。这部分的研究一方面需要优化理论来分析优化算法，另一方
面也需要概率统计来对随机场景进行分析。在强化学习场景下，还需要控制论的
知识。

（2）理解泛化度量可以找到泛化能力的根本原因，降低神经网络在实际应用
中的不确定性，增强其可解释性，帮助设计方法提升网络泛化能力，降低训练成
本。这部分的研究需要概率统计和信息论来刻画实际场景与训练集之间的关系，
也需要优化理论刻画优化器的隐式正则效应。

（3）理解神经网络的表示能力有助于理解不同神经网络的表示能力的差异，
在实际应用之前了解可行性，同时辅助全新神经网络架构设计，降低训练成本。
这部分的研究既需要函数逼近论来刻画表示能力，也需要信息论来刻画压缩神经
网络的最小量级。

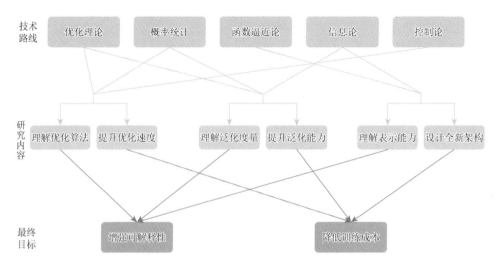

图 5.2　神经网络数学原理的框架

5.2.4　研究趋势

结合研究框架和相关领域发展，神经网络的数学原理发展呈现出以下趋势。

（1）从传统机器学习理论到神经网络的数学原理。神经网络由于属于机器学习的一种实现方式，其数学原理扎根于传统机器学习理论。然而传统机器学习的模型较为简单，数据也不复杂，从而与神经网络的使用场景有较大差距。针对这一问题，研究者正在突破传统机器学习理论的框架，聚焦神经网络的特性，发展针对神经网络的数学原理。

（2）从单一分析视角到多元分析视角。在神经网络数学原理的初始阶段，神经网络的性质是被分开分析的，需要的数学工具也较为单一，如神经网络的泛化能力往往只需要概率统计。但是随着理论的发展，研究者发现神经网络的各个性质存在关联性，例如，优化过程会对泛化性质产生影响，于是为了精准地刻画这些性质，研究者开始结合多种工具共同分析。

（3）从简单任务到复杂任务。随着神经网络的应用范围越来越广，处理的任务也越来越复杂。例如，神经网络开始在科学发现方面崭露头角，如生物、材料、化学等领域。为了理解并解决在这些新任务中遇到的问题，神经网络的数学原理也从分析简单任务走向了越来越复杂的场景。

接下来将介绍神经网络的传统机器学习理论、数学原理研究的前沿发展以及未来展望。

5.3　神经网络的传统理论

本节将会简介神经网络的传统内容，即在传统的机器学习理论框架中发展的神经网络的传统理论。这些内容是对神经网络进行数学原理分析的基础尝试，具有从传统机器学习模型出发、较为简单等特点。按照传统机器学习理论，机器学习算法的性能由其表达能力、泛化能力和优化能力三个方面决定。

5.3.1　表达能力

神经网络的表达能力分析一般基于函数逼近论，通过构造性证明得到神经网络要完成某一任务所需要的最小参数量以及网络架构设计。神经网络具有非常强大的表达能力。通用近似定理首次展示了使用 Sigmoid 激活函数、拥有单一隐藏层、任意宽度的前馈神经网络可以近似任意的复杂函数，并且可以达到任意近似精准度。

表达能力只给出了神经网络在最优情况下的表现，但不涉及这样的最优情况是否可以通过优化算法达到。另外，往往由于证明技术问题，理论得到的对于参数量的需求远大于真实的需求，从而无法指导实践网络设计。

5.3.2　泛化能力

泛化能力研究通常基于概率统计，通过建模训练数据和真实数据的关联来从理论上估计泛化误差。传统的泛化与容度研究由于无法刻画优化得到的模型，往往基于最坏情形，即考虑所有可能的模型中泛化能力的最差值。由于分析基于最坏情形，传统理论对于泛化能力的估计基于模型空间的容度，即越复杂的模型估计其泛化能力越差。

实践中神经网络的复杂度往往很高，但其依然能在实际数据上表现很好，这与理论产生了矛盾。有学者甚至发现神经网络可以拟合任意随机标签，使基于最坏情形的分析完全失效。

5.3.3　优化能力

神经网络的优化研究通常基于非凸优化理论。这方面的主流研究工作试图对优化器收敛到最优点的迭代复杂度进行刻画，并基于此对不同的优化器进行比较。其中的代表结果是随机梯度下降在非凸目标函数上可以收敛到驻点。

然而，这些优化分析与神经网络的实际应用仍有较大差距。首先，自适应算法是训练神经网络的主流优化器，但是大多数自适应算法在非凸目标函数上的收敛性还没有得到刻画；其次，经典收敛性分析往往假设目标函数曲率有限，然而神经网络曲率变化剧烈。

5.4　前　沿　发　展

如 5.3 节所述，神经网络数学原理的经典内容虽然提出较早，但存在无法解释现有神经网络现象以及分析场景与神经网络差距大等问题。近几年，相关领域研究者开始针对这些理论-实践差距展开前沿研究，主要围绕以下五个方向进行。

5.4.1　对自适应优化器的分析

自适应优化器是对于使用历史梯度信息动态计算步长和更新方向的优化器的

统称，同时也是目前深度学习的优化中所采用的主流算法。这类算法由于形式较为复杂，经典内容中缺乏其收敛性分析。近年来，研究者对非凸优化的技术进行拓展，成功建立了一些主流的自适应优化器的收敛性分析。

5.4.2　基于神经网络结构的优化分析

优化分析需要对神经网络模型进行建模。在神经网络的经典分析中，对神经网络的模型往往过于简化而与神经网络的性质相去甚远。例如，经典分析中假设优化目标满足二阶导数有界，然而深度神经网络的二阶导数变化剧烈并且无界。近年来，研究者通过实验观察重新对神经网络进行抽象建模，并基于此给出了全新的收敛性质分析。

5.4.3　优化器的隐式正则分析

在神经网络的经典内容中，优化和泛化被分开考虑，从而泛化分析需要考虑模型空间中的所有模型的泛化性能，这极大地增大了模型空间的容度。优化器的隐式正则研究将优化器对于神经网络的选择作用纳入分析范畴，通过刻画优化器对于神经网络的选择作用缩小并限定了模型空间，从而提升了泛化能力。

5.4.4　神经网络的精确泛化估计

在神经网络的经典分析中，神经网络的容度随神经网络的参数量增加而增加，进而泛化界的估计也会随参数量增加而上升。然而，实践中往往使用过参数化的神经网络，这使得经典分析中的误差界估计远高于真实值，无法提供有效的信息。近年来，研究者提出了包括稳定性、参数与样本互信息、陡度在内的新容度，并以此为基础在特定算法和特定场景下得到了较为精确的泛化估计。

5.4.5　表示所需参数量下界

神经网络的经典内容更倾向于关注神经网络是否能表示，而对表示所需的参数量并不关注。近年来一些表示所需参数量下界结果被建立起来，并指导了完成任务所需要的最少计算资源。更进一步地，这些结果被推广到鲁棒表达等更具挑战性的场景，给神经网络的参数量选择提供了理论指导。

5.5 未来展望

以大模型为代表的神经网络模型展现出了令人震撼的能力，其应用触角能够涉及生活、生产的方方面面，因此神经网络模型也被视为能够推动生产力大幅发展的催化剂。然而现有的模型多以性能为中心，理论上缺乏关于模型可控性、可信性的安全理论保证，现实场景中模型造成的人身安全事故、信息泄露、歧视性言论等问题也引起了公众的广泛担忧。

因而，一方面，现有人工智能应用亟需攻克现有的理论问题，提早实现对神经网络性能的数学量化；另一方面，未来安全问题将成为人工智能的核心技术挑战，也将为神经网络的数学原理提出更高的要求，尤其是以下三个方向。

5.5.1 设计适用不同场景的安全性度量

当前的神经网络模型多以性能表现作为度量，缺乏多样化的、适用于不同场景需求的安全性度量。伴随着算力的提升、数据规模的增长以及网络结构的扩大，神经网络模型已经具备了足够强大的性能，阻碍模型被应用到更广泛场景中的制约因素不再是性能，而是各个场景对模型安全性的需求。

模型安全性具有丰富的含义，包括鲁棒性、可解释性、公平性和隐私性等。在自动驾驶的场景中，模型的鲁棒性是至关重要的；在医疗场景中，可解释性和隐私性直接决定了模型是否能够得到医护人员的信赖；在招聘场景中，模型的公平性应当首先得到保证。在神经网络的未来发展中，应当在理论上建立适用于不同场景的安全性度量，从而为模型的结构设计及训练目标提供理论上的指导。

5.5.2 构建以安全为中心的神经网络理论

已有的神经网络理论大多聚焦于性能，而刻画安全性的理论依然欠缺。如前面内容所述，神经网络的表达能力、容度及优化理论构成了当前神经网络理论研究的主体部分，这些理论研究致力于探索神经网络的性能边界，以及如何达到最优性能，可以被统称为以性能为中心的神经网络理论。

为满足新的生产场景对神经网络模型的安全性需求，未来应当构建以安全为中心的神经网络理论，指导模型取得更好的鲁棒性、可解释性、公平性和隐私性等安全性质。

5.5.3　发展可信可控的神经网络模型

目前的神经网络模型普遍基于纯粹的数据驱动学习范式，学习得到的模型以"黑盒"的形式工作，不具备可信性和可控性。研究者在相关报告中表明大模型可以通过伪装的方式欺瞒人类以达成目的。虽然科研人员通过人机价值观对齐等方式来降低风险，但是大模型的强大能力和种种不可控的表现仍然引起了越来越多国内外研究者的强烈担忧。发展可信可控的神经网络模型将是未来研究中最为重要的目标，也为神经网络的数学原理提出了更具挑战的目标。

第 6 章　神经网络的计算原理

人工神经网络是一种对人脑神经认知机制的模拟，是人工智能连接主义的基础。近年来，随着深度学习和大模型的兴起，神经网络再次成为人工智能的前沿研究热点，大量新的计算方法被提出，被广泛应用于机器视觉、语音、语言、舆情分析、生物医药等诸多领域，显著提升了当今人工智能的发展水平。

本章将重点阐述神经网络的计算原理。首先介绍经典神经网络的基本计算原理，包括感知机、前馈神经网络和神经网络训练等，这些是构建现代神经网络的基础。其次，善于描述序列型数据的神经网络当前取得了重大突破（如 GPT 系列等），这里主要介绍循环神经网络、转换器和时序卷积神经网络等，它们为神经网络理解言语交互等信息提供了基础。除此以外，善于描述实例间依赖关系的图神经网络最近也被提出，它被视为是连接主义与符号主义的结合，不仅可使深度学习应用于图这种非欧氏结构上，还能为深度学习赋予一定的推理能力，这些为实现神经网络的鲁棒性和解释性提供了新方向。

本章主要关注于经典神经网络的计算原理、面向序列型数据的神经网络和图神经网络，其主要内容如图 6.1 所示，期望能够为神经网络的发展提供计算方面的原理性指导。

6.1　经典神经网络的计算原理

6.1.1　表示学习

表示学习（representation learning）是一种机器学习的方法，旨在通过学习数据的特征表示，将原始数据转化为更高级的表征形式，以揭示数据中的重要信息和内在结构。它的目标是通过设计适当的模型结构和优化算法，从大规模数据中学习到最优的表示，以实现更准确和高效的数据分析和推断。因此，表示学习在机器学习和数据科学领域中具有重要意义。

（1）自动学习特征表示、提取语义信息和降维压缩数据的能力，有效减轻了特征工程的负担。

（2）通过自动学习到的特征表示，模型能够更好地捕捉数据中的关键信息，消除冗余和噪声，提升后续任务的性能和泛化能力。

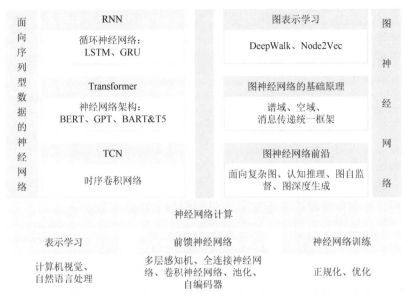

图 6.1　神经网络的计算原理整体架构图

（3）具备迁移学习能力，在新任务中可以充分利用已学到的特征进行快速迁移，减少对标注样本的需求。

根据训练数据的标签信息的可用性，可将其分为有监督和无监督表示学习两类。前者在有标签的数据上训练模型，以此学习具有语义和判别性的特征表示。后者则通过捕获数据的内在结构和模式来学习区分性的特征表示。有监督和无监督表示学习相辅相成，共同推动着计算机视觉、自然语言处理和网络分析等领域的进步与发展。

1. 计算机视觉中的表示学习

计算机视觉领域中，表示学习是一项重要且备受关注的技术。随着图像数据规模的爆发性增长和计算机视觉任务的日益复杂化，如何从该类数据中提取有意义的特征表示成为关键问题。相对于传统的手工设计特征的方法对领域专家经验的过度依赖，表示学习通过自动学习数据的特征表示，表现出更强大的灵活性和泛化能力。

在计算机视觉中，有监督的表示学习模型输入带有标签的图像数据，通过最小化预测输出与真实标签之间的损失函数，实现网络参数的更新以及特征表示的优化。其计算原理主要包括以下步骤。

（1）数据预处理：对输入的图像或其他视觉数据进行预处理，如图像尺寸调整、数据标准化、数据增强等。

（2）模型构建：构建深度学习模型，如 CNN 的卷积层、池化层和全连接层[1-3]等，以便提取特征表示。

（3）前向传播：将图像输入模型，通过网络的前向传播，逐层提取特征表示，并生成预测输出。

（4）损失计算：计算预测输出与真实标签之间的损失函数，如交叉熵损失或均方误差损失。

（5）反向传播与优化：通过反向传播算法，计算梯度并更新网络参数，以最小化损失函数[4]。

（6）迭代训练：重复进行前向传播、损失计算、反向传播和参数更新的迭代训练过程，直到模型收敛或达到预定的训练迭代次数。

计算机视觉任务常用的无监督学习方法包括自编码器、变分自编码器[5]、生成对抗网络[6]等。以自编码器为例，其计算原理主要包括以下步骤。

（1）编码：自编码器通过一个编码器网络，将输入数据映射到潜在空间中的低维表示。编码器的目标是捕捉数据的关键特征，并压缩输入数据。

（2）解码：解码器网络将潜在空间中的表示映射回重构数据空间，尽可能地还原原始输入。解码器的目标是通过重构误差最小化来学习数据的重建能力。

（3）优化：自编码器通过最小化输入数据与重构数据之间的重建误差来训练模型。

2. 自然语言处理中的表示学习

在自然语言处理（nature language processing，NLP）领域，表示学习的目标是通过学习文本数据的有意义特征表示来提升 NLP 任务的性能和效果的。该方法借助于深度学习模型，如转换器模型（Transformer）[7]、BERT[8]和 GPT[9]等，通过最大化语义和上下文信息的捕捉，实现词语、句子和文档的语义表示和推理。这些学习到的表示具备更强的语义表达能力，为文本分类、情感分析、命名实体识别、机器翻译等关键 NLP 任务提供了强大的特征基础。

利用带有标签的文本数据进行训练，有监督表示学习旨在学习出区分性的文本特征表示。其主要步骤包括如下。

（1）数据预处理：收集和准备带有标签的文本数据集，确保数据集的质量和多样性。

（2）特征提取与编码：利用词袋模型、词嵌入（如 Word2Vec[10]、Glove[11]）、TF-IDF[12]等将文本数据转化为计算机可处理的特征表示。

（3）模型训练与优化：使用带有标签的数据进行训练，通过深度学习模型和优化算法，如神经网络、循环神经网络（RNN）或 Transformer，通过最小化预测输出与真实标签之间的损失函数，更新模型参数和特征表示。

NLP 中的无监督表示学习基于文本数据自身的统计和结构特征，通过无监督学习算法来推断和学习文本的潜在表示。基于伪标签生成与辅助的自监督学习方案，预训练模型（如 BERT、GPT 和 Roberta[13]等）能学习到大规模无标签文本数据上丰富的语言表示。其计算原理主要包括两个关键步骤。

（1）预训练阶段：利用无监督学习方法（如自编码器、语言模型或掩码语言模型）对无标签文本数据进行预训练。在此过程中，模型通过学习文本数据的上下文信息、语义关联和结构特征，生成丰富的文本特征表示。

（2）微调阶段：在特定的 NLP 任务上，利用带有标签的数据集对预训练模型进行微调。通过将任务特定的输出层连接到预训练模型，并通过有监督的训练进行参数微调，使模型能够适应特定任务的特征表示需求。

整体来看，表示学习面临着一些关键挑战和未来研究方向。

（1）在计算机视觉中，挑战之一是如何学习到更具语义和抽象性的图像特征表示，以提高图像理解和分析的性能。另一个挑战是处理大规模图像数据的效率和可扩展性。未来的研究方向可能包括开发更复杂和深层的表示学习模型，结合多模态信息和上下文建模，以及利用强化学习等技术来进一步推动图像表示学习的发展。

（2）在 NLP 中，挑战之一是如何捕捉文本数据的语义和语法结构，以提高文本理解和生成的性能。另一个挑战是处理多语言和跨语言表示学习的问题。未来的研究方向可能包括设计更强大和可解释的表示学习模型，结合大规模预训练模型和迁移学习技术，以及探索多模态和多粒度的表示学习方法来改善文本表示的质量和效果。

6.1.2　前馈神经网络

前馈神经网络（feedforward neural network，FNN）是最基本和常见的神经网络类型之一。该类神经网络一般由三大结构组成：输入层、隐藏层和输出层。其中输入层是网络的起点，它接收原始数据作为输入；输出层是位于网络最后的一层，用于输出后续可应用于各种场景的结果；隐藏层则是位于输入层和输出层之间的中间层，它可以由一个或多个层组成。这些层中的每一层都包含多个神经元，每个神经元都将来自上一层的输入进行加权并求和，并通过一个激活函数进行非线性转换。前馈神经网络的原理在于将输入数据通过一系列带有非线性转换的运算层来拟合现实世界中复杂的函数以预测各种任务场景下的结果。

1. 多层感知机与全连接神经网络

在该类神经网络中，每一层中的每个神经元都与上一层的所有神经元相连，因而符合这种结构的神经网络又被称为全连接网络。多层感知机[14, 15]是一种最基本的全连接网络，其输入层一般负责接收数据样本的属性作为输入数据。相邻层之间相连的神经元可用有向箭头（从输入层指向输出层方向）连接并且可以带有权重。在输入层向输出层逐层传递的过程中，每个神经元都结合上一层的神经元的输出和两者之间的连接权重做加权求和，计算本神经元的输出结果并向下一层的神经元传递。值得注意的是，由于加权求和的线性特性，多个叠加的隐藏层本质上等同于一个隐藏层，从而导致神经网络拟合真实函数的能力十分有限。为此，在隐藏层和输出层的神经元中往往还配有激活函数以引入非线性，借此提高模型拟合真实函数的能力。这样，神经元在计算完加权求和的结果后，先将结果送入激活函数，激活函数的输出才会作为下一层神经元的输入。

整个多层感知机的计算原理便是输入数据通过一系列带有非线性转换的运算层来拟合现实世界中复杂的函数，后续可用于各种现实场景下的任务，尤其是预测类的任务。

2. 卷积神经网络

卷积神经网络（convolutional neural network）[2, 16-18]的核心思想在于模仿人类视觉系统，实现对图片的局部或全局感知，使计算机对于图片的感知级别由像素级别上升到局部或全局级别。这意味着让网络一次性感知多个像素，而非对像素一个个进行处理。在卷积神经网络中，感知多个像素的操作称为卷积或互相关运算，该操作主要由卷积核和图片输入共同完成。具体来说，卷积核是一个有着固定长度和宽度的矩阵，它从图片的左上角开始，对一定区域内的像素值构成的矩阵进行按位置相乘并求和的运算，之后按照从左到右、从上到下的顺序移动固定个像素值（步幅），并重复进行运算直至卷积核无法在当前图片上再进行移动。通常情况下，经过卷积运算后的输出图像与输入图像相比会变小，可以将其理解为提取了原始图像局部特征之后形成的更高层级的新图像，这些局部特征可能是边缘、纹理等，且计算机对这些特征是敏感的。卷积核是卷积神经网络可被训练的部分。一般情况下，其长度与宽度相等且是网络的一个超参数。在卷积运算过程中，有另外两个重要的操作：步幅（stride）和填充（padding）。步幅即卷积神经网络中卷积核在输入图片上进行移动时以像素值个数为单位的移动距离，进一步可分为水平步幅和垂直步幅，分别对应卷积核在图片上由左向右、由上到下每次移动的像素个数；填充操作则是指在原始输入图片的上下左右四侧填充 0 像素值的操作。在某些情况下，可能会希望输出图像的大小与输入图像相等而不是变小，或者是指定输出图像的大小，这一目的便可以通过对输入图片进行填充达成。

3. 汇聚

与卷积层类似，汇聚（pooling）运算也是通过一个能够滑动的窗口（汇聚窗口）来实现的，该窗口根据特定的步幅在输入的所有区域上从左到右、从上到下移动，并为每个遍历的位置计算一个输出。与卷积层不同的是，汇聚运算是确定的，即汇聚层没有可训练的参数。常用的汇聚运算为最大值汇聚或平均值汇聚，对应的汇聚层被称为最大汇聚层或平均汇聚层，分别进行对汇聚窗口内的二维张量进行求最大值或求平均值操作。通过汇聚操作，特征图的尺寸能够显著减小，进而可以减少卷积神经网络的计算量，并使模型具有一定的平移不变性和鲁棒性。

4. 自编码器

前馈神经网络的自编码器（feedforward neural network autoencoder）是一种无监督学习模型，用于将输入数据压缩为低维表示。自编码器主要由两部分组成：编码器和解码器。编码器将输入数据映射到一个较低维度的隐藏层表示。这个隐藏层可以看作对输入数据的压缩表示。解码器则将隐藏层的表示重新映射回原始输入空间，以重建输入数据。

自编码器的训练过程包括两个阶段。

（1）编码阶段：在编码阶段，将输入数据通过编码器进行映射，得到隐藏层的表示。

（2）解码阶段：在解码阶段，将隐藏层的表示通过解码器进行映射，以重建输入数据。目标是使重建的数据与原始输入数据尽可能接近，即最小化重建误差。

自编码器的一个关键点是隐藏层的维度比输入层的维度低，以迫使自编码器学习数据中的主要特征，并丢弃输入数据中的噪声或不重要的信息。通过这种压缩和重建的过程，自编码器可以学习到一个更紧凑和鲁棒的表示。

自编码器可以用于降维、特征提取、数据去噪等任务。它也可以作为其他更复杂神经网络模型的组件，用于初始化权重或进行预训练。需要注意的是，自编码器是一种无监督学习方法，不需要标签信息进行训练。然而，在一些情况下，也可以将自编码器与有监督学习结合，例如，将自编码器的隐藏层作为输入传递给一个有监督分类器，以利用自编码器学得的特征进行监督学习任务。

6.1.3　神经网络训练

神经网络训练是指通过使用大量数据来调整神经网络的参数和结构，以使其能够从输入数据中学习并进行准确的预测。神经网络训练通常使用各种优化算法和技术进行参数调整，如梯度下降、自适应学习率和归一化方法[19]，以提高模型的性能和泛化能力。通过不断迭代和优化，神经网络能够自动学习数据中的复杂模式和特征，并生成适用于各种任务和领域的预测模型。神经网络训练的目标是通过有效的参数调整和模型优化，使模型具备良好的泛化能力，并能够在未见过的数据上做出准确的预测，从而实现对实际问题的解决和应用。

1. 神经网络的正则化

神经网络的正则化是一种用于控制模型复杂度以减少过拟合的技术。在神经网络训练过程中，正则化方法通过在损失函数中引入额外的惩罚项来限制模型参数的取值范围。常见的正则化方法包括参数范数正则化、Dropout、数据增广和对抗训练等。这些正则化方法的目标是提高模型的泛化能力，使其在未见过的数据上也能表现良好。通过使用正则化方法，可以降低模型对训练数据的过度拟合，使模型更具鲁棒性和泛化能力。

（1）参数范数正则化是机器学习领域一种常用的技术，旨在控制模型的复杂度以减少过拟合的风险。模型参数的正则化项可以使模型更加简单且泛化能力更强。其原理是通过在损失函数中引入参数的正则化项，使得模型在训练过程中更倾向于学习较小的参数值。常见的参数范数正则化方法包括 L_1 正则化和 L_2 正则化。L_1 正则化通过鼓励模型参数变得稀疏，实现特征选择和模型简化。L_2 正则化则使得模型参数值趋向于较小的值，实现模型平滑化和泛化能力的提升。参数范数正则化被广泛应用于各种神经网络模型和任务。

（2）Dropout 是一种专为神经网络训练设计的正则化技术，旨在降低过拟合的风险[20]。Dropout 的原理是在训练过程中，以一定的概率随机地将神经元的输出置为零。这样做的效果相当于在每个训练样本上训练了多个不同的网络子集，从而迫使模型不依赖于单个神经元，降低过拟合的风险。在测试阶段，所有神经元都会参与，但其权重会按照训练时的概率进行缩放，以保持期望输出的一致性。Dropout 被广泛应用于各种类型的神经网络模型和任务。

（3）数据增广是一种在神经网络训练中广泛使用的技术，旨在扩充训练数据集并提高模型的泛化能力。通过对原始数据进行随机变换和扩充，数据增广可以帮助模型更好地捕捉数据的多样性和变化性，从而减少过拟合的风险。数据增广的原理是通过应用多种变换和扰动操作来创建新的训练样本，而不改变其标签。这些变换可以包括随机旋转、缩放、裁剪、翻转、加噪声等。通过对训练样本进行多样化的变换，数据增广可以增加样本的数量和多样性，使模型能够更好地适应各种输入情况。数据增广被广泛应用于计算机视觉和自然语言处理等领域的神经网络训练。

（4）对抗训练是一种在神经网络训练中应用的技术，通过引入对抗性的机制，使生成模型能够更好地模拟真实数据分布。对抗训练的理念源自生成对抗网络

（generative adversarial network，GAN），它包含一个生成器和一个判别器，通过互相博弈的方式进行训练。对抗训练的原理是通过将生成器和判别器设置为对立的角色，通过博弈的方式来提高生成模型的性能。生成器的目标是生成与真实样本相似的样本，而判别器的目标是准确地区分真实样本和生成样本。生成器和判别器通过交替训练，相互博弈和对抗，不断提高对方的表现。对抗训练在图像生成、文本生成和音频生成等任务中得到广泛应用。

正则化方法是提高神经网络模型性能和稳定性的重要手段，在各种神经网络模型和任务中都得到了广泛应用。它有助于解决神经网络训练中的挑战，并为未来的深度学习研究和应用提供了广阔的发展空间。通过选择适合任务和模型的正则化方法，可以减少过拟合、提高模型的泛化能力，并取得更好的性能表现。

2. 神经网络的优化

神经网络的优化算法是用于调整模型参数以最小化损失函数的技术。在神经网络训练过程中，优化算法通过迭代更新模型的参数，使其能够更好地拟合训练数据并提高模型的性能。常见的神经网络优化算法包括梯度下降法、冲量法、自适应学习率和归一化方法。这些算法的目标是在训练过程中快速而稳定地优化模型，提高模型的收敛速度和泛化能力。

神经网络优化算法被广泛应用于各种任务和领域，如图像分类、目标检测、语音识别等。它们能够加速模型的收敛速度，提高模型的性能和鲁棒性。每种算法都有其独特的特点和适用场景，选择合适的优化算法有助于改善模型的训练效果和泛化能力。神经网络优化算法是深度学习领域的重要研究方向，不断的创新和改进将进一步推动神经网络的发展和应用。

（1）梯度下降法是一种经典的神经网络优化算法，旨在通过迭代地更新模型参数，最小化损失函数。它基于损失函数关于参数的梯度信息，指导模型朝着损失减小的方向进行参数更新。梯度下降法的特点是简单且易于实现。它是一种基本的优化算法，为许多其他优化算法的基础。然而，梯度下降法可能会陷入局部最优解，对于大规模数据集和复杂模型的收敛速度较慢。为了解决这些问题，后续提出了各种改进的优化算法。梯度下降法的原理是通过计算损失函数关于每个参数的偏导数（即梯度），根据梯度的方向和大小来调整参数的取值。常见的梯度下降法包括批量梯度下降（batch gradient descent）和随机梯度下降（stochastic gradient descent）。批量梯度下降在每个参数更新时使用整个训练集的样本计算梯度，而随机梯度下降仅使用一个样本计算梯度。梯度下降法被广泛应用于神经网络的训练。它可以用于图像分类、目标检测、语音识别等各种任务。通过最小化损失函数，梯度下降法能够帮助神经网络模型学习到数据的特征和模式，提高模型在新样本上的泛化能力。

（2）自适应学习率是一种优化算法，用于根据梯度的动态信息来自动调整参数更新的步长。相比于固定的学习率，自适应学习率能够更好地适应不同参数和梯度的变化情况，提高模型的收敛性能。自适应学习率的特点是能够根据梯度的动态信息来动态地调整学习率，适应不同参数和梯度的变化情况。它能够自动调节学习率的大小，避免了手动设置学习率的困扰。自适应学习率算法能够在训练的早期使用较大的学习率，快速接近最优解，然后逐渐减小学习率，使模型更加稳定和精确。自适应学习率的原理是根据参数和梯度的统计信息来动态地调整学习率的大小。常见的自适应学习率算法包括 Adagrad、Rmsprop、Adam 等[21-23]。这些算法通过累积梯度平方的信息或动量信息，来估计参数的二阶动态特性，并根据估计结果来更新学习率。自适应学习率被广泛应用于神经网络的训练中。它可以加速模型的收敛速度，并提高模型在复杂数据集和非凸优化问题上的性能。自适应学习率常被用于图像分类、目标检测、语音识别等任务，以优化模型的参数更新过程。

（3）归一化方法是一类用于优化神经网络训练的技术，旨在解决梯度消失、梯度爆炸和模型收敛困难等问题。归一化方法通过调整输入和中间层的数据分布，使其具有较小的方差和均值，从而提高模型的训练稳定性和泛化能力。归一化方法的特点是能够提高模型的训练稳定性和泛化能力。通过调整数据的分布，归一化方法可以缓解梯度消失和梯度爆炸问题，提高模型对输入数据的鲁棒性。此外，归一化方法还可以减少对学习率的敏感性，使得模型更容易训练。归一化方法的原理是通过对输入数据进行变换，将其调整为较小的方差和均值。常见的归一化方法包括批量归一化（batch normalization）和层归一化（layer normalization）。批量归一化是在每个批次的数据上进行归一化，使得每个特征维度的数据具有相似的分布。层归一化是在每个样本的不同层进行归一化，使得每个样本在不同层的数据具有相似的分布。归一化方法被广泛应用于神经网络的训练中。它可以加速模型的收敛速度，缓解训练过程中的梯度消失和梯度爆炸问题。归一化方法常被用于图像分类、目标检测、语音识别等任务，以提高模型的训练稳定性和泛化能力。

6.2　面向序列数据的神经网络

在现实世界中，许多的数据之间存在明显的顺序关系。例如，文字或词是按照某种特定的顺序排列的，如果这种顺序关系被打乱，那么文章的意思往往会发生改变；对于一个视频片段，分别对其中的帧进行正放和倒放也往往会产生两种截然不同的内容。这类数据常常被称为序列数据。由于序列数据中的数据样本存在着顺序关系，它们往往并不遵循在传统的全连接网络或卷积神经网络中默认成立的数据样本之间独立且同分布的假设，这使得上述两种模型在面对序列数据时往往表现不佳；此外，传统的全连接网络或者卷积神经网络一般仅能处理输入为固定长度的数据，而序列数据的样本往往存在着变长问题，即不同的数据样本可能长度不一致，这进一步限制了传统神经网络模型在序列数据上的应用。为了解决这些问题，循环神经网络[24, 25]被提出。

6.2.1 循环神经网络

循环神经网络（recurrent neural network，RNN）是一种专门用于处理序列数据的神经网络模型。与传统的前馈神经网络不同，RNN 具有记忆功能：模型能够在接收新数据的同时，保有对以往所有已经输入到模型中的数据的总结，即能够将先前的信息传递给后续的输入，以保留序列数据中的顺序关系，同时模型能够处理变长的序列输入。如图 6.2 所示，RNN 的基本结构包括一个循环单元（recurrent unit）和一个隐藏状态（hidden state）：循环单元是 RNN 的基本构建块，它接收当前时间步的输入 x 和前一时间步的隐藏状态，并根据这两个输入计算当前时间步的输出 o 和隐藏状态。隐藏状态则可以看作网络的内部记忆，它可以存储或总结之前所有时间步的信息，并在处理后续时间步时传递给下一层。

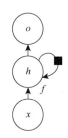

图 6.2 循环神经网络的
基本结构

黑色的方块表示单个时间步的延迟

RNN 可以被看作在时间维度上展开的多个相同的神经网络单元的集合，每个单元对应一个时间步，如图 6.3 所示。当给定一个序列作为输入时，RNN 会按照时间步的顺序逐个处理每个输入，通过当前时间步的输入和前一时间步的隐藏状态计算当前时间步的输出和隐藏状态，并将隐藏状态传递给下一时间步。这种逐个处理的方式使得 RNN 在处理序列时能够"记住"上下文信息，从而对序列数据中的顺序信息进行正确的建模。

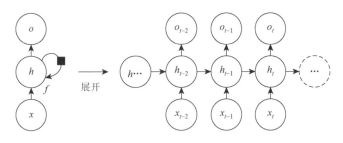

图 6.3 循环神经网络按照时间维度展开后的结构

1. 长短期记忆模型

RNN 模型已被证实在面对序列输入时有着优异的表现。然而，传统的 RNN 也存在着短期记忆和梯度消失或爆炸等问题。即当序列数据较长时，网络无法有效地学习到长期的依赖关系。为了解决这个问题，长短期记忆（long short-term memory，LSTM）模型[26]被提出。

LSTM 是一种特殊的 RNN 变体，其设计灵感源于计算机的逻辑门，即通过引入门控机制来控制序列数据中信息的流动和遗忘。LSTM 具有三个关键的、带有可训练参数的门控单元：输入门、遗忘门和输出门，并通过它们决定网络中的信息流动（图 6.4）。具体地，在 LSTM 中，输入门负责决定哪些信息被更新；输出门决定哪些信息被输出；遗忘门决定哪些信息被忽略。三种门控单元都是（0, 1）区间上取值的实数。与 RNN 相比，LSTM 额外引入了记忆单元（memory cell）以在不同的时间步存储和传递信息，即 LSTM 的隐藏状态可以看作由与 RNN 类似的隐藏状态 H 和新引入的记忆单元 C 组成。

在每个时间步，模型首先根据当前的输入数据和上一个时间步的隐藏状态来计算当前时间步下三个门控单元的值以及当前的记忆单元的候选值。其次，模型将当前的记忆单元的候选值送入输入门，将上一个时间步的记忆单元的值送入遗忘门，两者得到的结果求和作为当前时间步最终的记忆单元的值。最后，模型将最终的记忆单元的值经过一个 tanh 函数后送入输出门，得到的结果作为当前时间步的隐藏状态。

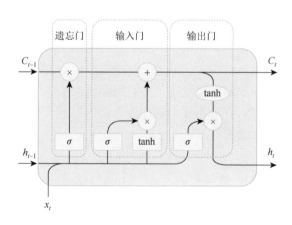

图 6.4　LSTM 结构图示

2. 门控循环单元

类似地，为了解决 RNN 中序列长期依赖问题，同样采用了门控机制但相较于 LSTM 模型结构更简化的门控循环单元（gated recurrent unit，GRU）模型被提出[27]。与 LSTM 相比，GRU 只有重置门和更新门两个门且仅使用隐藏状态来存储和传递序列数据中的信息。其中重置门决定模型应该遗忘哪些过去的信息，更新门则决定了模型应该记住多少新信息，它们同样都是区间（0，1）上取值的实数。这样，在每个时间步更新隐藏状态时，GRU 便能通过控制这两个门的开关状态，自适应地选择保留需要的信息和遗忘不重要的信息，从而更好地处理长序列数据的依赖关系。具体地，在每个时间步，模型先根据当前的输入数据和上一个时间步的隐藏状态来计算当前时间步下重置门和更新门的值。然后，模型将上一个时间步的隐藏状态送入重置门，并结合当前的输入数据计算当前时间步的隐藏状态的候选值。最后，模型将上一个时间步的隐藏状态送入更新门，将当前时间步的隐藏状态的候选值与更新门中的值求反再加 1 后的值进行元素乘法，两者得到的结果求和作为当前时间步的隐藏状态最终的值。

由于其处理序列数据时的出色表现，RNN 及其变体如 LSTM、GRU 等模型被广泛应用到了自然语言处理领域中的各类任务。以英译中的机器翻译任务简单举例，模型每个时间步的输入为英文单词的特征表示，输出则为该英文单词对应的中文的特征表示。最后，由于"记忆"的存在，RNN 能够将输出的中文排列为通顺的语句。此外，循环神经网络也可用于股票价格预测、语音识别、文本生成等各类任务[28]，并在许多实战场景取得了令人瞩目的成果。

但同时，RNN 也面对着诸多挑战与不足。如梯度消失或爆炸问题：训练模型时，当输入的序列过长，梯度可能会变得非常小或非常大，导致网络难以收敛或不稳定以及计算效率低下。这一问题还会更进一步导致 RNN 的短期记忆与难以处理长序列的问题，即模型趋向于"忘记"很早期的输入而仅能"记住"近期的输入，进而在处理较长的序列数据时遇到瓶颈。虽然 LSTM 和 GRU 等模型的提出一定程度上缓解了这个问题，但在序列更长、更复杂的场景中，这些问题仍然存在。另外，过于复杂的机制使得 LSTM 和 GRU 等很容易出现过拟合、调参困难、训练时间过长等问题，这些问题也有待进一步的解决。

6.2.2 转换器

转换器（Transformer）[7]是一种革命性的神经网络架构，被广泛应用于自然语言处理和机器翻译等任务。相比传统的循环神经网络，Transformer 克服了处理长距离依赖性的限制，并在自然语言处理领域引领了新的发展方向。Transformer 通过注意力机制和多头自注意力机制实现全局性的位置关注，从而将输入序列的所有位置作为整体进行建模。通过自注意力机制，Transformer 能够编码输入序列并捕捉全局信息和上下文关系。残差连接和层归一化有助于信息的流动和梯度传播，提高了模型的性能和训练效率。Transformer 在机器翻译、文本摘要、问答系统和语言生成等领域具有广泛的应用。它在机器翻译任务中表现出色，并在多个自然语言处理竞赛中获得最佳结果。Transformer 的成功激发了对神经网络结构的探索和改进，其思想和技术也被广泛应用于计算机视觉和语音识别等领域[29]。通过引入 Transformer，自然语言处理领域的研究和应用迈上了一个新的台阶。Transformer 的出现改变了传统的序列建模方式，提供了一种更灵活、高效且可扩展的神经网络架构。

1. BERT

BERT[8]（bidirectional encoder representations from transformer）是一种基于 Transformer 的预训练语言模型，由 Google 于 2018 年提出。BERT 通过双向上下文建模提升了模型的语言理解能力，在自然语言处理领域引起了广泛关注。BERT 采用预训练和微调的方式，使模型具备广泛的语言理解和迁移能力。在预训练阶段，BERT 使用大规模的无标签文本数据进行无监督学习，通过掩码语言建模和下一句预测任务进行训练。掩码语言建模使模型能够双向建模上下文信息，从而更好地理解词汇之间的关联。微调阶段使用有标签的任务特定数据对模型进行微调，以适应特定任务的要求。BERT 在文本分类、命名实体识别、情感分析和问答系统等任务中表现出色[30]。在文本分类任务中，BERT 能够准确分类输入文本，优于传统方法。BERT 在医学领域的疾病分类、药物剂量预测和医学文本摘要等任务中也有广泛应用。BERT 的挑战之一是模型规模和训练成本的增加，以及处理长文本的效率问题。未来，BERT 的发展方向包括改进模型的效率和泛化能力，以及在对话建模、跨语种理解和迁移学习等方面的拓展应用。

2. GPT

GPT[31]（generative pre-trained transformer）是由 OpenAI 于 2018 年提出的一种基于 Transformer 的预训练语言模型。GPT 的设计目标是生成自然流畅的文本，具有强大的语言生成能力，被广泛应用于文本生成、对话系统、文本摘要等自然语言处理任务。GPT 采用了 Transformer 的解码器结构，并通过预训练和微调的方式进行模型训练。在预训练阶段，GPT 使用大规模的无标签文本数据进行无监督学习，通过自回归语言建模（autoregressive language modeling，ALM）任务进行训练[32]。在自回归语言建模任务中，GPT 通过将输入文本的一部分遮盖，然后预测被遮盖的部分。通过上下文的依赖关系，GPT 能够生成与输入上下文相关的连贯文本。GPT 使用了基于注意力机制的 Transformer 模型，使得模型能够有效地捕捉长距离依赖关系，提高语言生成的质量。在微调阶段，GPT 使用有标签的任务特定数据对模型进行微调，以适应特定的任务需求。通过在微调阶段对任务特定数据进行有监督学习，GPT 可以生成符合特定任务要求的文本，如对话回复、文章摘要等。

GPT 在自然语言处理领域具有广泛而独特的应用。它在文本生成、机器翻译、对话系统、文本摘要等任务中展现出卓越的性能。在文本生成任务中，GPT 可以生成高质量、连贯的文章、故事和诗歌等文本内容。在机器翻译任务中，GPT 能够将源语言文本转化为目标语言的翻译结果，取得较高的翻译质量。在对话系统中，GPT 可以生成具有上下文连贯性和合理性的自然语言回复，提供更自然的对话体验。在文本摘要任务中，GPT 能够自动提取输入文本的关键信息，生成准确的、具有概括性的摘要内容。GPT 在创作领域也有独特的应用。它可以用于自动写作、创意生成、故事情节推进等任务。通过对大量文本的学习，GPT 可以生成富有创造力的文本内容，为作家、创作者和编剧提供灵感和创作支持。

GPT 面临的挑战之一是生成偏差和失控问题。模型容易受训练数据的偏差和噪声影响，导致生成的文本出现不合理或不准确的情况。在生成长篇文本时，也可能出现生成结果与输入上下文脱节的失控现象。未来，GPT 的发展方向主要集中在提升生成质量和可控性。研究人员正在改进模型结构和训练算法，以提高生成结果的准确性、连贯性和语义一致性。同时，研究人员也在探索新的方法和策略，使用户能够更精确地控制生成的输出。GPT 的应用领域正在不断拓展，包括音乐生成、图像生成和视频生成等领域的应用。结合其他模型和技术，如图神经网络和强化学习，也有助于进一步提升 GPT 的生成能力和应用效果。

3. BART

BART[33]（bidirectional and auto-regressive transformer）是由 Facebook AI 于 2019 年提出的一种基于 Transformer 的预训练语言模型。BART 的设计目标是同时兼具双向和自回归的特性，具有强大的生成和重建能力，被广泛应用于文本生成、文本摘要、机器翻译等任务。

BART 采用了编码器-解码器结构，其中编码器用于学习输入文本的表示，而解码器则用于生成目标文本。与传统的自回归语言模型不同，BART 不仅使用了自回归生成方式，还引入了一种重建方式。在预训练阶段，BART 使用大规模的无标签文本数据进行无监督学习，通过自回归生成和重建任务进行训练。在自回归生成任务中，BART 通过将输入文本的一部分遮盖，然后预测被遮盖的部分。在重建任务中，BART 通过将输入文本的一部分打乱顺序，然后预测其正确的顺序。通过自回归生成和重建任务的结合，BART 能够学习到丰富的句子级别和语义级别的表示，从而提高生成和重建的质量。

BART 在自然语言处理领域具有广泛而独特的应用。它在文本生成、文本摘要、机器翻译、对话系统等任务中展现出卓越的性能。在文本生成任务中，BART

可以生成准确、连贯的文章、故事和诗歌等文本内容。在文本摘要任务中，BART能够自动提取输入文本的关键信息，生成准确、具有概括性的摘要内容。在机器翻译任务中，BART可以将源语言文本转化为目标语言的翻译结果，取得较高的翻译质量。在对话系统中，BART可以生成具有上下文连贯性和合理性的自然语言回复，提供更自然的对话体验。除了传统任务，BART还在一些特殊领域展现了独特的应用。在医学领域，BART被应用于疾病分类、药物剂量预测和医学文本生成等任务。在金融领域，BART可用于情绪分析、事件预测和金融舆情分析。

BART面临的挑战之一是模型的复杂性和训练成本。由于BART采用了较大的Transformer模型和大规模的预训练数据，需要充足的计算资源和长时间的训练，对于资源受限的环境来说是一个挑战。未来，BART的发展方向主要集中在改进生成质量、扩展应用领域和提高模型效率。研究人员正在改进模型结构和训练算法，以提高生成结果的准确性、连贯性和语义一致性。同时，BART的应用领域正在不断扩展，包括多模态生成、音乐生成和图像描述等领域的应用。提高模型的效率也是一个重要的研究方向，研究人员正在寻找更轻量级的BART变种，以降低模型的复杂度和资源要求，提高模型的训练和推理效率。

4. T5

T5[34]（text-to-text transfer transformer）是由Google Research于2019年提出的一种基于Transformer的预训练语言模型。T5的设计目标是将所有的自然语言处理任务统一为文本到文本的转换任务，通过端到端的方式进行模型训练和应用，实现多任务学习和迁移学习的效果。

T5采用了编码器-解码器结构，并使用了自回归和自编码两种方式进行预训练。在自回归预训练中，T5将输入文本转化为输出文本的过程视为生成任务，通过自回归生成方式进行训练。在自编码预训练中，T5将输入文本转化为相同的文本的过程视为重建任务，通过自编码方式进行训练。通过同时进行自回归和自编码的训练，T5能够学习到丰富的文本表示，具备很强的文本理解和生成能力。此外，T5还引入了任务描述文本，用于指导模型在不同任务上的学习和迁移。

T5在自然语言处理领域被广泛应用，如文本分类、机器翻译、文本生成和问答系统。它在科学文献的自动化摘要和知识图谱构建中有应用，可用于医学领域的疾病诊断和药物剂量预测，还能支持自动化写作、智能推荐和广告生成。T5面临的挑战之一是模型的规模和训练成本。由于T5采用了大型的Transformer模型和大规模的预训练数据，对计算资源和训练时间要求较高，限制了模型的应用和推广。另一个挑战是模型的迁移学习和泛化能力。尽管T5在多任务学习方面取得了显著的进展，但在处理一些特定领域的任务时，可能需要更多的领域特定数据和任务指导，以提高模型的性能和泛化能力。未来，T5的发展方向主要集中在模型的规模压缩和训练效率、任务适应性的提高以及模型的可解释性和可控性。针对模型的规模压缩和训练效率问题，研究人员正在探索如何设计更轻量级的 T5 模型结构和优化算法，以降低模型的计算复杂度和内存消耗，提高模型的效率和推理速度。针对任务适应性问题，研究人员正在研究如何设计更有效的迁移学习方法，以提高 T5 模型在特定任务和领域上的性能和泛化能力。通过引入更多的任务描述和领域特定数据，可以进一步提升 T5 模型的任务适应性。此外，对于 T5 模型的可解释性和可控性也是未来的研究重点。研究人员正在探索如何设计可解释的生成模型，使用户能够理解和控制生成结果的特性，以增强模型的可用性和可控性。

6.2.3 时序卷积神经网络

时序数据广泛存在于各个领域，例如，音频信号、股价序列、传感器数据等都带有时间顺序关系。传统的循环神经网络对处理时序数据效果较好，但也存在梯度消失和并行计算能力弱等问题。为应对这一挑战，时序卷积网络（temporal convolutional network，TCN）[35] 被提出。TCN 是一种基于卷积神经网络的模型，专门用于处理具有时间相关性和序列依赖性的时序数据。TCN 利用卷积操作在时间维度上捕捉时序数据的局部和全局依赖关系，通过堆叠多个卷积层来提取时序数据的特征。相比传统的 RNN，TCN 具有并行计算的优势，能够高效处理长序列数据。

相比 RNN，TCN 具有平行计算和对长时依赖建模的优势。其基本结构类似于卷积神经网络，通过一维卷积核在时间维度上提取时序数据的局部特征。卷积操作为 TCN 带来了平行计算的能力，使其比 RNN 具有更高的计算效率。另外，TCN 通过堆叠多个带残差连接和跳过连接的卷积块来增强对远距离时序依赖的建模能力。残差连接能够解决梯度消失问题，跳过连接则使得每个卷积块都能看到更长的时间窗口，以学习长时数据间的联系。具体来说，每个 TCN 块由以下几个核心组件组成。

（1）一维卷积层：使用一维卷积核对时间序列进行卷积操作，提取时域上的局部模式。

（2）激活函数：如 ReLU 等，引入非线性。

（3）残差连接：将输入和卷积层输出相加，缓解梯度消失问题。

（4）层归一化：调整数据分布，提高模型稳定性。

（5）跳过连接：直接连接输入和输出，使更早时间步的信息传递到深层，增强长时依赖建模能力。通过堆叠多个卷积块，TCN 可以扩大其感知范围，学习时序数据中跨不同时间尺度的模式。

TCN 在时序数据分析和建模方面具有广泛的应用，具体应用包括如下。

（1）语音识别：TCN 通过对声学特征进行卷积处理，实现高效准确的语音识别。相较于传统的 RNN 模型，TCN 通过并行计算和局部关注机制更好地捕捉语音数据中的时间相关性和序列依赖性；

（2）时间序列预测：TCN 可应用于时间序列预测任务，如股票价格预测和气象数据预测。通过对历史时间序列数据进行卷积操作，TCN 能够提取时序数据中的重要特征，并利用这些特征进行未来的预测。

TCN 面临的挑战之一是长期依赖性建模。由于卷积操作的局部性质，TCN 可能难以捕捉长期依赖关系，特别是当时间跨度较大时。针对此问题，研究人员提出了一些改进的 TCN 变体，如引入注意力机制或门控机制，以增强模型对重要时刻和长期依赖关系的关注。另一个挑战是模型的泛化能力。TCN 在处理时序数据时对数据的平稳性和周期性有一定的假设，但实际的时序数据往往具有噪声、缺失值和非线性特征等问题。如何提高 TCN 模型对复杂时序数据的建模能力，是一个需要解决的问题。

未来，TCN 的发展方向主要集中在模型的改进和应用拓展上。在模型改进方面，研究人员正在探索如何增强 TCN 对长期依赖关系的建模能力，如引入注意力机制或门控机制。同时，还在探索改进 TCN 对非平稳和非线性时序数据建模能力的方法，例如，引入非线性激活函数、正则化技术和数据增强策略[36]。在应用拓展方面，TCN 可以与其他模型结合形成混合模型或多模型集成，以进一步提升时序数据建模和预测的性能。此外，TCN 在金融领域的风险分析、交通领域的交通流量预测、医疗领域的疾病诊断等多个领域中仍有很大的发展空间。综上所述，TCN 作为处理时序数据的有效模型，具有广泛的应用前景。通过不断改进和拓展，TCN 有望在时序数据分析和建模中发挥更重要的作用。

6.3　图神经网络

图神经网络旨在在网络结构上利用深度学习技术对节点间的信息传递、转换或聚合进行建模，实现图结构的语义表示与推理计算，已在图挖掘、知识图谱、信息检索、自然语言处理、推荐系统等领域获得广泛关注和应用。

6.3.1　图表示学习

图表示学习的研究对象是图数据。图数据中蕴涵着丰富的结构信息，这本质上对应着图数据因内在关联而产生的一种非线性结构。这种非线性结构在补充刻画数据的同时，也给数据的学习带来了极大的挑战。因此在这样的背景下，图表示学习就显得格外重要，因为它将图数据表示成线性空间中的向量。工程上而言，这种向量化的表示为擅长处理线性结构数据的计算机体系提供了极大的便利。另外可以为之后的学习任务奠定基础。图数据的学习任务种类繁多，有节点层面的，边层面的，还有全图层面的，一个好的图表示学习方法可以统一高效地辅助这些任务的相关设计与学习。图表示学习从方法上来说，可以分为基于分解的方法、基于随机游走的方法、基于深度学习的方法等，而基于深度学习的方法的典型代表就是 GNN 相关的方法。

在早期，图节点的嵌入学习一般是基于分解的方法，这些方法通过对描述图数据结构信息的矩阵进行矩阵分解，将节点转化到低维向量空间中去，同时保留结构上的相似性。这种描述结构信息的矩阵有邻接矩阵、拉普拉斯矩阵、节点相似度矩阵。一般来说，这类方法均有解析解，但是由于结果依赖于相关矩阵的分解计算，因此，这类方法具有很高的时间复杂度和空间复杂度。

近些年，词向量方法在语言表示上取得了很大的成功，受该方法的启发，一些方法开始将在图中随机游走产生的序列看作句子，将节点看作词，以此类比词向量从而学习出节点的表示。典型的方法如 DeepWalk[37]和 Node2Vec[38]等。DeepWalk 的方法采用了随机游走的思想进行节点采样。首先根据用户的行为构建出一个图网络，随后通过随机游走随机采样的方式构建出节点序列，随后将得到的路径序列作为输入，使用词嵌入领域常用的 Skip-Gram 模型得到每个节点的向量表示。基于随机游走的方法相比基于分解的方法，最大的优点是通过将图转化为序列的方式从而实现了大规模图的表示学习。但是这也导致了两个缺点：一是将图转化成序列集合，图本身的结构信息没有被充分利用；二是该学习框架很难自然地融合进图中的属性信息进行表示学习。

关于 GNN 方法非常自然地融合进了图的属性信息进行学习，而之前的方法大多把图里面的结构信息与属性信息进行单独处理。GNN 本身作为一个可导的模块，能够嵌入到任意一个支持端对端学习的系统中去，这种特性使得其能够与各个层面的有监督学习任务进行有机结合（或者以微调学习的形式进行结合），学习出更加适应该任务的数据表示。GNN 的很多模型如 GraphSAGE、MPNN 等都是支持归纳学习的，多数情况下对于新数据的表示学习可以直接进行预测，而不用像之前的多数方法需要重新训练一次。

图表示学习可用来进行链接预测，在不同领域中都有广泛的应用。在社交网络中，图表示学习可以用于预测两个用户之间是否存在社交关系。这对于社交推荐、社交影响力分析、社区发现等任务非常重要。在推荐系统中，图表示学习可以用于预测用户与物品之间的连接，例如，预测用户是否喜欢某个商品或电影。通过建模用户和物品之间的关系，可以提高推荐精度。在生物信息学研究中常常需要预测蛋白质-蛋白质相互作用、药物-蛋白质关联等。图表示学习可以用于学习蛋白质和药物分子的特征表示，以预测它们之间的关联性。在金融领域，图表示学习可以用于预测用户之间的金融交易关系，检测欺诈行为，发现风险传播路径等。这对于风险控制和反洗钱等具有重要意义。

图表示学习是一个活跃的研究领域，未来的发展方向有以下几个：第一，处理大规模图数据的方法研究，设计高效的算法和技术，以便能够更好地处理大型复杂网络，加速计算过程并保持表示的质量；第二，开发可解释性强的图表示学习方法，使得学到的表示能够被解释为具有实际含义的特征，提高模型的可解释性和可靠性；第三，推动图表示学习与其他领域的交叉应用，如与自然语言处理、计算机视觉、生物医药等领域相结合，拓展图表示学习在更多领域中的应用。

综上所述，图表示学习作为一种重要的机器学习技术，可以有效地处理图结构数据，具有广泛的应用前景。随着研究的深入和技术的发展，图表示学习将在各个领域中起到更加重要的作用。

6.3.2　图神经网络的基础原理

图神经网络自提出以来，迅速得到了学术和工业界的青睐，成为 AI 研究热点。现实世界中的许多关系都可以描述为图，而在面向图的任务中，图神经网络这一工具的表现明显优于其他已有的神经网络，因此越来越多的人正在将或是已经将强大的图神经网络应用到各个行业、各个领域。此处从以下三个视角对图神经网络展开讨论。

1. 谱域视角

基于谱域的图神经网络方法有着坚实的数学理论支撑——图信号处理，其主要思想为将图信号通过图傅里叶变换（graph Fourier transform）转换到频域，与滤波器做卷积操作，卷积后的结果再通过图傅里叶逆变换（graph Fourier inverse transform）变换回原来空间。

具体来说，对于一个无向图，首先通过其拓扑结构得到它的拉普拉斯矩阵（Laplacian matrix）。由于拉普拉斯矩阵本身的特性，它既包含了图的结构信息，又能表示节点之间的关系，因而往往被用于图信号处理领域。对拉普拉斯矩阵进行谱分解后，能够得到一组正交的图傅里叶基。之后，对于图信号，将其投影到图傅里叶基上（即图傅里叶变换）以转换为频谱域的中间值，便能够在频谱域对其进行高效的分析、特征提取和处理，并将这些操作统称为滤波（filter）。在对中间值进行滤波操作之后，再通过基变换，将其转换回初始的空间（即图傅里叶逆变换）。将这样的整体操作称为基于频域的图卷积（spectral-based graph convolution），其中的滤波器则为网络可训练的部分。此外，还可以堆叠多个这样的操作，每一次图卷积操作可以被形象地称为一层图卷积，然后让图信号（即节点的表征）依次按照顺序经过这些图卷积层。在这样迭代的过程中，节点的表征将逐渐包含更多的上下文信息。

2. 空域视角

基于空域图神经网络方法的思想则主要借鉴了经典的卷积神经网络。具体来说，在基于空域的图卷积网络中，图中的每个节点都会将表征自身的特征向量向它周围的邻居节点发送，同时接收它的邻居节点传来的特征向量。与基于频域的图卷积层类似，这样的一系列操作被称为基于空域的图卷积层，并且也可以进行多层的堆叠以捕捉更远节点的信息。此外，基于空域的图神经网络相较于基于频域的图神经网络具有一大明显优势：当图或网络中有新加入的节点时，基于频域的图神经网络往往需要重新进行训练，而基于空域的图神经网络往往不需要。

3. 消息传递统一框架

从更深的层次来讲，基于谱域和基于空域的图神经网络并不完全是两类不相交的方法，两者可以被统一整合到消息传递统一框架的视角之下。该框架的中心思想为消息传递机制，即每个节点表征聚合来自邻居节点的消息，然后将聚合的消息与其自身表征相结合，对自身表征进行更新。

值得注意的是，消息传递机制的思想与基于空域的图神经网络的思想十分类似，但实际上两者对于网络中"消息"的定义略有差别。为了将基于谱域和基于空域的图神经网络整合到统一的框架之下，主要从以下三个角度剖析。

（1）消息的定义：在基于空域的图神经网络中，之前默认节点之间传递的消息是表征节点的特征向量。但实际上，在基于频域的图神经网络中，经过图傅里叶变换而转换到频域的图信号，也可以被视作消息，并通过频域上的卷积操作进行消息传递。即消息传递统一框架下的消息是一个更为宽泛的概念，它既包括空域中的消息，也包括频域中的消息。

（2）聚合操作：当完成对于消息的统一定义后，无论基于空域或是基于频域的图神经网络，都可以对目标节点接收到的来自所有邻居的消息进行聚合这一操作，以获取目标节点周围的全局空域或频域信息。一些可用的聚合操作包括但不限于最大汇聚、平均汇聚、随机汇聚等。

（3）节点更新操作：已知在空域或者频域下目标节点的表征以及其邻居节点的聚合得到的消息，更新操作旨在根据这两个输入来输出对应的空域或频域下目标节点的新表征。注意对于基于频域的图神经网络，该新表征一般需要通过图傅里叶逆变换回到初始空间。

通过对基于空域和频域的图神经网络三个角度——消息的定义、聚合操作和节点更新操作的剖析，两者可以被整合到消息传递统一框架之下。这样的整合可以使处理图结构数据更加灵活，并且能够适应不同的任务和数据特征。

6.3.3　图神经网络前沿

近几年来，图数据分析和图神经网络迅速发展，由此产生了诸多新的问题。本节主要包括面向复杂图的图神经网络、图神经网络认知与推理、图自监督学习和图深度生成这四个部分。

1. 面向复杂图的图神经网络

复杂图神经网络是一种针对复杂结构图数据设计的深度学习模型，它能够提取更丰富的特征表示进行节点分类、链接预测、图分类、图生成等任务。该网络通常由多个图卷积层或图注意力层的组合来增强节点和图的表达能力，因此能够处理包括动态图和特殊结构（如异配图和富文本图、异质信息图、时空图和超图神经网络）在内的复杂情况。复杂图神经网络为研究者理解和挖掘复杂图数据中的关系和模式提供了强大的工具和方法。

1）异配图

在图神经网络的研究发展的初期，研究重心主要在处理同配图数据。同配图是指节点属性和图拓扑的耦合关系满足同配假设的一类图数据。同配假设表示相邻节点倾向于有相同的类别，因此能涵盖大多数的引文网络和社交网络等网络数据。图同质性的度量方法是综合所有节点的同配率，其中节点的同配率是通过计算其邻居节点中同类节点的比例得到的。图的同配率越高，图中节点的同类邻居比例越大，通常该类型的图被称为同配图。

异配图是指同配率较低的图数据，图中节点与其相邻节点属于不同类别的比例较高。真实场景中存在大量的此类异配网络，如婚恋网络与单词网络等网络数据。传统的基于同配假设的图神经网络模型（如图卷积网络[39]和图注意力网络[40]）无法直接为此类图数据提供解决方案，因此需要设计新的模型来满足这一需求。处理此类数据需要模型包含能够区分节点间关系的附加参数化网络模块，突破经典模型中对图数据的同配归纳偏置。

针对图神经网络在异配图上的改进主要聚焦于以下三个方向。

（1）多样化的传播机制：在保持现有拓扑邻居的基础上探索适应性更强的传播机制。一种方案是在图注意力网络中引入实值传播权重，以实现特征传播在平滑和锐化之间的平衡[41]；另一种方案是通过构建特征通道的传播权重，以实现特征级别的细粒度特征传播[42]；第三种方案是用伪标签推断随机块来评估节点对的异配程度，以实现监督性更强的特征传播[43]。

（2）非局部邻居的提取：挖掘非局部邻域的特征信息以补充局部信息量的欠缺。一种方案是组合高阶特征来引入高阶邻居信息[44]，改进图神经网络在异配图处理中的特征传播效果；另一种方案是分别在特征空间和双曲空间构建网络并执行特征传播[45]。

（3）多样化的图数据建模：设计非图卷积的方案来挖掘图信息。主要的方案是利用机器学习模块（如多层感知机）分别编码属性和拓扑结构[46]。

图异配问题的解决对于各种图学习任务而言具有重要的意义。在图分类任务中，解决该问题有助于通过局部信息推断出节点的全局类别，从而增强标签传播能力并提升图结构的判别力，从而显著提高图分类算法的准确度。在社交网络分析中，解决图异配问题可以改善社交网络分析的效果，提高社区发现和关系预测的准确性。在信息传播和推荐系统领域，解决图异配问题可以提升信息传播和推荐系统的准确性，为用户提供更加个性化和精准的推荐。未来的研究方向是在解决图异配问题时考虑节点属性信息和网络拓扑结构之间的复杂关联。

2）富文本图

富文本图神经网络（text-rich graph neural network）是一种结合了富文本和图神经网络的方法，用于处理带有文本信息的图结构数据。传统的图神经网络主要关注节点和边之间的拓扑结构和连接关系，而在现实世界中，图结构中通常伴随着大量的文本信息，这些文本信息能够提供更丰富的语义和上下文信息。因此，为了处理这种带有文本信息的图数据，富文本图神经网络应运而生。

富文本图神经网络的核心思想是融合图结构和文本信息进行联合学习。在具体实现中，通常包括以下几个步骤[47]。

（1）网络构建：将图结构数据转化为机器学习可处理的形式，同时保留节点之间的连接关系和文本描述信息。可以使用邻接矩阵或邻接表来表示图的结构，同时将文本信息表示为词向量或句向量。

（2）节点特征提取：对于每个节点，将其文本描述信息转化为向量表示。可以使用预训练的语言模型（如 BERT、GPT 等）来提取文本特征，得到节点的语义向量表示。

（3）表示学习：利用图神经网络对图结构和节点特征进行联合学习。图神经网络通过迭代地更新节点的表示，将节点的邻居节点信息和节点特征信息进行聚合，从而得到更丰富的节点表达。

（4）任务建模：基于学习到的节点表示，可以进行各种任务建模，如节点分类、链接预测、关系抽取等。可以使用传统的机器学习方法或深度学习方法进行任务建模和预测。

富文本图神经网络在社交媒体分析中可以应用于多个任务和场景[48]。

（1）情感分析：社交媒体上的用户评论、推文等富文本数据中蕴含着丰富的情感信息。

（2）构建用户之间的关系图：并结合文本内容进行节点表示的学习，从而识别和分析用户的情感倾向。该方法可以用于判断评论的积极或消极情感，帮助企业和机构了解用户对产品或服务的反馈，以做出相应的决策。

（3）话题检测和趋势预测：社交媒体平台上存在大量关于不同话题的富文本数据。通过构建话题之间的关系图，利用富文本图神经网络可以对话题进行检测和分类。进一步地，可以使用时间序列数据来捕捉话题的演化趋势，并进行趋势预测。该方法有助于发现热门话题、追踪话题的变化并了解用户兴趣的变化，为品牌营销和舆情监测提供支持。

（4）社交网络垃圾信息检测，社交媒体平台上存在大量的垃圾信息，如垃圾评论、虚假新闻等。使用富文本图神经网络可以构建用户和内容之间的关系图，并通过学习节点表示来识别和过滤垃圾信息。利用图神经网络可以捕捉垃圾信息传播的模式，提高垃圾信息检测的准确性和效率。

3）异质信息图

异质信息图是指包含多类型节点和关系的图数据，其含有丰富的结构和语义信息，有助于探索网络的隐含模式。在异质网络的各类数据挖掘问题中，根据领域知识预定义的概念得到了广泛的应用，如元路径、网络模式和 Motif 等。其中，元路径由特定的节点类型序列和相应的边类型序列组成。它能够指定节点连接序列来获取目标语义并且具有实施简单性，因而在该领域研究中最为常用。利用元路径的异质图网络模型常与注意力机制结合起来[49]，以此来获得更全面和灵活的模型。通过在元路径上引入注意力机制，可以根据节点之间的关联和上下文动态地调整权重，实现对不同节点的精细化建模和信息聚合。

异质图数据中的属性缺失问题是指数据中存在某些类的节点缺失全部属性。在经典的异质图网络模型中，通常通过计算特定类别的邻居节点的平均值来为缺失属性节点生成初始表征，这在一定程度上限制了异质图模型在各类任务中的表现。针对这个问题，一种有效的策略是基于图数据的特性利用图注意力机制的属性补全。它利用图神经网络对特征的重构能力，通过加权组合局部邻居的特征来重构缺失属性，进而缓解异质图中初始特征的表达能力不足的问题[50]。解决异质图数据的属性缺失问题对于提高数据完整性、优化预测和分类效果、增强特征表征能力以及推动关系挖掘和网络分析等方面具有重要意义。

异质图数据的多类型和多关系性质给数据的表征带来挑战。

（1）处理大规模异质图数据需要高效的存储和计算技术，并解决数据稀疏性和维度灾难等问题。

（2）建模过程需要合理处理不同类型的节点和边，并捕捉到异质图中的复杂模式和潜在关联。综合利用图算法、深度学习和知识表示等技术来处理和建模异质图数据，将有助于解决复杂问题并推动各领域的研究应用。

4）时空图

时空图神经网络（spatio-temporal graph neural network）是一种针对时空数据建模和分析的方法[51]。时空数据中具有时序关系的节点和边在现实世界中广泛存在，如社交网络、交通网络、物联网等。传统的图神经网络主要处理静态图数据，忽略了时序信息和节点之间的高阶交互关系。具体实现中，包括以下几个关键步骤。

（1）建模时间维度：引入时间维度，将时空数据划分为不同的时间片段。可以使用滑动窗口的方式将连续的时间序列切分成离散的时间片段。

（2）定义高阶交互关系：通过考虑节点在不同时间片段上的邻居节点，定义节点之间的高阶交互关系。可以采用多步邻居聚合的方式，迭代更新节点表示，捕捉节点之间的高阶交互信息。

（3）时空上下文融合：将时间信息和空间信息进行融合，得到综合的节点表示。可以采用门控机制（如 LSTM、GRU）来融合时空上下文信息。

（4）任务建模：基于学习到的节点表示，进行各种任务建模，如节点分类、动态链接预测、行为预测等。可以使用传统的机器学习方法或深度学习方法进行任务建模和预测。

时空图神经网络[52]在交通预测、动态链接预测等方面都具有广泛的应用。

（1）交通预测：交通网络数据可以被表示为一个图结构，其中节点表示路段或交叉口，边表示它们之间的连接关系。每个节点上可以包含多个特征，如历史交通流量、道路属性、时间信息等。这些特征可以用于构建初始节点特征向量。表示向量可以被用于预测未来某一时刻的交通流量、拥堵程度等。

（2）动态链接预测：动态链接预测的输入数据是一个含有时间信息的图结构，其中节点表示对象（如用户、物品等），边表示它们之间的链接关系。每个节点上可以包含多个特征，如属性、历史行为等。这些特征可以用于构建初始节点特征向量。通过对节点之间的表示进行比较和分析，可以预测新的链接的形成或原有链接的解除。

时空图神经网络仍然是一个活跃的研究领域，存在着一些挑战和发展方向。

（1）动态图结构建模：在动态图结构上进行更准确、高效的节点表示学习，提高对时空数据的建模能力。

（2）自适应邻居聚合：设计更灵活、自适应的邻居聚合机制，针对不同节点和时间片段，自动调整邻居节点的权重。

（3）多任务联合学习：将多个相关任务进行联合学习，共享模型参数，提高模型的泛化能力和效率。

（4）可解释性研究：研究如何解释和可视化高阶交互图神经网络的结果，使得模型的决策过程更加透明和可理解。

5）超图

超图作为一类具有复杂结构的图数据，其提出和使用有利于突破对传统单关系图模型的限制，更好地满足复杂关系模式的需求。超图神经网络结合了多种成熟的机制来表征此类图数据，其中最基本的操作就是超边建模策略。它将超边信息与节点信息结合起来，通过学习超边的表示，并在超边上进行特征的传播和聚合。另一种策略是结合注意力机制[53]。使用注意力机制来对节点和超边进行加权，以便更好地捕捉重要的节点和超边信息。注意力机制使得模型能够针对不同的关系和上下文进行自适应学习和处理。第三种常用的策略是结合自编码器[54]。超图神经网络利用自编码器的结构来学习节点和超边的低维表示，以降低维度并提高表示的表达能力。自编码器可以通过重构损失或正则化项来保持信息的完整性和一致性。

超图具有建模复杂关系的优势，因此它被广泛用于社交网络分析、生物信息学和自然语言处理等领域。在社交网络中，它能够更准确地表示家人、朋友、兴趣群体等多重关系，进而为研究者提供更坚实的网络分析基础。在生物信息学研究中，它可以高效地表示复杂的生物分子间的相互作用关系，从而帮助研究者理解生物系统的结构和功能。在自然语言处理中，它可以用于构建语义图模型，建模句子或文本中的单词和实体之间的关系，进而帮助机器理解语义结构并进行语义推理。

超图神经网络在应用过程中存在许多的问题和挑战。

（1）数据的稀疏性。超图节点和超边的稀疏会使学习和推理过程变得困难，导致模型的性能下降等问题。

（2）表征的低效性。构建超边的特征向量需要考虑其内部节点的交互以及与其他超边之间的关系，因此如何高效地表征超边仍然是一个挑战。

（3）缺乏可解释性。超图中关系和结构的复杂性更高，因此其模型的解释性也是主要的挑战之一。

（4）较差的可拓展性。如何高效地处理规模较大的超图来满足更为高规模的需求，即超图的可拓展性，仍然是一个重要的挑战。

2. 图神经网络认知与推理

人脑的学习系统可以被分为无意识的直觉学习系统和有意识有规划的逻辑推理系统。当前深度学习方法如图神经网络仍主要关注前者，如何将直觉的感知系统和关联认知及逻辑推理深度融合，使其更好地具备高阶认知能力仍是当前亟待解决的问题，更是面向开放动态环境下使人工智能方法更具鲁棒、通用和可解释性的关键路径[55]。

1）认知图神经网络

传统图神经网络可以形式化为求节点标签的后验分布形式，本质上属于直觉的感知系统范畴，可以被视为一种快速的全局搜索能力。另外，很多统计关系学习模型，如马尔可夫随机场（Markov random field，MRF），可以形式化为求节点标签的联合分布，本质上可以视为上下文关联的认知系统范畴，是一种慢速的局部精化搜索能力。将统计关系学习模型通过平均场近似等策略手段转换为图神经网络操作，融入图神经网络优化框架，使其同时具备感知学习和关联认知能力，并从感知学习范畴提升到认知学习范畴是认知图神经网络的研究重点。目前已有一些融合马尔可夫随机场的图神经网络方法[56, 57]，但如何进一步开展系统的研究和应用仍是进一步亟待解决的问题。

2）图神经网络推理

认知图神经网络可以具备感知学习与关联认知的能力，但认知的另一个方面是逻辑推理，如何进一步使图神经网络具备逻辑推理能力，使其成为学习系统和推理系统深度融合的新架构是一个更具挑战性的问题。目前已有一些统计关系学习与逻辑推理融合的模型，如马尔可夫逻辑网就是将马尔可夫网与一阶谓词逻辑融合的产物，它很好地具备了概率推断和符号推理的双重功能。因此，将上述模型融入图神经网络框架，就可以使其不仅具备深度学习的强大感知能力，又能够具备统计关系学习的关联认知能力，更结合了符号计算的知识推理功能，可以向模拟人类智能更进一步。目前已提出了一些图神经网络推理算法[58-60]，并且初步具备了上述功能，但如何系统地研究该问题，并通过其解决复杂场景下的可解释性图学习及其应用问题仍是重要挑战。

3. 图自监督学习

当处理大规模数据时，获取标记（带有标签）的训练数据通常是一项昂贵且烦琐的任务。无监督学习从未标记的数据中获取潜在的模式和结构，降低数据获取和处理的成本，为"难以获取标签"问题提供了解决方案。自监督学习利用未标记的数据自动生成"伪标签"，模型预测可以通过预测这些"伪标签"进行训练，因此自监督学习可以被看作一种特殊的无监督学习。图自监督学习研究主要包括生成式、预测式、对比式三类。同时，为了从本质上解释自监督学习的学习能力并且厘清各关键模块的作用，经典的自监督模型与图的关系理论也是研究的热点。

1）生成式

基于生成机制的自监督模型利用输入数据作为监督信号来指导模型生成输出。在图数据处理中，基于图生成（即图重构）的自监督模型常通过代理解码器恢复原始特征来获取重构信息。根据图重构的对象可将其分为属性重构[61, 62]和结构重构[63]两类。属性重构是指通过对已有数据的分析和处理，重建数据的特征属性的过程。此方案有助于选择区分度较大的特征，并能够特征降噪、提升特征的解释性。结构重构是具备拓扑结构的图数据特有的方案，它通过重建图的结构信息来帮助模型发现图中的隐藏模式、抵抗结构扰动等。

图生成式自监督学习使用"掩码预测"策略，它主要包括图样本构造、掩码生成、模型预测和反馈信号四个步骤。具体来说，针对一个图级别的任务，图样本构造是从未标记的图数据集中选择输入图；掩码生成为输入图屏蔽部分图的信息，即掩码，其中掩码的对象包括节点、子图或者定义的结构；模型预测利用掩码的输入图来预测被掩码的信息，以期学习到图的内在规律；反馈信号是计算模型预测与真实信息之间的差异并更新模型参数的过程，以使模型具备泛化能力。

2）预测式

受监督学习的启发，基于预测机制的图自监督学习的基本思想是通过提取图数据的固有特性来建立节点伪标签，将无监督学习转换为依靠图结构数据自身信息的监督学习。根据伪标签的来源是否是显式的图数据特征，可将基于预测机制的图自监督学习分为性质预测[64]和自训练[65]两类。

性质预测的基本思想是预测统计属性、涉及领域知识的属性和拓扑属性等非显式的图数据特征。相较于图生成式的自监督学习，性质预测主要关注于预测体现图数据内在特征的自然属性，如边的类型、基序和子图的拓扑结构等。通过预测复杂网络结构和节点之间的关系，模型可以发现图结构中隐藏的模式和规律，进而推断出这些隐藏信息。这种方法可以帮助研究者深入理解和研究图数据的特点和动态性质。

除在整个流程中设置固定变量作为伪标签外，自训练的伪标签通常是从一小批标记数据中或者从随机初始化的前一阶段的预测中获得。它通过预训练原始数据为未标记数据生成标签或者结构，并将生成的伪信息与原有信息进行合并，最后使用合并数据对模型进行再训练直至误差收敛。自训练方式使模型可以逐步优化自身，来逐渐提高在图表示学习任务中的性能。此外自训练更充分地利用了模型生成的伪标签或结构信息，增强了模型的泛化能力。

3）对比式

此类方法通过对齐类别不变分布和均匀化跨类别分布来生成样本不变性表征。具体地，它最大化正样本对之间的互信息来获取同类分布中的不变性特征，以及最小化负样本对之间的互信息来防止模型塌缩。当前主流的对比学习研究主要在节点维度和特征维度上开展，因此可将基于对比机制的图自监督模型分为节点级别的对比机制和基于特征级别的对比机制两类。

节点级别的对比机制旨在从显式设置的正负节点对的对比中获取节点表征。这种对比机制通常包括以下几个步骤：正负样本构建、表示学习、相似性度量和对比损失计算。具体来说，正负样本构建模块大多基于专家经验，例如，借助同配性假设从邻居节点中采样节点作为正样本，从不相邻节点中随机选择部分节点作为负样本[66]；表示学习是指使用图神经网络（如图卷积网络、图注意力网络等）为节点生成低维表征的过程；相似性度量利用指定的相似性度量函数（如余弦相似度、距离函数等）计算节点表示之间的相似度；对比损失计算利用上述选定的正负样本和获得的相似度来计算对比损失（如对比预测损失、对比交叉熵损失等），进而优化模型参数完成对比学习。

节点级别对比学习机制发展的初期，大多数模型遵循为拓扑上下文节点生成相似的低维节点表征思想。为了解决上述方法的拓扑局限问题，属性图上常用的方法是利用图增广策略为同一数据生成不同视角的观察，以此来获取更丰富的底层语义信息。常见的图增广方式包括属性增广、拓扑增广、局部结构变化、特征空间变换等。属性增广常对节点属性添加噪声，拓扑增广常删除或者增加边，局部结构变化常扰动局部邻域，特征空间变换常变换或重组节点特征。对于不同的具体任务和数据集，不存在某种增广方式或者组合能够适用于所有情况。因此，当前在应用图增广时仍需要根据任务和数据集的特点选择适合的方式，并结合交叉验证等技术进行参数调整和评估，以提高模型的泛化性能和稳定性。

上述方法均涉及精心设计的正负样本提取方案，然而其依赖领域知识的方式存在灵活性不足和对数据变化敏感的问题。特征级别的对比机制解决了此问题，并且通过调整特征维度来平衡计算复杂度和空间复杂度。一种有效的方案是采用跨视角的特征相关策略，以最大限度地增强两个视角上相同特征的互信息，并最小化跨特征之间的互信息，进而防止模型塌缩现象[67, 68]。另一种方案是结合典型相关分析（canonical correlation analysis，CCA），通过加强两个图视角中表示的相关性，并减少不同视角中的特征表示的相关性[69]。

自监督学习的理论研究表明如下。

（1）在特定条件下节点级别和特征级别的对比方法是相互对偶的。具体来说，性能差异并非直接由选择维度，而是由编码器、特征维度和超参数等因素的调整[70]所决定。

（2）对比损失和谱图方法之间的联系。利用谱图理论来描述如何在集群假设下确保自监督学习的性能[71]。

（3）对比式和非对比式的自监督方法与全局和局部谱嵌入方法之间的对应关系[72]。通过深入理解自监督学习的理论基础，可以更好地指导和改进相关的自监督学习算法和模型。

尽管图自监督学习在不同数据类型和任务中取得了巨大成功，但仍存在一些问题亟待解决。

（1）缺乏坚实的理论基础。目前的研究多是基于经验而非理论的，这导致研究者在提升和设计模型方面缺乏必要的理论基础支持。

（2）未充分利用图数据的独特性。大多数模型设计仍以图像数据处理为基础，而图数据本身具有独特的属性和特征，在自监督学习中没有得到充分的利用和开发。

（3）增广方法存在局限性。虽然增加数据多样性可以提升模型的泛化能力，但当前的图数据增广方法仅限于对拓扑结构和属性进行扰动预处理，因此值得深入研究如何自动选择增强方式或联合多任务生成增强样本。

（4）多前置任务的探索不足。目前只有少数方法探讨了多个前置任务的组合，而整合多样的前置任务可以从多个角度提供监督信号，有助于更好地挖掘图数据的信息。

4. 图深度生成

图深度生成模型可以追溯到两个关键方面的发展。随着图数据在各个领域中的广泛应用（如社交网络、化学和生物信息学等），人们对于生成具有图结构的数据的需求越来越迫切。传统的生成模型（如生成对抗网络和变分自编码器）主要针对向量或序列数据，无法直接处理和生成图形数据，因此需要新的模型来满足日益增长的需求。图表示学习的兴起为图深度生成模型的发展提供了基石。图表示学习旨在学习节点或图的低维表示，以捕捉节点之间的关系和图的结构特征。然而，图表示学习通常关注的是节点级别的特征学习，缺乏对整个图的生成能力。为了解决这一问题，研究人员开始探索如何在生成模型的框架下对图结构数据进行建模和生成。

因此，图深度生成模型应运而生，它将深度学习和图表示学习的思想相结合，致力于学习和模拟图结构数据的生成过程。图深度生成模型可以从潜在空间中学习图的分布，并生成新的图样本。这为模拟和生成复杂的图结构数据提供了一种新的方法，进一步推动了图数据分析和应用领域的发展。

1）图变分自编码器

图变分自编码器[73]的基础架构是由编码器和解码器组成的（图6.5）。编码器将输入的图结构数据映射至低维潜在空间，并学习一个潜在变量的后验分布用于表示输入的图结构数据的特征。解码器则将从后验分布中采样的样本映射至原始的图结构数据空间，使得重构的图结构数据和输入的图结构数据尽可能相似。图变分自编码器依赖于变分推断[74]，即假设潜在变量的先验分布和后验分布来解决潜在变量推断的问题，通常选择高斯分布作为先验分布和后验分布。图变分自编码器通过训练来最小化重构误差和KL散度（Kullback-Leibler divergence），使得模型能够学习输入的图结构数据的潜在空间，并从该空间中生成高质量的样本，其中重构误差衡量重构数据和输入数据之间的差异，KL散度衡量潜在变量的先验分布和后验分布之间的差异。

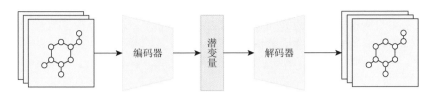

图 6.5 图变分自编码器

2）图生成对抗网络

图生成对抗网络[75,76]由两个组件组成：生成器和判别器（图 6.6）。生成器用于接收随机噪声或潜在变量作为输入，并试图生成期望的图结构数据。判别器接收生成器生成的图结构数据和真实的图结构数据，并尽力区分它们。GraphGAN 通过生成器和判别器的对抗训练来优化其模型。具体而言，模型通过最小化重构损失和最大化对抗损失来进行优化。其中，重构损失用于衡量生成器生成的图结构数据与真实图结构数据之间的差异，而对抗损失则衡量判别器区分生成的图结构数据和真实图结构数据的能力。这使得生成器能够生成更逼真的图结构数据来"欺骗"判别器，而判别器则能够更好地区分生成的图结构数据和真实的图结构数据。在整个对抗训练过程中，生成器和判别器通过反复的迭代更新来提高各自的性能。

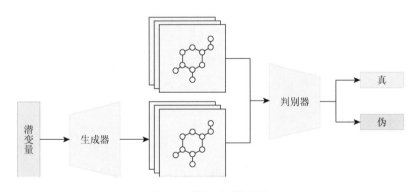

图 6.6 图生成对抗网络

3）图自回归模型

图自回归模型[77]通过逐个节点的生成来模拟整个图的生成过程（图 6.7）。模型首先选择一个节点遍历顺序，然后按照该顺序逐步生成节点。每个节点的生成依赖于已生成的节点，这通过输入原始的图结构数据进行条件概率分布建模。模型使用循环神经网络或图卷积神经网络等模型来学习节点生成的条件概率。在生成过程中，按照节点遍历顺序逐个生成节点，使用已生成的节点作为输入，并根据条件概率分布生成当前节点的值。在训练过程中，模型通过最大似然估计进行优化，使其能够更好地拟合训练数据。模型通过学习节点生成的条件概率分布以及节点之间的依赖关系，能够捕捉到图的结构和特征，这使得模型能够生成具有类似于训练数据的新的图结构数据。

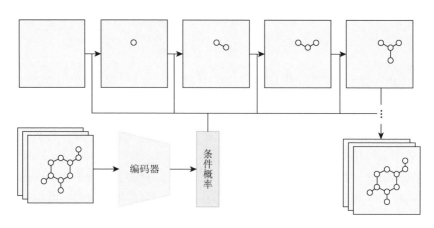

图 6.7 图自回归模型

4）图归一化流模型

图归一化流模型[78]的一般模式为应用一系列可逆的映射函数将输入的图结构数据映射至低维潜在空间的分布中，从该分布中采样的样本通过映射函数的逆函数重新映射至原始的图结构数据空间，从而生成新的图结构数据（图 6.8）。图归一化流模型通过最小化生成的图结构数据与真实的图结构数据直接的差异来对模型进行优化，模型以此来学习到将简单的先验分布转换为与真实图分布相匹配的复杂分布的能力。

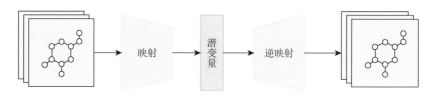

图 6.8 图归一化流模型

5）图扩散模型

受非平衡热力学理论的启发，图扩散模型[79]可以被建模为马尔可夫链，包括两个主要阶段，即正向扩散和反向扩散（图 6.9）。正向扩散通过向原始输入图结构数据添加噪声（通常是高斯噪声）来产生扩散样本，这一过程旨在引入一定的不确定性和随机性。反向扩散通过训练一个可学习的反向过程，从扩散样本中恢复出原始输入数据，这一过程可以是可逆的映射，旨在还原噪声扰动并尽可能接近原始输入。通过最小化生成数据与原始数据之间的差异对模型进行训练和优化，不断迭代正向扩散和反向扩散的过程，模型可以学习到图数据的生成和恢复的规律，逐渐提升生成图结构数据和恢复原始图结构数据的能力。

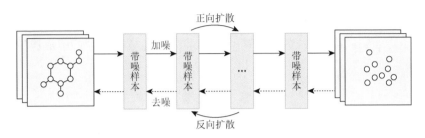

图 6.9　图扩散模型

　　图深度生成模型在多个领域中具有广泛的应用。在社交网络分析中，它可以生成逼真的社交网络结构，帮助研究社交网络的性质和演化模式，这有助于研究信息扩散、舆论传播以及应急响应等重大社会事件。对于化学和生物医学领域，图深度生成模型可以生成新的化合物结构，加速药物发现过程，也能够对蛋白质结构进行预测，给予化学和医学领域关键性的技术支持。推荐系统也是图深度生成模型应用的主要场景之一，通过生成用户之间的社交关系图，可以帮助推荐系统更好地理解用户之间的社交连接，生成个性化的推荐结果。在无人驾驶和智能交通领域，模型帮助城市构建智慧交通网络，预测交通网络变化，优化交通规划和管理策略。

　　图深度生成模型仍然面临一些挑战。

　　（1）建模复杂依赖关系：真实图结构数据中的节点拥有多样且复杂的依赖关系，如何准确建模这些关系仍然是一大难题。

　　（2）大规模的输出空间：对于大规模的图结构数据来说，生成与其相似的新图需要解决检索与其对应的大规模的输出空间的问题。

　　（3）连续潜变量空间和真实离散数据的矛盾：真实数据是离散的，将其映射为连续潜变量会造成数据失真。

　　（4）有效的评价指标：对生成的新图有效评价是保障图生成质量的关键环节。

　　（5）复杂多样的有效性需求：属性可控的图结构数据生成是目前的一大难题。

　　（6）可解释性差的"黑盒"模型：基于深度学习伴随的可解释性问题。

　　图深度生成模型有着广阔的发展前景。

　　（1）可扩展性：现有图深度生成模型通常有超线性时间复杂度，而真实世界的网络是庞大的，能够扩展到数百万甚至数十亿节点的超大型网络是很重要的。

（2）可解释性：提供可解释的模型对于分子生成、蛋白质结构预测等现实应用来说是意义深远的，可以极大程度地提高生成图的有效性和准确性。

（3）超越训练数据：数据驱动导致生成图受到训练数据的限制，而生成图的高度新奇性是非常期望的。

（4）动态图：目前仍缺乏对动态图的图生成研究，现有的图深度生成模型通常聚焦于静态图，而真实世界中的许多图是动态的，并且它们的节点属性和拓扑结构会随时间变化。

参 考 文 献

[1] Fukushima K. Neocognitron: A self-organizing neural network model for a mechanism of pattern recognition unaffected by shift in position[J]. Biological Cybernetics, 1980, 36 (4): 193-202.

[2] LeCun Y, Boser B, Denker J S, et al. Backpropagation applied to handwritten zip code recognition[J]. Neural Computation, 1989, 1 (4): 541-551.

[3] Krizhevsky A, Sutskever I, Hinton G E. ImageNet classification with deep convolutional neural networks[J]. Advances in Neural Information Processing Systems, 2012: 25.

[4] Rumelhart D E, Hinton G E, Williams R J. Learning representations by back-propagating errors[J]. Nature, 1986, 323 (6088): 533-536.

[5] Kingma D P, Welling M. Auto-encoding variational Bayes[J]. arXiv Preprint arXiv: 1312.6114, 2013.

[6] Goodfellow I, Pouget-Abadie J, Mirza M, et al. Generative adversarial nets[J]. Advances in Neural Information Processing Systems, 2014: 27.

[7] Vaswani A, Shazeer N, Parmar N, et al. Attention is all you need[J]. Advances in Neural Information Processing Systems, 2017: 30.

[8] Devlin J, Chang M W, Lee K, et al. BERT: Pre-training of deep bidirectional transformers for language understanding[J]. arXiv Preprint arXiv: 1810.04805, 2018.

[9] Radford A, Narasimhan K, Salimans T, et al. Improving language understanding by generative pre-training[J]. 2018.

[10] Mikolov T, Chen K, Corrado G, et al. Efficient estimation of word representations in vector space[J]. arXiv Preprint arXiv: 1301.3781, 2013.

[11] Pennington J, Socher R, Manning C D. GloVe: Global vectors for word representation[C]. Proceedings of the 2014 Conference on Empirical Methods in Natural Language Processing (EMNLP), 2014: 1532-1543.

[12] Chowdhury G G. Introduction to Modern Information Retrieval[M]. California: Facet Publishing, 2010.

[13] Liu Y, Ott M, Goyal N, et al. RoBERTa: A robustly optimized BERT pretraining approach[J]. arXiv Preprint arXiv: 1907.11692, 2019.

[14] Rosenblatt F. The perceptron: A probabilistic model for information storage and organization in the brain[J]. Psychological Review, 1958, 65 (6): 386.

[15] Hastie T, Tibshirani R, Friedman J H, et al. The Elements of Statistical Learning: Data Mining, Inference, and Prediction[M]. New York: Springer, 2009.

[16] LeCun Y, Boser B, Denker J S, et al. Backpropagation applied to handwritten zip code recognition[J]. Neural Computation, 1989, 1 (4): 541-551.

[17] LeCun Y. Generalization and network design strategies[C]. Connectionism in Perspective，1989：143-155.

[18] LeCun Y, Bottou L，Bengio Y，et al. Gradient-based learning applied to document recognition[J]. Proceedings of the IEEE，1998，86（11）：2278-2324.

[19] Ioffe S，Szegedy C. Batch normalization：Accelerating deep network training by reducing internal covariate shift[J]. arXiv Preprint arXiv：1502.03167，2015.

[20] Srivastava N, Hinton G, Krizhevsky A, et al. Dropout：A simple way to prevent neural networks from overfitting[J]. The Journal of Machine Learning Research，2014，15（1）：1929-1958.

[21] Kingma D P，Ba J. Adam：A method for stochastic optimization[J]. arXiv Preprint arXiv：1412.6980，2014.

[22] Zeiler M D. Adadelta：An adaptive learning rate method[J]. arXiv Preprint arXiv：1212.5701，2012.

[23] Reddi S J，Kale S，Kumar S. On the convergence of adam and beyond[C]. International Conference on Learning Representations（ICLR），2018.

[24] Jordan M I. Serial order：A parallel distributed processing approach[C]. Advances in Psychology，North-Holland，1997：471-495.

[25] Elman J L. Finding structure in time[J]. Cognitive Science，1990，14（2）：179-211.

[26] Hochreiter S，Schmidhuber J. Long short-term memory[J]. Neural Computation，1997，9（8）：1735-1780.

[27] Chung J，Gulcehre C，Cho K，et al. Empirical evaluation of gated recurrent neural networks on sequence modeling[J]. arXiv Preprint arXiv：1412.3555，2014.

[28] Sutskever I，Vinyals O，Le Q V. Sequence to sequence learning with neural networks[C]. Advances in Neural Information Processing Systems，2014.

[29] Graves A，Mohamed A R，Hinton G. Speech recognition with deep recurrent neural networks[C]. IEEE International Conference on Acoustics，Speech and Signal Processing，2013.

[30] Koroteev M V. BERT：A review of applications in natural language processing and understanding[J]. arxiv preprint arxiv：2103.11943，2021.

[31] Yan S，Xiong Y，Lin D. Spatial temporal graph convolutional networks for skeleton-based action recognition[C]. Proceedings of the AAAI Conference on Artificial Intelligence，2021：607-615.

[32] Brown T B，Mann B，Ryder N，et al. Language models are few-shot learners[J]. arXiv Preprint arXiv：2005.14165，2020.

[33] Lewis M，Liu Y，Goyal N，et al. BART：Denoising sequence-to-sequence pre-training for natural language generation，translation，and comprehension[J]. arXiv Preprint arXiv：1910.13461，2020.

[34] Kang D，Khot T，Sabharwal A，et al. Data augmentation for deep learning：A survey[J]. arXiv Preprint arXiv：2108.10329，2020.

[35] Radford A，Wu J，Child R，et al. Language models are unsupervised multitask learners[J]. OpenAI Blog，2019，1（8）：9.

[36] Raffel C，Shazeer N，Roberts A，et al. Exploring the limits of transfer learning with a unified text-to-text transformer[J]. Journal of Machine Learning Research，2020，21（140）：1-67.

[37] Zhang Y，Chen X，Yang Y，et al. Efficient probabilistic logic reasoning with graph neural networks[C]. International Conference on Learning Representations（ICLR），2020.

[38] Dong Y，He D，Wang X，et al. A generalized deep Markov random fields framework for fake news detection[C]. International Joint Conference on Artificial Intelligence（IJCAI），2023.

[39] Kipf T N，Welling M. Semi-supervised classification with graph convolutional networks[J]. arXiv preprint arXiv：1609.02907，2016.

[40]　Veličković P，Cucurull G，Casanova A，et al. Graph attention networks[J]. arXiv preprint arXiv：1710.10903，2017.

[41]　Bo D，Wang X，Shi C，et al. Beyond low-frequency information in graph convolutional networks[C]. Proceedings of the AAAI Conference on Artificial Intelligence，2021：3950-3957.

[42]　Yang L，Li M，Liu L，et al. Diverse message passing for attribute with heterophily[J]. Advances in Neural Information Processing Systems，2021，34：4751-4763.

[43]　He D，Liang C，Liu H，et al. Block modeling-guided graph convolutional neural networks[C]. Proceedings of the AAAI conference on artificial intelligence，2022：4022-4029.

[44]　Zhu J，Yan Y，Zhao L，et al. Beyond homophily in graph neural networks：Current limitations and effective designs[J]. Advances in Neural Information Processing Systems，2020，33：7793-7804.

[45]　Pei H，Wei B，Chang K C C，et al. Geom-gcn：Geometric graph convolutional networks[J]. arXiv preprint arXiv：2002.05287，2020.

[46]　Lim D，Hohne F，Li X，et al. Large scale learning on non-homophilous graphs：New benchmarks and strong simple methods[J]. Advances in Neural Information Processing Systems，2021，34：20887-20902.

[47]　Jin D，Song X，Yu Z，et al. Bite-gcn：A new GCN architecture via bidirectional convolution of topology and features on text-rich networks[C]. Proceedings of the 14th ACM International Conference on Web Search and Data Mining，2021：157-165.

[48]　Yu Z，Jin D，Liu Z，et al. AS-GCN：Adaptive semantic architecture of graph convolutional networks for text-rich networks[C]. 2021 IEEE International Conference on Data Mining（ICDM），2021：837-846.

[49]　Wang X，Ji H，Shi C，et al. Heterogeneous graph attention network[C]. The World Wide Web Conference，2019：2022-2032.

[50]　Jin D，Huo C，Liang C，et al. Heterogeneous graph neural network via attribute completion[C]. Proceedings of the Web Conference，2021：391-400.

[51]　Jin G，Liang Y，Fang Y，et al. Spatio-temporal graph neural networks for predictive learning in urban computing：A survey[J]. IEEE Transactions on Knowledge and Data Engineering，2023.

[52]　Yu B，Yin H，Zhu Z. Spatio-temporal graph convolutional networks：A deep learning framework for traffic forecasting[J]. arXiv preprint arXiv：1709.04875，2017.

[53]　Chen C，Cheng Z，Li Z，et al. Hypergraph attention networks[C]. 2020 IEEE 19th International Conference on Trust，Security and Privacy in Computing and Communications（TrustCom），2020：1560-1565.

[54]　Kajino H. Molecular hypergraph grammar with its application to molecular optimization[C]. International Conference on Machine Learning. PMLR，2019：3183-3191.

[55]　Bengio Y. From system 1 deep learning to system 2 deep learning[C]. NIPSs，2019.

[56]　Jin D，Liu Z，Li W，et al. Graph convolutional networks meet Markov random fields：Semi-supervised community detection in attribute networks[C]. Proceedings of the AAAI Conference on Artificial Intelligence，2019：152-159.

[57]　Qu M，Bengio Y，Tang J. Gmnn：Graph Markov neural networks[C]. International Conference on Machine Learning. PMLR，2019：5241-5250.

[58]　Qu M，Tang J. Probabilistic logic neural networks for reasoning[J]. Advances in Neural Information Processing Systems，2019：32.

[59]　Zhang Y，Chen X，Yang Y，et al. Efficient probabilistic logic reasoning with graph neural networks[J]. arxiv preprint arxiv：2001.11850，2020.

[60]　Dong Y，He D，Wang X，et al. A generalized deep Markov random fields framework for fake news detection[C].

IJCAI，2023：4758-4765.

[61]　Hou Z，Liu X，Cen Y，et al. Graphmae：Self-supervised masked graph autoencoders[C]. Proceedings of the 28th ACM SIGKDD Conference on Knowledge Discovery and Data Mining，2022：594-604.

[62]　Kipf T N，Welling M. Variational graph auto-encoders[J]. arxiv preprint arxiv：1611.07308，2016.

[63]　Kipf T N，Welling M. Variational graph auto-encoders[J]. arXiv Preprint arXiv：1611.07308，2016.

[64]　Srong Y，Bian Y，Xu T，et al. Self-supervised graph transformer on large-scale molecular data[J]. Advances in Neural Information Processing Systems，2020，33：12559-12571.

[65]　Sun K，Lin Z，Zhu Z. Multi-stage self-supervised learning for graph convolutional networks on graphs with few labeled nodes[C]. Proceedings of the AAAI Conference on Artificial Intelligence，2020：5892-5899.

[66]　Tang J，Qu M，Wang M，et al. Line：Large-scale information network embedding[C]. Proceedings of the 24th International Conference on World Wide Web，2015：1067-1077.

[67]　Zbontar J，Jing L，Misra I，et al. Barlow twins：Self-supervised learning via redundancy reduction[C]. International Conference on Machine Learning. PMLR，2021：12310-12320.

[68]　Bardes A，Ponce J，LeCun Y. Vicreg：Variance-invariance-covariance regularization for self-supervised learning[J]. arxiv preprint arxiv：2105.04906，2021.

[69]　Zhang H，Wu Q，Yan J，et al. From canonical correlation analysis to self-supervised graph neural networks[J]. Advances in Neural Information Processing Systems，2021，34：76-89.

[70]　Garrido Q，Chen Y，Bardes A，et al. On the duality between contrastive and non-contrastive self-supervised learning[J]. arXiv Preprint arXiv：2206.02574，2022.

[71]　Haochen J Z，Wei C，Gaidon A，et al. Provable guarantees for self-supervised deep learning with spectral contrastive loss[J]. Advances in Neural Information Processing Systems，2021，34：5000-5011.

[72]　Balestriero R，Lecun Y. Contrastive and non-contrastive self-supervised learning recover global and local spectral embedding methods[J]. Advances in Neural Information Processing Systems，2022，35：26671-26685.

[73]　Kipf T N，Welling M. Variational graph auto-encoders[J]. NIPS，2016.

[74]　Blei D M，Kucukelbir A，McAuliffe J D. Variational inference：A review for statisticians[J]. Journal of the American Statistical Association，2017，112（518）：859-877.

[75]　Wang H，Wang J，Wang J，et al. GraphGAN：Graph representation learning with generative adversarial nets[C]. AAAI，2018.

[76]　He D，Wang T，Zhai L，et al. Adversarial representation mechanism learning for network embedding[J]. IEEE Transactions on Knowledge and Data Engineering（TKDE），2023，35（2）：1200-1213.

[77]　You J，Ying R，Ren X，et al. GraphRNN：Generating realistic graphs with deep auto-regressive models[C]. ICML，2018.

[78]　Luo Y，Yan K，Ji S. GraphDF：A discrete flow model for molecular graph generation[C]. ICML，2021.

[79]　Fan W，Liu C，Liu Y，et al. Generative diffusion models on graphs：Methods and applications[C]. IJCAI，2023.

第四部分　数学人工智能与物理人工智能

第7章　人工智能的博弈理论

人工智能的博弈理论是研究智能体（机器、计算机或决策实体）在决策和交互过程中的行为策略和结果的数学理论。它涉及多个参与者之间的竞争和合作，并探索它们在竞争环境中作出最佳决策的方法。博弈理论为人工智能提供了一种框架，用于研究智能体如何选择行动以最大化其预期效用，并预测其他参与者的行为。在人工智能中，博弈理论应用广泛，特别是在多智能体系统、机器学习、自动化决策等领域。

在博弈理论中，智能体的行为由策略确定，策略是对应于每个可能情况下的行动选择的函数。通过博弈论模型，可以评估不同策略的效用和潜在结果，以帮助智能体做出最佳决策。博弈理论中的常见概念包括博弈的类型、参与者的目标、策略空间、支付函数以及纳什均衡等。人工智能的博弈理论可以应用于许多问题，如智能机器人的路径规划、自动驾驶车辆的决策、电子商务中的定价策略、资源分配问题等。它使得智能体能够在竞争和合作的环境中更好地进行决策，并提供了一种分析和预测行为的工具。

在本章中，我们旨在深入探讨人工智能中博弈论的相关研究，从计算均衡以及合作博弈两个章节展开讨论。

计算均衡是在复杂的决策情境下找到最佳策略和结果的关键。研究计算均衡能够帮助人工智能系统在多智能体系统、竞争环境等中做出优化的决策并最大化效用。合作博弈部分，我们研究如何通过合作和协作实现参与者之间的共同利益。在人工智能中，合作博弈的研究有助于解决任务分配、资源分配等问题，促进智能体之间的协同工作与合作，实现多方共赢的局面。

通过从这些方面展开研究，可以帮助我们更好地理解和解决人工智能中的决策和博弈问题。这些方面涵盖了重要的理论和应用，为我们提供了分析、建模和优化决策的工具和方法。同时，它们也反映了实际场景中我们关注的合作、竞争等关键问题，对于实现智能系统的长期可持续发展和社会利益具有重要意义。

7.1　均　衡　计　算

在博弈论中，纳什均衡（Nash equilibrium）被视为非合作博弈的一个核心概念，其重要性不言而喻。本章首先详细介绍了纳什均衡的数学定义，其次，探讨了其存在性问题。然后，我们对三种用于求解纳什均衡的算法进行了细致论述。最后，我们还强调了寻找混合策略纳什均衡是一个 PPAD-complete 问题，这促使学术界开始探索利用深度学习等技术来解决纳什均衡的算法。

7.1.1 纳什均衡

在研究纳什均衡之前，我们必须首先给出博弈的数学定义，在此着重关注策略型博弈。

定义 7.1 （策略型博弈）策略型博弈可表示为一个三元组 $\langle N, (S_i)_{i \in N}, (u_i)_{i \in N} \rangle$，其中：

（1） $N = \{1, 2, \cdots, n\}$ 为参与者的集合，包含参与者 $1, 2, \cdots, n$；

（2） $S_1, S_2, \cdots, S_n$ 分别是参与者 $1, 2, \cdots, n$ 的策略集合；即 S_1 代表参与者 1 的策略集，$\cdots$，S_n 代表参与者 n 的策略集；

（3） $u_i : S_1 \times S_2 \times \cdots \times S_n \to \mathbf{R}$ （其中，$i = 1, 2, \cdots, n$）是一组映射，通常称为效用函数或收益函数。

在此，策略有时也被称为行动（action）或纯策略（pure strategies）。我们使用笛卡儿积 $S_1 \times S_2 \times \cdots \times S_n$ 来表示策略，记为 S。如果参与者 i 根据某个给定的概率分布选择 S_i 中的策略，则得到混合策略，又称随机策略。

定义 7.2 （混合策略）鉴于参与者 i 及其纯策略集 S_i 的给定，其混合策略（mixed strategy）或称随机策略（randomized strategy） σ_i 可定义为 S_i 上的概率分布。具体而言，$\sigma_i : S_i \to [0,1]$ 是一个映射，它为每个纯策略 $s_i \in S_i$ 分配一个概率值，满足以下条件：

$$\sum_{s_i \in S_i} \sigma_i(s_i) = 1 \tag{7-1}$$

假设 $S_i = \{s_{i1}, s_{i2}, \cdots, s_{in}\}$，则参与者 i 的所有混合策略形成的集合，可以表示为集合 S_i 上所有可能的概率分布的集合，即

$$\Delta(S_i) = \left\{ (\sigma_{i1}, \cdots, \sigma_{im}) \in \mathbf{R}^m : \sigma_{ij} \geqslant 0 \text{对于} j = 1, \cdots, m \text{且} \sum_{j=1}^{m} \sigma_{ij} = 1 \right\} \tag{7-2}$$

集合 $\Delta(S_i)$ 被称为 S_i 的混合扩展（mixed extension）。我们定义 $M = \Delta(S_1) \times \Delta(S_2) \times \cdots \times \Delta(S_n)$ 为混合策略集合。

现在我们已经为纳什均衡的定义做好了准备。

定义 7.3 （纯策略纳什均衡）对于给定的策略型博弈 $\Gamma = \langle N, (S_i), (u_i) \rangle$ 及其策略组 $s^* = (s_1^*, s_2^*, \cdots, s_n^*)$，如果满足以下条件：

$$u_i(s_i^*, s_{-i}^*) \geqslant u_i(s_i, s_{-i}^*), \quad \forall s_i \in S_i, i = 1, 2, \cdots, n \tag{7-3}$$

则 s^* 是 Γ 的一个纯策略纳什均衡。

我们现在提供纯策略纳什均衡的另外一种描述方法。

定义 7.4 （最优反应对应）对于给定的策略型博弈 $\Gamma = \langle N, (S_i), (u_i) \rangle$，参与者 i 的最优反应对应（best response correspondence）是映射 $b_i : S_{-i} \to 2^{S_i}$，其定义如下：

$$b_i(s_{-i}) = \left\{ s_i \in S_i : u_i(s_i, s_{-i}) \geqslant u_i(s_i', s_{-i}), \quad \forall s_i' \in S_i \right\} \tag{7-4}$$

换句话说，给定所有其他参与者的策略组 s_{-i}，$b_i(s_{-i})$ 给出了由参与者 i 的所有最优反应策略组成的集合：

$$s_i^* \in b_i\left(s_{-i}^*\right), \quad \forall i=1,2,\cdots,n$$

定义 7.5 （混合策略纳什均衡）对于给定的策略型博弈 $\Gamma = \langle N, (S_i), (u_i) \rangle$ 及其混合策略组 $\left(\sigma_1^*, \sigma_2^*, \cdots, \sigma_n^*\right)$，若满足对于所有 $i \in N$：

$$u_i\left(\sigma_i^*, \sigma_{-i}^*\right) \geqslant u_i\left(\sigma_i, \sigma_{-i}^*\right), \quad \forall \sigma_i \in \Delta(S_i) \tag{7-5}$$

则 $\left(\sigma_1^*, \sigma_2^*, \cdots, \sigma_n^*\right)$ 是一个混合策略纳什均衡（mixed strategy Nash equilibrium）。

定义最优反应函数（best response function）$b_i(\cdot)$ 如下：

$$b_i(\sigma_{-i}) = \left\{ \sigma_i \in \Delta(S_i) : u_i(\sigma_i, \sigma_{-i}) \geqslant u_i\left(\sigma_i', \sigma_{-i}\right), \quad \forall \sigma_i' \in \Delta(S_i) \right\} \tag{7-6}$$

给定 σ_{-i}，$b_i(\sigma_{-i})$ 是参与者 i 的所有混合策略构成的集合，其中每个混合策略都是他针对其他参与者选择 σ_{-i} 行为的最优反应。因此，显然，混合策略组 $\left(\sigma_1^*, \sigma_2^*, \cdots, \sigma_n^*\right)$ 是一个纳什均衡当且仅当：

$$\sigma_i^* \in b_i\left(\sigma_{-i}^*\right), \quad \forall i = 1, 2, \cdots, n \tag{7-7}$$

由上述定义可知，当博弈处于纳什均衡状态下，任意玩家无法通过单独改变自身的策略来获得更多的收益。

由于纳什均衡的计算是 PPAD-complete 的，因此，除了严格定义的纳什均衡外，还存在一种实际中经常被分析的近似纳什均衡。

定义 7.6 （ε-纳什均衡）对于给定的策略型博弈 $\langle N, (S_i), (u_i) \rangle$ 以及一个策略组，给定实数 $\varepsilon > 0$，若对于所有 $i \in N$：

$$u_i\left(\sigma_i^*, \sigma_{-i}^*\right) \geqslant u_i\left(\sigma_i, \sigma_{-i}^*\right) - \varepsilon, \quad \forall \sigma_i \in \Delta(S_i) \tag{7-8}$$

则 $\left(\sigma_1^*, \cdots, \sigma_n^*\right)$ 称为该博弈的一个 ε-纳什均衡（ε-Nash equilibrium）。

7.1.2　纳什均衡的存在性

纳什均衡的存在性是博弈论中被广泛探讨的重要议题。它被定义为合适映射的不动点。事实上，博弈均衡的存在性与不动点定理密切相关，其中包括布劳威尔（Brouwer）不动点定理[1]、角谷（Kakutani）不动点定理[2]等。

定理 7.1　（布劳威尔不动点定理）对于非空、紧凸子集 $X \subset \mathbf{R}^n$，如果映射 $f : X \to X$ 连续，则 f 存在一个不动点。

定理 7.2　（角谷不动点定理）假设 $X \subset \mathbf{R}^n$ 是一个非空、紧凸子集，令 $f : X \rightrightarrows X$ 是一个满足以下条件的对应：

（1）f 是上半连续的；

（2）对于每个 $x \in X$，$f(x)$ 非空且凸的，并且 $f(x) \subset X$；

则 f 在 X 中存在一个不动点。

纳什在他的重要著作[3, 4]中将均衡概念推广到三人或三人以上博弈，并证明了每个有限策略型博弈都至少存在一个混合策略纳什均衡。

定理 7.3　（纳什定理）对于每个有限策略型博弈 $\Gamma = \langle N, (S_i), (u_i) \rangle$，都至少存在一个混合策略纳什均衡。

证明　考虑有限策略型博弈 $\Gamma = \langle N, (S_i), (u_i) \rangle$。我们使用 $S_i = \{ s_{ij} : j = 1, 2, \cdots, m_i \}$ 表示参与者 i 的策略集。

我们现在利用布劳威尔不动点定理来证明上述有限策略型博弈存在至少一个混合策略均衡（纳什定理）。定义 $\Delta(S_i)$ 为由 S_i 上的所有概率分布组成的集合，令 $M = \Delta(S_1) \times \Delta(S_2) \times \cdots \times \Delta(S_n)$。每个 $\sigma \in M$ 都是一个向量。假设 s_{ik} 是参与者 i 的某个特定纯策略，令 σ_{ik} 是 σ 中对应于 s_{ik} 的分量。我们记 $\sigma = (\sigma_i, \sigma_{-i})$。定义映射 $f : M \to M$，它将 M 中的向量映射到自身。令 $f_{ik}(\sigma)$ 表示对应于纯策略 s_{ik} 的分量。可以表示为

$$f_{ik}(\sigma) = \frac{\sigma_{ik} + \max\left(0, u_i(s_{ik}, \sigma_{-i}) - u_i(\sigma_i, \sigma_{-i})\right)}{\sum\limits_{s_{ij} \in S_i} \left(\sigma_{ij} + \max\left(0, u_i(s_{ij}, \sigma_{-i}) - u_i(\sigma_i, \sigma_{-i})\right)\right)} \tag{7-9}$$

需要注意的是，式（7-9）中的分母必定大于或等于 1，因为 $\sum\limits_{s_{ij} \in S_i} \sigma_{ij} = 1$。

此外，我们有

$$\sum_{j=1}^{|S_i|} f_{ij}(\sigma) = 1, \quad i = 1, 2, \cdots, n \tag{7-10}$$

显然，f 是连续的。因此，根据布劳威尔不动点定理，f 有一个不动点。也就是说，存在 $\sigma^* \in M$ 使得 $f(\sigma^*) = \sigma^*$。这意味着，对于所有 $i \in N$，所有 $s_{ik} \in S_i$，我们有

$$\sigma_{ik}^* = f(\sigma_{ik}^*) = \frac{\sigma_{ik}^* + \max\left(0, u_i\left(s_{ik}, \sigma_{-i}^*\right) - u_i\left(\sigma_i^*, \sigma_{-i}^*\right)\right)}{\sum_{s_{ij} \in S_i} \left(\sigma_{ij}^* + \max\left(0, u_i\left(s_{ij}, \sigma_{-i}^*\right) - u_i\left(\sigma_i^*, \sigma_{-i}^*\right)\right)\right)} \tag{7-11}$$

我们现在考虑两种情形。在第一种情况下，有

$$\sum_{s_{ij} \in S_i} \left(\sigma_{ij}^* + \max\left(0, u_i\left(s_{ij}, \sigma_{-i}^*\right) - u_i\left(\sigma_i^*, \sigma_{-i}^*\right)\right)\right) = 0, \quad \forall i \in N \qquad (7\text{-}12)$$

在第二种情况下，至少对于某个 $i \in N$，式（7-12）大于零。

在第一种情况下，我们有

$$u_i\left(s_{ik}, \sigma_{-i}^*\right) - u_i\left(\sigma_i^*, \sigma_{-i}^*\right) \leqslant 0, \quad \forall s_{ij} \in S_i, \forall i \in N \qquad (7\text{-}13)$$

这意味着 $\left(\sigma_i^*, \sigma_{-i}^*\right)$ 是一个纳什均衡。在第二种情况下，至少存在一个参与者 i 和策略 $s_{ik} \in S_i$，使得 $\max\left(0, u_i\left(s_{ik}, \sigma_{-i}^*\right) - u_i\left(\sigma_i^*, \sigma_{-i}^*\right)\right) > 0$。这意味着

$$\sigma_{ik}^* = \frac{\max\left(0, u_i\left(s_{ik}, \sigma_{-i}^*\right) - u_i\left(\sigma_i^*, \sigma_{-i}^*\right)\right)}{\sum\limits_{s_{ij} \in S_i} \left(\max\left(0, u_i\left(s_{ij}, \sigma_{-i}^*\right) - u_i\left(\sigma_i^*, \sigma_{-i}^*\right)\right)\right)} \qquad (7\text{-}14)$$

这又意味着 $\sigma_{ik}^* \neq 0$，由此可知 $\sigma_{ik}^* > 0$。进一步地，我们可以证明，$\forall s_{ik} \in S_i$，当且仅当 $\sigma_{ik}^* > 0$ 时有 $u_i\left(s_{ik}, \sigma_{-i}^*\right) > u_i\left(\sigma_i^*, \sigma_{-i}^*\right)$。这样，我们就得到了一个矛盾，这是因为 $u_i\left(\sigma_i^*, \sigma_{-i}^*\right)$ 是 $u_i\left(s_{ik}, \sigma_{-i}^*\right)$ 的一个凸组合，其中 $s_{ik} \in S_i$，$\sigma_{ik}^* > 0$。注意：

$$u_i\left(\sigma_i^*, \sigma_{-i}^*\right) = \sum_{s_{ik} \in \delta\left(\sigma_i^*\right)} u_i\left(s_{ik}, \sigma_{-i}^*\right) > \sum_{s_{ik} \in \delta\left(\sigma_i^*\right)} u_i\left(\sigma_i^*, \sigma_{-i}^*\right) = u_i\left(\sigma_i^*, \sigma_{-i}^*\right) \qquad (7\text{-}15)$$

因此，只有第一种情形能够发生。因此，$\left(\sigma_i^*, \sigma_{-i}^*\right)$ 是一个纳什均衡。∎

7.1.3　纳什均衡的计算

纳什均衡是博弈论中一个重要的基本数学问题，也是当前理论计算机科学中一个活跃的研究领域。本节将介绍三种纳什均衡的求解算法，它们分别是支撑枚举算法、Lemke-Howson 算法以及 Lipton-Markakis-Mehta 算法。前两种算法属于精确求解算法，而最后一种则是近似算法。

1. 支撑枚举算法

考虑策略型博弈 $\Gamma = \langle N, (S_i), (u_i)\rangle$。给定参与者 i 的一个混合策略 σ_i，σ_i 的支撑（记为 $\delta(\sigma_i)$）是一个集合，其中包含 σ_i 中概率为正的所有纯策略 s_i。

对于一个混合策略组 σ，我们可以自然地定义 σ 的支撑 $\delta(\sigma)$ 为 $\delta(\sigma_i)$ 的乘积。这个集合包含了当参与者根据自己的策略选择时，所有伴随正概率的纯策略组合。我们可以立即注意到，每个混合策略纳什均衡必定对应一个支撑。对于有限博弈，

由于支撑个数是有限的，因此我们可以考察每个支撑，看看哪个支撑能够产生纳什均衡。

设 $X_i \subseteq S_i$ 为 S_i 的一个非空子集，表示我们当前的猜测：在纳什均衡中，参与者 i 的哪些策略具有正概率。换言之，我们当前猜测纳什均衡的一个支撑为 $X_1 \times X_2 \times \cdots \times X_n$。如果存在对应于此支撑的纳什均衡，那么根据上述结果，必定存在数 $w_1, \cdots, w_n$ 和混合策略 $\sigma_1, \cdots, \sigma_n$ 使得以下条件成立：

$$w_i = u_i(s_i, \sigma_{-i}), \quad \forall s_i \in X_i, \forall i \in N \tag{7-16}$$

将式（7-16）展开，可得

$$w_i = \sum_{s_{-i} \in S_{-i}} \left(\prod_{j \neq i} \sigma_j(s_j) \right) u_i(s_i, s_{-i}), \quad \forall s_i \in S_i \setminus X_i, \forall i \in N \tag{7-17}$$

上述条件断言，如果每个参与者 i 选择混合策略 σ_i 中的任何伴随正概率的纯策略，则每个参与者得到的收益 w_i 必定相等。接下来，我们还需要满足 $w_i \geq u_i(s_i, \sigma_{-i})$，$\forall s_i \in S_i \setminus X_i, \forall i \in N$。

将式（7-17）展开，可得

$$w_i \geq \sum_{s_{-i} \in S_{-i}} \left(\prod_{j \neq i} \sigma_j(s_j) \right) u_i(s_i, s_{-i}), \quad \forall s_i \in S_i \setminus X_i, \forall i \in N \tag{7-18}$$

上述条件确保 X_i 中的纯策略产生的收益不小于 $S_i \setminus X_i$ 中的纯策略产生的收益。

接下来，我们有 $\sigma_i(x_i) > 0$，$\forall x_i \in X_i, \forall i \in N$。

上述条件表明参与者 i 混合策略的支撑中的每个纯策略都有正的概率。

接下来的一组约束为 $\sigma_i(x_i) = 0$，$\forall x_i \in S_i \setminus X_i, \forall i \in N$。

上述条件断言，对于每个参与者 i，若该策略不在他的混合策略的支撑中，则该纯策略的概率为零。

最后，我们需要满足 $\sum_{x_i \in S_i} \sigma_i(x_i) = 1$，$\forall i \in N$。

上述条件保证了每个 σ_i 都是 S_i 上的一个概率分布。

我们需要找到 $w_1, \cdots, w_n$ 以及 $\sigma_1(x_1) \forall s_1 \in S_1$，$\sigma_1(x_2) \forall s_2 \in S_2$，$\cdots$，$\sigma_1(x_n) \forall s_n \in S_n$ 使得以上所有约束条件得到满足。此时，$(\sigma_1, \cdots, \sigma_n)$ 是一个纳什均衡，w_i 是参与者 i 在该纳什均衡中的期望收益。另外，如果不存在满足以上条件的解，那么没有解对应着支撑 $X_1 \times X_2 \times \cdots \times X_n$。即使只有 2 个参与者，且每个参与者有 3 个策略，也会有 8 个变量和 14 个方程。如果参与者个数大于 2，那么不仅面对更多的方程，还必须处理非线性问题。对于两人博弈，这些方程构成了所谓的线性互补问题（linear complementarity problem，LCP）。当参与者为 3 人或 3 人以上时，这些方程构成了所谓的非线性互补问题（nonlinear complementarity problem，NLCP）。我们在这里不提供关于这两个问题的更多细节；有兴趣的读者可以参考文献[5]。

2. Lemke-Howson 算法

现在，我们将介绍另一种算法[6]，该算法与之前需要求解线性规划的算法本质上不同，它是一种组合算法，用于处理离散属性。首先，我们将纳什均衡的求解归约到对称博弈中，因为在一般二人博弈中，求解纳什均衡的算法会更加复杂。接着，我们将描述该算法在对称博弈前提下的情况，因为这种情况下的算法描述更加简明。Savani 和 von Stengel[7]已经证明，利用 Lemke-Howson 算法求解纳什均衡的最坏情况下的时间复杂度是指数级的。

定理 7.4　对称二人博弈一定存在对称纳什均衡。

在考虑对称的二人博弈 $C \in [0,1]^{n \times n}$ 时，其中，非负矩阵 C 不存在全为零的行。我们的目标是确定在纳什均衡状态下最优响应所对应的最优收益的取值。为此，我们放松了策略分布之和为 1 的限制，并假设最优收益为 1。这样，我们得到了 $2n$ 个约束条件，即 $Cz \leq 1$，其中 $z \geq 0$。这些约束条件所定义的区域是一个凸多面体 P（由于非负矩阵 C 不存在全为零的行）。我们假设凸多面体是非退化的（nondegenerate），其上的所有顶点都满足上述 $2n$ 个不等式中恰好有 n 个取等号。非退化假设是优化领域中的常用假设，因为退化情况出现的概率非常小。即使出现了退化情况，我们也可以通过对矩阵 C 中的所有元素添加一个极小的随机扰动，以极大概率使得凸多面体成为非退化的。

在多面体中，每个点都对应一个混合策略。具体地，对于 P 的一个顶点 $z \in P$，如果其包含纯策略 $i \in N$，那么满足 $(Cz)_i = 1$ 或 $z_i = 0$，我们称该顶点包含纯策略 $i \in N$。由此得到以下引理。

引理 7.1　x 是对称博弈 C 的一个对称纳什均衡，如果 P 上的顶点 $z \neq 0$，并且顶点 z 包含所有的纯策略 $i \in N$ 成立。其中

$$x_i = \frac{z_i}{\sum\limits_{i=1}^{n} z_i}$$

证明　首先，x 是良定义的（由于 $z \geq 0$ 且 $z \neq 0$）。其次，由于顶点 z 包含所有的纯策略，我们由 $z_i \geq 0$ 能得到 $(Cz)_i = 1$ 且由 $(Cz)_i = 1$ 能得到 $z_i \geq 0$。这意味着玩家 1 在混合策略 z 支撑中的纯策略是玩家 2 的策略 z 的最优响应。因此，玩家 1 的混合策略 z 是玩家 2 的混合策略 z 的一个最优响应。由对称性可以推断对称博弈 C 的一个对称纳什均衡是 z。■

前述已证明，若多面体的顶点涵盖所有纯策略，则对应纳什均衡。接下来需证明存在此类顶点。我们采用构建有向图的方法来猜测最终纳什均衡的支撑。该有向图中每个顶点的出度和入度至多为 1，因此可进行有向路径遍历。

首先，选定一个策略（以策略 1 为例）。然后考虑所有不含策略 1 的顶点以及

包含所有纯策略的顶点的集合 V。从集合 V 中的顶点 $v_0 = 0$ 初始，在顶点集 V 中逐步构造出路径 $\langle v_0, v_1, \cdots \rangle$。设多面体非退化，根据相关定义，顶点 v_0 有 n 个相邻顶点，每个顶点与 v_0 仅有一个取等号的约束条件不同。选出不含策略 1 的顶点，即同时不满足 $(Cz)_1 = 1$ 和 $z_1 = 0$ 的点 v_1。虽然 v_1 不含策略 1，但 v_1 有 n 个相邻顶点，故 v_1 一定包含某个策略 i 两次，即 $(Cz)_i = 1$ 且 $z_i = 0$。对这两个条件进行放松，可得到两个顶点，其中一个顶点为 v_0，另一个顶点为 v_2，若某个顶点 v_2 包含所有纯策略，则算法停止。由引理 7.1，此时找到了一个纳什均衡。若不满足，则继续沿着路径寻找，直到找到一个顶点 v_j 包含所有纯策略。

随后，分析 Lemke-Howson 算法是否能找到纳什均衡，即 Lemke-Howson 算法是否会在满足条件的顶点 v_j 处停止。若否，由于多面体的顶点数有有限多个，因此唯一的可能是路径在某几个顶点处形成有向环。根据算法描述，每个路径上的顶点至多有一个前序和一个后继。若出现环，只可能回到 v_0 点。然而，由于 v_0 只有一个相邻顶点不含策略 1，这种情况是不可能的。若不出现此情况，由于多面体上的顶点数有限，算法一定在某一时刻停止。此时我们必定找到一个包含所有纯策略的顶点，即能够找到一个纳什均衡。至此，我们证明了 Lemke-Howson 算法必定能够找到纳什均衡。

3. Lipton-Markakis-Mehta 算法

先前提及的两种算法均为精确求解纳什均衡的方法，接下来，我们介绍一种近似算法。

Lipton 等[8]在其研究中证明了存在支撑数较小的近似纳什均衡。具体而言，对于给定的 $\varepsilon > 0$，对于任意的每个参与者各自拥有 n 个纯策略的二人博弈，至少存在一个 ε-近似纳什均衡，其中两人的支撑数仅为 $O\left(\log_2 \dfrac{n}{\varepsilon^2} \right)$。为了说明，我们对混合策略 x 独立地随机采样 k 次，形成一个多重集 S，然后在 S 中随机选择一个纯策略得到一个 k-经验策略。该经验策略通过从分布 x 来进行博弈。Lipton-Markakis-Mehta 算法指出：只需将所有可能出现的多重集枚举出来，并将其对应的经验策略应用于博弈问题中进行验证。这种算法的时间复杂度为 $n^{O\left(\log \frac{n}{\varepsilon^2} \right)}$，也被称为准多项式时间（quasi-polynomial time）。与支撑枚举算法类似，该算法也能获得所有近似纳什均衡的解。概率法在证明稀疏支撑的近似纳什均衡存在性方面也得到了更多应用。例如，Barman[9]提出了另一个相关结果。Rubinstein[10]证明，假设某种较为温和的假设成立，那么 ε-近似纳什均衡的求解需要 $n^{\log^{1-O(1)} n}$ 的时间，这也意味着 Lipton-Markakis-Mehta 算法的时间复杂度是近乎最优的。

7.1.4　纳什均衡的计算复杂性

近年来，理论计算机科学家对有限策略型博弈的（混合策略）纳什均衡计算复杂性问题产生了极大关注。根据纳什定理，我们已经知道有限策略型博弈肯定存在至少一个纳什均衡。因此，寻找纳什均衡问题属于总搜寻问题范畴，即在这类问题中，解一定存在，研究者的目标是找到解。

首先，我们介绍两个重要的总搜寻问题。

纳什问题：给定一个策略型博弈，找出其混合策略纳什均衡。混合策略纳什均衡解可能有多个，但只需找到一个即可。

布劳威尔问题：给定集合 $[0,1]^m$（这是一个紧且凸的集合）上的连续函数 f，找到函数 f 的不动点，即找到 $[0,1]^m$ 中的点 x，使得 $f(x)=x$。注意，这里的 m 是一个有限正整数，而且函数 f 可能有多个不动点，但我们只要找到一个即可。

计算机学家 Papadimitriou 提出了 TFNP 这一复杂类[11]，用于描述所有满足以下条件的搜寻问题：每个问题实例都有解。换句话说，对于给定的搜寻问题，如果其每个实例都有解，则属于 TFNP 类。例如，FACTOR（分解质因数）问题将整数作为输入，确定其所有质因数。纳什问题也是一个相关例子：找到有限策略型博弈的确切纳什均衡或 ε-近似纳什均衡。

Papadimitriou 还根据证明总搜寻问题每个实例都有解的过程中所用的"论据"将总搜寻问题进行了分类。这些论据在证明问题解存在性时起到了非构建性的步骤角色。基于这一分类标准，他将总搜寻问题分为以下几类。

PPA（多项式奇偶性论据）：如果给定的图有一个奇数度节点，那么它必定至少有另外一个奇数度节点。这被称为奇偶性论据（parity argument，PA）。如果一个问题能够在多项式时间内归约为如下问题：在能以多项式规模表示的图中寻找含有一个奇数度节点的环路（polynomial sized circuit），则此问题属于 PPA 类。

PPAD（有向图的多项式奇偶性论据）：给定一个有向图，任一节点的出度是它的传出弧的个数，入度是它的传入弧的个数。如果节点的入度不等于出度，那么该节点是不平衡的。PPAD 论据表明，如果有向图有一个不平衡节点，那么它必定至少存在着另外一个不平衡节点。

图 7.1 展示了各类总搜寻问题之间的关系（该图假设 $P \subsetneq NP$。若 $P=NP$，则所有类别都合并为一类）。

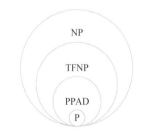

图 7.1　各类总搜寻问题之间的关系

PPAD 中的问题确实非常困难，这是一个引人入胜的研究领域。如果 P = NP，那么 PPAD 问题将被解决，因为此时 PPAD 将等同于 P。然而，几十年来，理论计算机科学家一直在尝试为 PPAD 中的一些问题（如布劳威尔问题、纳什问题等）设计高效的算法，但却未能成功。因此，除非 P = NP 成立，我们无法确定 PPAD 是否包含难解问题。

Lemke-Howson 算法提供了二人博弈纳什均衡存在的另一种证明方法。基于这一观察，我们可以定义如下问题，称为 end-of-a-line（EOL）问题。

定义 7.7 （EOL）给定两个布尔电路 S 和 P，其映射为 $\{0,1\}^n \to \{0,1\}^n$，并且满足将 0^n 映射到 0^n。该问题的输出是一个 x，使得 $S(P(x)) \neq x \neq 0^n$ 或者 $P(S(x)) \neq x$。

EOL 问题是下列总搜寻问题的一个特殊情形：给定一个有向图 G 以及已指定的不平衡节点，要找到 G 的另外一个不平衡节点。在 EOL 问题中，我们假设 G 的每个节点至多有一条传入边和一条传出边。在这种限制下，给定的图必定是一组路径和环路。图 7.2 提供了一些具有代表性的这种图形的示例。

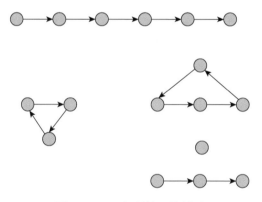

图 7.2　EOL 问题的一些例子

理论计算机学者已经证明 EOL 问题是 PPAD-complete 的。基于这一事实，我们可以立即得到以下两个结果：若 EOL 问题可以归约为问题 X，则问题 X 是 PPAD-complete 的；若问题 Y 可以归约为 EOL 问题，则问题 Y 属于 PPAD 类。

定理 7.5 纳什问题是 PPAD-complete 问题。

证明 首先，我们证明纳什问题属于 PPAD 类，方法是将纳什问题归约为 EOL 问题。

其次，我们证明纳什问题是 PPAD-complete 问题，方法是将 EOL 问题归约为纳什问题。

在上述两个方向的证明中，布劳威尔问题发挥了关键作用。

由于纳什问题是 PPAD-complete 问题，在理论分析的基础上，学者开始寻找新的求解纳什均衡的方法。得益于计算机算力的提高和人工智能算法的发展，逐渐涌现出一些使用人工智能算法求解纳什均衡的算法。在计算纳什均衡时，深度学习和强化学习可以起到关键的作用。首先，深度学习可以用于特征提取。在纳什均衡计算中，每个玩家的策略都是一个向量，向量的每个元素代表了一种策略。深度学习可以通过学习大量的样本数据，提取出每个玩家的策略特征，从而减少计算量，提高计算效率。其次，深度学习也可以用于策略预测。在纳什均衡计算中，每个玩家的策略都是基于其他玩家的策略制定的。深度学习可以通过学习大量的样本数据，预测每个玩家的策略，从而为纳什均衡的计算提供基础。另外，强化学习可以用于策略优化。在纳什均衡计算中，每个玩家的策略都需要不断优化，以应对其他玩家的策略变化。强化学习可以通过与环境交互，学习最优的策略组合，从而优化纳什均衡的计算结果。总之，深度学习和强化学习在计算纳什均衡时都具有重要的应用价值。它们可以帮助我们提高计算效率，预测策略，优化结果，从而更好地解决纳什均衡问题。同时，这些算法的应用也受到了一些限制，例如，它们需要大量的数据和计算资源，而且它们可能无法处理一些非常复杂的问题。因此，在未来，我们需要进一步研究这些算法，以提高它们的性能和效率，从而更好地解决纳什均衡问题。例如，多智能体强化学习研究如何利用多个智能体之间通信、协作的方法共同完成一个任务。这一方向十分适合应用在求解多人纳什均衡以及合作博弈均衡上。

7.2 人工智能中的合作博弈

合作博弈是与人工智能相关的博弈理论中的重要内容，尤其是在多智能体系统中，我们处处能看到合作博弈的影子。多智能体系统是由多个相互作用的智能体组成的系统，它们不但可以相互通信并协助完成对同一环境的任务，而且可以基于个体的局部信息共同达成一个全局最优解的决策。博弈论研究的是在已知规则条件下不同智能体行动的选择，基于选择的结果，博弈论研究如何使参与者获得收益最大化。如何在多智能体系统中合理合作完成任务，就成为一个合作博弈问题了。

在多智能体系统中，智能体之间必须共享信息及知识，协商甚至竞争以便更好地协同工作。多智能体系统本质上是一个多合作博弈系统。针对合作博弈的问题，可以采用多种不同的构建方法，建立多合作博弈机制，使得各个智能体之间可以共同合作，最终达成共同的目标。同时，多智能体系统也涉及很多合作决策问题，如资源分配、任务分工、执行策略等。在多智能体系统中，各个智能体之间的合作与竞争关系复杂多变，因此需要对智能体间的协作关系进行建模，运用合作博弈理论对于每个智能体应该如何协作、如何分配资源进行优化建模求最优解。

因此，合作博弈与多智能体系统之间是密不可分的关系。多智能体系统需要一个更好的合作博弈规划的方法，而合作博弈通过建立优秀的策略方案来实现多智能体系统的协作，提高分配效率，降低成本，增加智能体间知识共享和协作的效率。这两方面的关系互为补充，整体为智能体系统的优化提供更好的解决方案和支持。

本节主要分为三个部分：第一部分介绍合作博弈的基础知识和解概念；第二部分列举一些具有简洁形式的合作博弈模型；第三部分着重讲解合作博弈在多智能体系统中的应用。

7.2.1 合作博弈

不同于非合作博弈聚焦局中人（player）的竞争和均衡策略，博弈论中的另一个分支主要研究局中人（或智能体）之间的合作，即所谓的合作博弈理论[1-3]。现有合作博弈相关文献分为两个主要模型：一个模型允许比较两个局中人之间的效用并存在效用转移（即可转移效用博弈（transferable utility game））；另一个模型中则不允许比较（即不可转移效用博弈）。在可转移效用博弈中，一个局中人联盟（coalition）生成一个价值，通过合作达到共同得到的价值。联盟的成员必须分享他们联盟的价值，因此他们需要相互比较效用并能转移一些效用到彼此之间。而在不可转移效用博弈中，局中人对不同的联盟可以有不同的偏好，但他们无法提供任何补偿。本节中，我们主要聚焦前者——可转移效用博弈。

1. 可转移效用博弈

一般地，可转移效用博弈包括一组局中人 N 和一个特征函数 $v: 2^N \rightarrow \mathbf{R}$，为每个可能的联盟或局中人子集合提供一个价值。该特征函数为整个人群所共知，联盟的价值仅取决于联盟中的参与者。可转移效用博弈主要关注两个问题：应该形成什么联盟（即如何将集合 N 划分为联盟），以及如何将联盟的价值分给每个成员。我们首先详细定义可转移效用博弈，然后介绍一些理想的解性质和主流的合作博弈解概念。

考虑一个包含 n 个局中人的集合 $N = \{1, 2, \cdots, n\}$。一个联盟是指集合 N 的一个非空子集 C。特别地，集合 N 也被称为大联盟（grand coalition）。所有可能联盟的集合定义为 C，其基数为 2^n。一个联盟结构（coalition structure）是指 $S = \{C_1, C_2, \cdots, C_m\}$ 是集合 N 的一个划分：每个 C_i 是一个联盟并且满足 $\bigcup_{i=1}^{m} C_i = N$

和对于任意的 $i \neq j$，满足 $C_i \bigcap C_j = \varnothing$。一个特征函数（characteristic function）$v: 2^N \rightarrow \mathbf{R}$ 反映了一个联盟的价值或者效用。

定义 7.8　（可转移效用博弈）一个可转移效用博弈被定义为一个二元组 $G = (G, v)$，其中 N 是局中人的集合，v 是一个特征函数。

特征函数描述了一组局中人的价值，而不是单一局中人的收益。我们定义支付分配（payoff distribution）x 是由 x_i 组成的向量，其中 x_i 是局中人 i 的收益，用于刻画如何将联盟的价值分享给局中人。通常也使用记号 $x(C)$ 代表联盟 C 中所有局中人的收益之和。如果 S 是一个联盟结构，x 是一个支付分配，那么我们称一个二元组 (S, x) 为支付配置（payoff configuration），并记所有支付配置的集合为 P。此时，我们可以回答本节一开始的问题。可转移效用博弈的解就是一个支付配置 (S, x)，反映如何形成联盟和如何分配联盟价值。接下来我们介绍一些关于支付分配的理性概念，即一些连接联盟价值和个人收益的性质。

有效性（efficiency）：$x(N) = v(N)$。支付分配将整个大联盟的总价值分配给所有局中人。换句话说，整个群体在某种程度上没有失去任何效用。

个体理性（individual rationality）：只有当每个局中人 i 满足 $x_i \geq v(\{i\})$ 时，它才会成为该联盟的成员（即加入一个联盟后要比单独行动更有利）。

群体理性（group rationality）：对于任意联盟 $C \subseteq N$，满足 $x(C) \geq v(C)$。一个联盟的收益之和应该至少等于该联盟的价值（即在联盟层面上不应有任何损失）。

因为联盟形成问题的解是一个支付配置，所以以寻找联盟结构（即寻找形成了哪些联盟）和找到支付分配（即在成员之间分享联盟的价值）的问题通常不能分开处理。现有文献中提出的不同解概念：核心（core）[12]、核仁（nucleolus）[13]、核（kernel）[14]、Shapley 值[15]等。每种解都有各自的优缺点，不存在一个解比其他所有解的方案更好。此处，我们主要介绍核心和 Shapley 值的概念及相关结果，如果读者对其他解概念感兴趣，可以参考相关文献。

2. 核心

核心是由 Gillies 在 1953 年提出的，侧重于联盟的稳定性。简言之，当没有一组局中人有任何动机组建另一个联盟时，支付分配就在核心中。详细描述如下。

定义 7.9　（核心）一个支付分配 $x \in \mathbf{R}^n$ 是博弈 (N, v) 的核心，当且仅当 x 满足有效性、个体理性和群体理性，即 $\text{core}(N, v) = \{x \in \mathbf{R}^n \mid v(N) \bigcap x(C) \geq v(C), \forall C \subseteq N\}$。

直觉上，核心反映了没有任何一组局中人有拒绝当前支付分配的动机，也就是说，没有任何一组局中人可以通过组建其他联盟来获得更多支付，那么这个支付分配就在核心中。注意，这个条件必须对 N 的所有子集都成立，特别是对于所有单元素子集，这可以确保个人合理性。不难发现核心是一种满足线性不等式的支付结构，因此核心是封闭的和凸的。

然而，核心的概念存在多个问题。首先，核心可能是空的：某些特征函数会产生冲突使得无法同时满足所有玩家。当核心为空时，至少有一名玩家对支付分配不满意，因此会阻止联盟形成。其次，采用核心作为稳定概念的另一个问题与计算复杂性有关。判定一种支付分配是否在核心中是 NP 难问题[16]。此外，确定核心的非空性，即使对于具有超加性（superadditive）的博弈，也是 NP 难问题[16]，尽管存在一种转移方案可以收敛到核心[17]。此外，文献[18]介绍了一种技术，可以在非超加性博弈中达到核心分配。一些合作博弈类可以保证核心非空，如凸博弈。Bondareva 和 Shapley 独立地对核心非空的博弈类进行了刻画，提出了著名的Bondareva-Shapley 定理。

此外，关于核心的概念也存在一些扩展。如上所述，核心的一个主要问题是它可能为空。特别地，联盟中的一名成员可能阻止形成联盟以获得微小的回报。如果考虑建立联盟有成本，可以认为为了获得微小的利益增益而阻止联盟不值得。强 ϵ-核心（strong ϵ-core）和弱 ϵ-核心（weak ϵ-core）概念描述了这种可能性。相比于核心的约束，强 ϵ-核心（弱 ϵ-核心）[19]的约束有适当的放松：$\forall C \subseteq N, x(C) \geqslant v(C) - \epsilon$（对应地，$\forall C \subseteq N, x(C) \geqslant v(C) - |C| \cdot \epsilon$）。不难发现，如果 ϵ 足够大，强 ϵ-核心或弱 ϵ-核心将不为空。当不断降低 ϵ 的值时，将存在一个阈值，使得对于 $\epsilon' < \epsilon$，ϵ'-核心将变为空集。这个特殊的 ϵ-核心被称为最小核心（least core）[19]。

放宽核心要求的另一种方式是稍微修改博弈。观察核心的约束可以知道，如果能够充分增加大联盟的价值，相应博弈的核心将变得不为空。这便是稳定性成本（cost of stability）[20]的思想。给定一个可转移效用博弈 (N, v) 和一个值 Δ，我们考虑构建另一个合作博弈 (N, v')，其中对于所有的 $C \subset N, v'(C) = v(C)$，但对于大联盟 N，满足 $v'(C) = v(C) + \Delta$。稳定性成本定义为最小的 Δ，使得 (N, v') 的核心不为空。

3. Shapley 值

到目前为止，许多解概念（如核心、核仁、核）都着眼于收益分配的稳定性，Shapley 值则是关注公平性。Shapley 值于 1953 年由 Shapley 提出，从两个不同的方面描述了公平性的概念。第一种是公理化方法：Shapley 值可以用一组公理来定义，其中每个公理都是公平性的一个属性。第二种方法考虑一个联盟形成过程，在这个过程中，局中人逐个进入联盟并获得边际贡献作为收益。这种联盟形成过程可能是不公平的，因为一个局中人的收益取决于加入顺序。Shapley 值通过使用所有可能的加入顺序的平均值来反映公平性。我们将从这两个方面给出 Shapley

值的定义：我们首先呈现几条公理，帮助我们对 Shapley 值进行刻画。

有效性（efficiency）：$\sum_{i \in N} x_i = v(N)$。

无贡献者（dummy player）：我们称一个局中人 i 是无贡献者，即对于任意联盟 C，$v(C \cup \{i\}) = v(C)$，则 $x_i = 0$。

对称性（symmetry）：当两个局中人贡献相同的边际价值时，他们的收益也相同。

可加性（additivity）：对于两个可转移效用博弈 (N,v) 和 (N,w) 与对应的支付分配 x 和 y，有 $x + y$ 也为博弈 $(N,v+w)$ 的支付分配。

每条公理在一定程度上对支付分配函数进行了约束。实际上，Shapley 值是唯一满足上述四条公理的支付分配函数。

Shapley 值的另一种定义基于有序边际贡献。首先，我们定义一个局中人 i 对一个联盟 C 的边际贡献，记为 $mc_i(C)$：$mc_i(C) = v(C \cup i) - v(C)$。

令 π 代表一个大联盟 N 的加入顺序，也可视为集合的一个置换。此时，局中人 i 遵循这个顺序加入大联盟时的边际贡献为 $mc_i(\{j \mid \pi(j) < \pi(i)\})$。记所有置换的集合为 $\Pi(N)$，易知其基数为 $|\Pi(N)| = n!$。接下来我们给出 Shapley 值的定义。

定义 7.10　（Shapley 值）给定一个可转移效用博弈 $G = (N,v)$，对于任意局中人 i，对应的 Shapley 值定义为

$$\varphi_i(G) = \frac{\sum_{\pi \in \Pi(N)} mc_i(\{j \mid \pi(j) < \pi(i)\})}{n!} \tag{7-19}$$

不难发现，上述定义是基于大联盟 N 的所有置换。如果我们从联盟的角度去观察每个局中人的 Shapley 值，我们可以节省很多计算量，因为我们只需对所有可能的联盟情况进行求和。详细地，如果排在局中人 i 前面的为联盟 C，那么我们可以知道前面的局中人有 $|C|!$ 中排列，后面的局中人有 $(n - |C| - 1)!$ 排列，因此，我们给出等价的 Shapley 值定义：

$$\varphi_i(G) = \sum_{C \subseteq N \setminus \{i\}} \frac{|C|!(n - |C| - 1)!}{n!} (v(C \cup \{i\}) - v(C)) \tag{7-20}$$

虽然 Shapley 值总是存在且唯一，但 Shapley 值的本质是基于组合数，因此需要考虑形成联盟的所有可能顺序，这使得对于一般情况下直接计算 Shapley 值并不高效。当某些合作博弈自身具有特殊的结构性质时，存在一些算法可以高效地计算 Shapley 值。另外，这种计算复杂性有时可以成为一个优势，使得局中人无法从操纵中受益。例如，在某些博弈中，单个局中人可以通过伪造多个身份来受益。然而，确定局中人是否可以从这些虚假身份中受益的复杂性已被证明是 NP 完全的。

7.2.2　合作博弈的表示和算法

在定义合作博弈的特征函数时，列出每个联盟及其价值是最直接的表示法。但是，随着玩家数量的增加，联盟的数量呈指数级增长，在大多实际应用场景下并不实用。因此，需要一种更简洁的表示形式。但是，一个简单的计数论证表明，没有任何一种语言可以一般性地简洁，即使用 poly(n) 位，编码 n 个局中人的特征函数。

目前比较流行的方法有两种：第一种是组合优化合作博弈，我们可以专注于通过"小型"组合结构定义的博弈子类，虽然这种表示法可能无法普遍地表达（即可能存在无法用这种方式表示的特征函数），但它确保具备简洁性，这种方法在理论计算机科学和运筹学文献中得到了广泛关注；第二种是面向一些有用的合作博弈子类，我们去开发出普遍表达的表示语言，并用这些表示语言对博弈子类进行简洁的描述。最近在多智能体系统文献中提出了几种这类语言。另外，"黑箱"模型也经常用于特征函数的输出，即允许有一个有效的算法，当给定一个联盟时，其输出是其价值。在本节中，我们主要聚焦第一种组合优化博弈类型，列举几类常见的组合优化博弈问题和相关结果。

1. 导出子图博弈

导出子图博弈（induced subgraph game）最早是由邓小铁和 Papadimitriou[21] 提出的，主要思想为给定一个无向权重图 $H = (V, E)$，每一条边 ij 的权重记为 $w_{i,j}$，并令 w 为边权构成的向量。一个导出子图博弈 $G = (H, w)$ 基于局中人集合 N 和特征函数 v，其中 v 满足对于任意联盟 $C \subseteq N$，$v(C)$ 定义为以点集 C 导出的子图的边权之和。

显然，导出子图博弈的表示就是简洁的，因为我们只要编码边权重，所需的位数是 $n = |N|$ 的多项式，即使用邻接矩阵来表示图仅需要 n^2 个元素。当所有边权均为非负数时，导出子图博弈不仅是单调的，而且是凸的，因此保证具有非空核心。邓小铁和 Papadimitriou[21] 设计了一个基于网络流的有效算法，去判定任意一个结果是否在核心内。相比之下，如果权重可以为负数，则确定核心是否为空是 NP 完全问题，而检查特定结果是否在核心中是 co-NP 完全问题[21]。此外，Greco 等[22] 的研究表明，检查一个结果是否在核中是 Δ_2^p-完全问题，而检查一个结果是否在谈判集中是 Π_2^p-完全问题。邓小铁和 Papadimitriou 的研究表明，导出子图博弈可以使用高效的算法计算 Shapley 值。

2. 网络流博弈

在网络流博弈（network flow game）[23, 24]中，局中人是起点为 s 和终点为 T

的网络中的边，即边集 E。每个边（局中人）$e \in E$ 都具有一个正整数容量 c_e，表示它可以承载多少流量。联盟 C 的价值 $v(C)$ 是仅使用 C 中的边从 s 到 T 可以发送的最大流量。Granot 等[25]研究了该类博弈的几个与稳定性相关的解概念。随后，邓小铁等[26]的研究表明，在单位容量的情况下，可以有效地计算网络流博弈的核心，但在一般情况下是困难的。

Bachrach 和 Rosenschein[27]引入网络流博弈的一个变种称为阈值网络流博弈，其目的是从起点 s 发送至少 k 个单位到终点 T：如果联盟可以承载大小为 k 的 s-T 流，则其价值为 1，否则为 0。随后由 Aziz 等[28]和 Resnick 等[29]进行了研究。Bachrach 等[27]的研究表明，在阈值网络流博弈中计算 Banzhaf 指数[30]是#P-完全的。事实上，甚至判定一个玩家是否是无贡献者，也是计算困难的。但是，文献[31]指出在一些特殊的图类下，可以有效地计算 Banzhaf 指数。

网络流博弈的另一个特例是指派博弈[32]。在指派博弈中，局中人是加权二分图的顶点。每个联盟的价值是其最大权匹配的大小。相比于网络流博弈，指派博弈具有额外的结构，使其更易处理。Granot 等[25]研究了指派博弈的稳定性，并展示了核心、核和核仁的关系；后来他们的结果被用于设计一个多项式时间算法来计算分配博弈中的核仁[33]。匹配博弈[34]是指派博弈的一种推广，其中图不需要是二分图。Kern 和 Paulusma[35]研究了这些博弈中核心、最小核心和核仁的计算复杂性。

3. 最小费用支撑树博弈

目前为止考虑的所有博弈都是盈利博弈，即博弈中每个联盟的价值都是正的，但最小费用支撑树博弈（minimum cost spanning tree game）[36]不同于所有其他博弈，因为它们是费用分摊博弈而不是盈利博弈，即每个联盟的价值是非正的。详细地，一个最小费用支撑树博弈由局中人集合 N、一个供应商 s、一个完全权重图 $G = (N \cup \{s\}, E)$ 和费用 $c_{i,j}$ 组成。一个联盟 C 的价值 $v(C)$ 为该联盟成员和 s 组成的点集形成的最小支撑树的花费。不难发现，最小费用支撑树博弈的核心非空[24]。然而，文献[26]、[27]的研究表明，判定给定结果是否属于核心，并计算最小核心和核仁的问题是 NP 难的。

7.2.3　合作博弈在多智能体系统中的应用

在某些应用中，智能体需要合作并共享他们的联合工作价值。这使得我们在某些情况下，可以利用合作博弈的结果来设计智能体。在本节中，我们首先介绍了一个通用的应用——任务分配问题，面向这个应用领域，许多多智能体系统的文献使用合作博弈对其进行研究。然后，我们陈述合作博弈在多智能系统中其他领域的一些应用。

1. 任务分配问题

任务分配问题可以通过联盟形成问题轻松表示：局中人联盟负责执行任务（或任务的子集），任务可能需要多个局中人才能执行。一方面，执行复杂任务可能需要互补的专业知识，许多方法假设没有单个局中人有执行复杂任务所需的全部专业知识[37-40]。一般情况下，任务可以分解为子任务，局中人能够执行子任务中的一部分任务。另一方面，所有局中人都具备执行任务所需的必要能力或专业知识，但它们本身没有足够的资源来执行任务。例如，机器人有能力在工厂移动物体，但是需要多个机器人来移动重箱子[27, 33]。

一般的任务分配问题可以描述如下：一个由局中人组成的联盟来执行一个复杂的任务，联盟中的每个局中人在任务完成中扮演一个角色（他们可能都有相同或互补的角色）。任务完成后将获得回报。与任务完成相关的成本取决于联盟成员。联盟的价值是完成任务的净收益（回报减去成本）。因此，任务分配问题可以看作一个联盟形成问题，其中联盟的价值仅取决于其成员。

目前，针对该问题存在一系列研究：Shehory 和 Kraus[37]研究了任务之间存在偏序关系的任务分配博弈。Kraus 等[38]考虑了成本和时间相关联的模型。文献[41]面向任务以顺序到达且局中人存在层级关系的场景，学习论方法会使得任务分配更高效。从计算复杂性角度审视任务分配问题，当每个局中人仅允许承担一项任务时，该问题类似于集合划分问题；当每个局中人可以承担多项任务时，任务分配问题和集覆盖问题相似。无论哪种情况，这类问题都被证明是 NP 难的。

2. 其他领域

联盟形式的智能体也被广泛地应用在许多其他应用领域，如信息收集（information gathering）、机器学习等。在信息收集[42, 43]中，一个智能体与本地数据库相关联。当智能体形成联盟时，为了信息查询，联盟中的所有智能体都必须合作：成员分享一些他们的私有数据，如依赖关系信息。如果一个智能体不合作，它将无法访问某些信息模式，这些信息模式只有联盟成员才可以使用。智能体联盟形成可以视为一个合作博弈的实例，其中每个智能体都试图最大化其预期效用。针对该问题，文献[34]、[35]使用双边 Shapley 值来确定支付分配并提出了一个以核为导向的解方案。

在机器学习中，合作博弈的知识可以用于指导不同分类器的结果组合，旨在提高分类的准确性。Aknine 和 Caillou[44]以及 Plaza 和 Ontañón[45]将这一思想应用于联盟形成设置中。例如，在 Plaza 和 Ontañón 的工作中，分类器可以形成委员会（即联盟）对新物种进行分类。每个分类器都有自己的专业知识、案例集，且使用基于情况的推理解决分类问题。在他们的工作中，Plaza 和 Ontañón 展示了如何决定何时需要联盟以及如何选择分类器形成联盟。

7.2.4　结论

本节主要介绍了合作博弈的基本知识和解概念以及具有简洁形式的合作博弈模型，便于将多智能体系统中的问题抽象成博弈问题。另外，我们简单列举了部分合作博弈在多智能体系统中的应用。读者还可以参考文献[46]和[47]了解更多合作博弈和多智能体系统相关的知识。

多智能体系统和合作博弈两个领域之间存在密切的关系。研究合作博弈可以提高我们对多智能体系统中合作、协作和决策方面的理解，从而更好地解决实际问题。

7.3　本　章　小　结

本章介绍了人工智能的博弈理论，这些内容在人工智能领域具有重要的价值和必要性。首先，计算均衡是博弈论的基础概念之一，可以帮助我们理解如何在复杂的环境中寻找最优策略。在人工智能领域，许多问题都可以转化为博弈问题，因此，掌握计算均衡可以帮助我们解决一系列实际问题。其次，合作博弈和公平分配是研究多智能体之间如何合作和分配资源的重要理论。在人工智能中，我们经常需要处理多个智能体之间的交互和合作，因此，掌握合作博弈和公平分配理论可以帮助我们实现更高效和更公正的智能体交互和资源分配。

博弈理论是一门非常重要的学科，而人工智能的兴起更是对博弈论的研究起到了非常大的促进作用，并由此产生了算法博弈论、计算经济学等前景广阔的研究方向。除了学界以外，人工智能与博弈论的结合更是成为业界关注的焦点。以机制设计理论为基础的广告拍卖更是成为互联网企业营收的重要来源。

参 考 文 献

[1]　Brouwer L E J. Über abbildung von mannigfaltigkeiten[J]. Mathematische Annalen，1911，71（1）：97-115.

[2]　Kakutani S. A generalization of Brouwer's fixed point theorem[J]. Duke Math. J.，1941，8（1）：457-459.

[3]　Jr Nash J F. Equilibrium points in n-person games[J]. Proceedings of the National Academy of Sciences，1950，36（1）：48-49.

[4]　Nash J. Non-cooperative games[J]. Annals of Mathematics，1951：286-295.

[5]　Murty K G，Yu F T. Linear Complementarity，Linear and Nonlinear Programming[M]. Berlin: Heldermann，1988.

[6]　Lemke C E，Jr Howson J T. Equilibrium points of bimatrix games[J]. Journal of the Society for Industrial and Applied Mathematics，1964，12（2）：413-423.

[7]　Savani R，von Stengel B. Hard-to-solve bimatrix games[J]. Econometrica，2006，74（2）：397-429.

[8]　Lipton R J，Markakis E，Mehta A. Playing large games using simple strategies[C]. Proceedings of the 4th ACM Conference on Electronic Commerce，2003，2003：36-41.

[9]　Barman S. Approximating nash equilibria and dense subgraphs via an approximate version of carathéodory's theorem[J]. SIAM Journal on Computing，2018，47（3）：960-981.

[10]　Rubinstein A. Settling the complexity of computing approximate two-player nash equilibria[J]. ACM SIGecom Exchanges，2017，15（2）：45-49.

[11]　Papadimitriou C H. The complexity of finding nash equilibria[J]. Algorithmic Game Theory，2007，2：30.

[12]　Gillies D B. Some Theorems on N-Person Games[M]. Princeton：Princeton University Press，1953.

[13]　Schmeidler D. The nucleolus of a characteristic function game[J]. SIAM Journal on Applied Mathematics 1969，17（6）：1163-1170.

[14]　Davis M，Maschler M. The kernel of a cooperative game[J]. Naval Research Logistics Quarterly，1965，12（3）：223-259.

[15]　Shapley L S. A value for n-person games[J]. Contributions to the Theory of Games，1953：307-317.

[16]　Conitzer V，Sandholm T. Complexity of determining nonemptiness of the core[C]. Proceedings of the 4th ACM Conference on Electronic Commerce，2003.

[17]　Kahan J P，Rapoport A. Theories of Coalition Formation[M]. Psychology Press，2014.

[18]　Osborne M J，Rubinstein A. A Course in Game Theory[M]. Boston：MIT Press，1994.

[19]　Maschler M，Peleg B，Shapley L S. Geometric properties of the kernel，nucleolus，and related solution concepts[J]. Mathematics of Operations Research，1979，4（4）：303-338.

[20]　Bachrach Y，Elkind E，Meir R，et al. The cost of stability in coalitional games [C]. Proceedings of SAGT 2009. Berlin：Springer，2009.

[21]　Deng X T，Papadimitriou C H. On the complexity of cooperative solution concepts [J]. Mathematics of Operations Research，1994，19（2）：257-266.

[22]　Greco G，Malizia E，Palopoli L，et al. On the complexity of core，kernel，and bargaining set [J]. Artificial Intelligence，2011，175（12/13）：1877-1910.

[23]　Aumann R J，Maschler M. The bargaining set for cooperative games[J]. Advances in Game Theory，1964，52（1）：443-476.

[24]　Kalai E，Zemel E. Totally balanced games and games of flow [J]. Mathematics of Operations Research，1982，7（3）：476-478.

[25]　Granot D，Granot F. On some network flow games [J]. Mathematics of Operations Research，1992，17（4）：792-841.

[26]　Deng X T，Fang Q Z，Sun X X. Finding nucleolus of flow game [J]. Journal of Combinatorial Optimization，2009，18（1）：64-86.

[27]　Bachrach Y，Rosenschein J S. Power in threshold network flow games [J]. Autonomous Agents and Multi-Agent Systems，2009，18：106-132.

[28]　Aziz H，Brandt F，Harrenstein P. Monotone cooperative games and their threshold versions [C]. Proceedings of the 9th International Conference on Autonomous Agents and Multiagent Systems，2010.

[29]　Resnick E，Bachrach Y，Meir R，et al. The cost of stability in network flow games [C]. Mathematical Foundations

of Computer Science 2009: 34th International Symposium, MFCS 2009. Berlin: Springer, 2009.

[30] Banzhaf J F. Weighted voting doesn't work: A mathematical analysis[J]. Rutgers L. Rev., 1964, 19: 317.

[31] Wu L S Y. A dynamic theory for the class of games with nonempty cores[J]. SIAM Journal on Applied Mathematics, 1977, 32 (2): 328-338.

[32] Shapley L S, Shubik M. The assignment game I: The core [J]. International Journal of Game Theory, 1971, 1: 111-130.

[33] Solymosi T, Raghavan T E S. An algorithm for finding the nucleolus of assignment games [J]. International Journal of Game Theory, 1994, 23: 119-143.

[34] Deng X, Ibaraki T, Nagamochi H. Algorithmic aspects of the core of combinatorial optimization games [J]. Mathematics of Operations Research, 1999, 24 (3): 751-766.

[35] Kern W, Paulusma D. Matching games: The least core and the nucleolus [J]. Mathematics of Operations Research, 2003, 28 (2): 294-308.

[36] Kalai E, Zemel E. Generalized network problems yielding totally balanced games [J]. Operations Research, 1982, 30 (5): 998-1008.

[37] Shehory O, Kraus S. Methods for task allocation via agent coalition formation [J]. Artificial Intelligence, 1998, 101 (1/2): 165-200.

[38] Kraus S, Shehory O, Taase G. Coalition formation with uncertain heterogeneous information [C]. Proceedings of the Second International Joint Conference on Autonomous Agents and Multiagent Systems, 2003.

[39] Kraus S, Shehory O, Taase G. The advantages of compromising in coalition formation with incomplete information [C]. AAMAS, 2004.

[40] Manisterski E, David E, Kraus S, et al. Forming efficient agent groups for completing complex tasks [C]. Proceedings of the Fifth International Joint Conference on Autonomous Agents and Multiagent Systems, 2006.

[41] Aknine S, Pinson S, Shakun M F. A multi-agent coalition formation method based on preference models [J]. Group Decision and Negotiation, 2004, 13: 513-538.

[42] Klusch M, Shehory O. Coalition formation among rational information agents [C]. European Workshop on Modelling Autonomous Agents in a Multi-Agent World. Berlin: Springer, 1996.

[43] Klusch M, Shehory O. A polynomial kernel-oriented coalition algorithm for rational information agents [C]. Tokoro, 1996: 157-164.

[44] Aknine S, Caillou P. Agreements without disagreements [C]. ECAI, 2004.

[45] Plaza E, Ontañón S. Learning collaboration strategies for committees of learning agents [J]. Autonomous Agents and Multi-Agent Systems, 2006, 13: 429-461.

[46] Chalkiadakis G, Elkind E, Wooldridge M. Computational Aspects of Cooperative Game Theory [M]. Berlin: Springer, 2002.

[47] Airiau S. Cooperative games and multiagent systems [J]. The Knowledge Engineering Review, 2013, 28 (4): 381.

第 8 章　量子人工智能

8.1　概　　述

随着人工智能的迅速发展以及面临着大数据的挑战，学术界越来越重视量子计算在存储和计算上的优势以及在人工智能上的潜在应用。目前量子计算正以惊人的速度崛起为前沿领域，其无与伦比的计算潜力引发了人们对于其在机器学习领域的广泛关注。量子机器学习结合了量子计算的力量和经典机器学习的技术，为解决复杂计算和优化问题提供了潜在的突破。本章将介绍量子计算中一些常见的算法以及在机器学习中的应用。

8.2　量子学习方法介绍

本节将深入探讨量子机器学习的前沿方法，包括 HHL 算法、量子奇异值变换、量子吉布斯采样和变分量子电路。这些方法为探索和解决经典机器学习中的挑战提供了全新的思路和工具。

8.2.1　HHL 算法

在数学上，一个线性方程由若干个变量和关于这些变量的线性约束组成。在经典计算机科学中，对线性代数算法的研究很多。我们知道求解一个含有 N 个变量的线性方程，至少需要的运算时间也为 N：经典计算机至少需要逐个处理输入数据，并逐个输出解。

量子计算机在解决线性代数问题上有天然优势：得益于量子叠加态的存在，数个量子比特存在于一个指数维度的希尔伯特空间中。即一个由若干个量子比特组成的量子态就可以表示一个指数维度线性空间中的向量。同时，在该量子态上的所有量子操作也可由线性变换表示。这使得量子态与线性空间有很简单、自然的对应方式，因此，设计线性代数相关的算法也更容易。这个优势使得理论计算机科学家总是能在线性代数方向得到更优秀的算法，如矩阵求幂[1]。自然，我们也可以通过把矩阵和向量编码到量子态的方法，实现求解线性方程的更快的量子算法。然而，即使量子计算机有这个优点，仅仅依靠量子计算机从理论上并不能帮助我们更快地求出一个线性方程完整的解，这是由于即使在量子计算机上得到一个解，这个解也是编码在一个量子态当中。由于量子态的不可复制性，对量子态进行层析得到量子态的完整信息依旧需要指数的时间复杂度。

在实际生活中，一般不会需要求解一个线性方程的整个的解，而是只需要得到解的一些性质或关于解的信息，如它的权重、平均值等，这些信息往往只需要一个实数刻画。当不需要得到一个线性方程的完整的解时，我们就可以利用上述量子计算机的优点，规避其弱点，进而设计出更高效的算法。这是因为关于这个线性方程的解的所有信息已经在一个量子态当中，虽然无法把它完整地提取出来，但是通过对这个量子态的一次测量，我们可以得到这个量子态的部分信息。只需要根据计算目标调整最终的量子测量，用精心构造的测量就可以用很小的代价从量子态当中提取出需要的信息，而不必获得整个解，此时，由于若干个量子态可以表示指数维度的线性空间，所以可以得到指数加速。

基于以上想法，HHL 算法最早由 Harrow 等提出，并以他们命名[2]。在某些条件下，该算法只需要对数时间就能将一个线性方程组的解编码到一个量子态中并进行测量以得到目标信息。设需要求解的线性方程为 $Ax = b$，则当 A 可逆时，解为 $x = A^{-1}b$，故只需要求出 b 在 A 的逆矩阵下作用后的结果。

经过发展，众多改进版本的 HHL 算法被提出，表 8.1 给出了部分算法和它们的效率。

表 8.1　HHL 算法及改进版本[3]

问题	算法	时间复杂度
LSP	CG[4]	$O(Ns\kappa\log_2(1/\epsilon))$
QLSP	HHL[2]	$O(\log_2(N)s^2\kappa^2/\epsilon)$
QLSP	VTAA-HHL[5]	$O(\log_2(N)s^2\kappa/\epsilon)$
QLSP	Childs 等[6]	$O(s\kappa \cdot \text{polylog}_2(s\kappa/\epsilon))$
QLSP	QLSA[7]	$O(\kappa^2 \cdot \text{polylog}_2(n)\|A\|_F/\epsilon)$

HHL 算法在量子机器学习领域有诸多应用。HHL 算法实际上实现了对数时空复杂度的矩阵求逆算法。而矩阵求逆在有监督的机器学习算法中，如支持向量机、线性回归、贝叶斯分类器等算法中都起着决定性的作用。HHL 算法为用量子计算机加速有监督机器学习提供了算法基础[8-17]。

8.2.2　量子奇异值变换

量子奇异值变换（quantum singular value transformation，QVST）是近几年来量子算法领域一个突出的理论成果。该成果由 Low 等提出并在随后得到补充和完善[18, 19]。量子奇异值变换可以视作一大类量子算法的底层逻辑，使这些算法的高效性得到理论保障，并为量子算法的设计提供了一套框架和思路。多年来许多有着广泛应用的量子算法，包括哈密顿量模拟[20]、线性系统求解器[2]、量子随机游走[21]、振幅放大算法[22]和 Grover 搜索算法[23]等，其都可以适配到这套框架下。

大体上，量子奇异值变换主要从线性代数的角度对计算问题和量子算法进行考虑。很多具体的计算问题的输入都可以被抽象为一个矩阵，于是该计算问题就可以被描述为一个函数，该函数将矩阵映射到对应的问题输出。而量子算法的目的就是实现这一函数，或者近似地将其实现。

1. 量子奇异值变换理论简介

接下来简单介绍量子奇异值变换的思想。前面提到问题输入可以写成矩阵的形式，假设将其记为矩阵 A。而一个量子电路可以写成一个酉方阵，假设酉方阵 U 对应了一个量子电路。如果矩阵 A 是酉方阵 U 左上角的一个子矩阵，即这一量子电路被设计来描述问题输入所包含的信息，那么就称酉方阵 U 块编码（block encode）了矩阵 A。利用块编码可以导出一些基本的算术操作。例如，假设有若干个矩阵分别被酉方阵所块编码，那么组合使用这些酉方阵对应的量子电路，可以设计出新的量子电路对这些矩阵的凸组合进行块编码；再比如酉方阵 U 和 V 分别块编码了矩阵 A 和 B，那么可以设计出量子电路块编码矩阵 AB，即矩阵 A 和 B 的乘积。

我们知道任意矩阵都可以对其进行奇异值分解。前面提到一个计算问题可以被描述为一个函数作用在问题输入对应的矩阵 A 上。如果该过程实质上能规约到将一个一元 d 次多项式 f 分别作用在矩阵 A 的每个奇异值上。假设有量子电路即酉方阵 U，其块编码了矩阵 A，那么就可以设计出新的量子电路，其实现了上述过程，且仅使用了 d 层量子电路 U。图 8.1 以公式的形式简要描述了量子奇异值变换理论的框架，其中新的量子电路如图 8.2 所示。

$$U = \begin{bmatrix} A & \cdot \\ \cdot & \cdot \end{bmatrix} = \begin{bmatrix} \sum_i s_i |\omega_i\rangle\langle u_i| & \cdot \\ \cdot & \cdot \end{bmatrix} \Rightarrow U_\phi = \begin{bmatrix} \sum_i f(s_i)|\omega_i\rangle\langle u_i| & \cdot \\ \cdot & \cdot \end{bmatrix}$$

图 8.1　量子奇异值变换理论框架

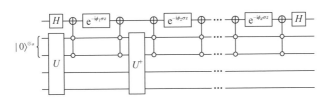

图 8.2　量子奇异值变换量子电路

2. 量子奇异值变换与量子机器学习

奇异值变换与机器学习的联系相当紧密，实现奇异值变换是一众主流机器学习算法的核心步骤之一，在量子领域同样如此。如量子支持向量机[9]、主成分分析[24, 25]、回归分析[2, 12, 26, 27]、慢特征分析[28]、吉布斯采样[29, 30]、玻尔兹曼机[31, 32]等，这些量子机器学习方法都和量子奇异值变换相关联。许多用于解决基本的机器学习问题的量子算法，如普通最小二乘法、加权最小二乘法、广义最小二乘法等，这些算法都可以转化到矩阵伪逆求解和矩阵乘法运算，从而能在量子奇异值变换的框架下得到高效的实现。

基于主成分分析，在量子奇异值变换的框架下，可以得到高效实现主成分回归的量子算法。主成分分析这套技术主要做的是通过剔除模型中的低相关度的特征来进行降维。该技术对数据集进行奇异值分解，或对数据集的协方差矩阵进行特征分解，由于协方差矩阵中较大的特征值对应的特征向量会指向方差较大的方向，故可以以此来判断哪些方向的特征与模型的相关度低。该技术在异常检测、量化金融等领域有着广泛应用。在对数据集做出适当假设、提供适当的"黑盒"运算的前提下，量子算法可以有效加速主成分分析的过程[24, 33]。

不同于主成分分析中简单地截取协方差矩阵中较小的特征值对应的部分，主成分回归会在数据集中较大的奇异值对应的数据子空间中重构目标向量。运用量子奇异值变换这一方法，可以在数据子空间中找到目标向量的最小二乘估计。相比一般的主成分分析，主成分回归运用起来史灵活，也更有效。

总而言之，在机器学习方法中会用到大量矩阵分析的内容。而奇异值分解作为矩阵分析中通用且有效的工具，被广泛应用于数据降维、矩阵压缩、图像处理和推荐系统等任务。另外，从线性代数的角度对量子理论的研究由来已久，在矩阵问题的量子算法分析上也有着广泛的理论基础。综合来看，量子奇异值变换的框架势必能在机器学习中得到广泛的应用，亟待研究人员的发掘。

8.2.3　量子吉布斯采样

量子吉布斯采样是一种在量子系统中进行采样的方法，在量子机器学习、量子模拟、量子优化和量子化学等领域中发挥着重要作用。

在经典计算中，吉布斯采样是一种马尔可夫链蒙特卡罗方法，用于从复杂的概率分布中进行采样[34]。主要思想是根据条件概率，逐步更新每个变量的取值，从而通过迭代过程生成样本。例如，我们想要从一个约束可满足问题中根据某个目标分布随机地采样出一个可行解，我们可以从任意一个可行解出发，通过以下的迭代过程来实现：每次先均匀随机地选择其中一个变量，然后把其他变量的值固定下来，根据条件概率分布重新采样这个变量的值，得到一个新的可行解，迭代足够多步之后，我们就得到了目标概率分布的一个样本。有的时候直接从全局的目标概率分布中采样是困难的，而从局部的条件概率中采样是可以高效实现的，这时吉布斯采样就是一个行之有效的办法。

现在，将这个概念推广到量子系统中，引入量子吉布斯采样。与经典计算不同的是，量子吉布斯采样依赖于一种特殊的量子态：吉布斯态。吉布斯态是根据系统的能量和温度等参数计算出来的量子态，它包含了系统的统计性质。量子吉布斯态的重要性在于，它提供了描述量子系统平衡性质的工具，可以通过对吉布斯态的分析来研究热力学性质、相变等现象。量子吉布斯采样通过对量子系统进行一系列的测量和运算，对系统的不同部分进行观测，并根据得到的测量结果来推断样本的状态。

量子吉布斯采样有着广泛的应用。

（1）量子机器学习[31, 32, 35-40]：量子吉布斯采样可以帮助估计基于量子数据的概率模型的参数，从而实现量子数据的分类、生成和预测等任务。如可以用于强化学习[39]等问题。

（2）量子模拟[41-44]：量子吉布斯采样天然可以用于模拟复杂的量子系统和量子动力学过程。通过从目标系统的吉布斯态中采样，可以获得与原始系统相似的样本，用于研究和模拟量子相关的现象和行为。

（3）量子优化：量子优化是利用量子计算的能力解决优化问题的领域。通过从量子系统的吉布斯态中采样，可以获得有关能量和优化路径的信息，帮助寻找量子系统的能量最小值以及其他全局优化问题的解。例如，可以通过量子吉布斯采样来解决半正定规划问题[45-47]。

（4）量子化学[48]：量子吉布斯采样可以用于模拟和研究量子化学体系的性质。它可以通过从目标系统的吉布斯态中采样，获得关于量子化学反应和能量表面的信息，用于优化材料设计、分子动力学等应用。

一般而言，量子吉布斯采样是个比较困难的任务。我们知道，哈密顿量的维数是量子比特数量的指数大小，平凡的算法同样需要指数时间。有很多文献分析了量子吉布斯采样的时间复杂度。文献[49]、[50]提出了亚指数时间的算法。2016 年，Kastoryano 和 Brandão 提出了一种分析吉布斯态的相关性的框架，定义了强聚集（strong clustering）概念，证明了满足强聚集的吉布斯态可以用量子计算机在多项式时间内采样[42]。他们还介绍了两种吉布斯采样器：Davies 采样器和热浴采样器（heat-bath generator）。但是，只有当目标哈密顿量可以被分解成若干个局部且可交换的哈密顿量之和时，他们的结论才适用。2019 年，他们在原框架的基础上，将他们的结论推广到了某种反映物理上合理假设的情形，不再要求哈密顿量可以被分解成可交换的项[41]。2020 年，Brandão 等提出了在高温条件下（β 很小）的次多项式时间算法，而低温环境下的高效算法仍然是未解之谜。

值得一提的是，还有一种吉布斯态的采样方法，与之前讨论的有所不同，称为量子梅特罗波利斯算法[51]。同样地，该算法也是从经典情形推广而来的。经典梅特罗波利斯算法也是马尔可夫链蒙特卡罗方法，用于从复杂的概率分布中进行采样，与经典吉布斯采样不同的地方在于，每一次迭代中状态的更新并不依赖于条件概率，而是根据一个事先选好的概率分布（如正态分布或者均匀分布）选择一个候选的新状态，以一定的概率接受候选状态并转移到新状态。

如果尝试把上述方法推广到量子情形，用于吉布斯态的采样，我们会发现这是困难的，主要的障碍来自于以下几个方面：

（1）我们并不知道哈密顿量的本征向量是什么；

（2）根据不可克隆定理，我们无法复制中间状态，而一旦我们在迭代中决定拒绝候选状态，需要回溯到原来的状态。

2011 年，Temme 等克服了这些障碍并提出了量子梅特罗波利斯算法。为了克服第一个障碍，他们使用了相位估计算法，把哈密顿量的本征向量和本征值捆绑在一起，通过本征值的转移来实现本征向量的转移，而本征值是已知的（对应物理系统的能量）。为了克服第二个障碍，他们精心设计了量子测量，获得尽量少的信息（只需要 1 比特的信息，即接受还是拒绝候选状态），这样对测量前的量子态只有一个微小的扰动，使得回溯到原状态成为可能。而且他们证明了，如果以 $\exp(\beta(E_{\text{old}}-E_{\text{new}}))$ 的概率接受候选状态（其中 E_{old} 和 E_{new} 分别是原状态和候选状态的本征值，如果 $E_{\text{old}}>E_{\text{new}}$ 即以概率 1 接受候选状态），那么马尔可夫链的稳态就是我们需要采样的吉布斯态。

8.2.4 变分量子电路

优化问题是指在一定的约束条件下，最大化或最小化一个定义在变量集合上的目标函数的问题。变分量子电路（variational quantum circuits）是一种用于求解优化问题的量子机器学习框架，旨在通过优化参数化的量子门序列来构建解决目标问题的量子电路。变分量子电路中的量子门序列（通常称为拟设）是预先设置好的，对带参可调节的量子门中的参数进行优化可以使得量子电路在特定的任务或问题上表现出最佳性能。

变分量子电路在当前嘈杂中型量子设备（noisy intermediate-scale quantum，NISQ）技术时代中具有非常前瞻性。尽管受到噪声和有限的量子比特数量的限制，但某些类别的变分量子电路已经显示出在解决一些复杂问题上的潜力。通过结合经典计算的优势，如优化算法和机器学习方法，以及变分量子电路的灵活性，变分量子电路可以在当前的量子硬件上实现相较于经典计算更高效的计算任务。因此，变分量子电路成为量子计算领域中的一个重要组成部分，为研究人员提供了一种灵活的工具，可被用于设计和实现量子算法，以解决各种复杂的问题。变分量子电路可用于在经典数据集上完成分类、回归等有监督学习任务[52-54]。对于无监督学习任务，Otterbach 等[55]提出了一种基于变分量子电路的聚类方法，他们将聚类任务形式化为最大割问题，然后使用量子近似优化算法[56]进行求解。在无监督学习上的应用还有基于变分量子电路来构建生成模型，例如，由 Romero 等[57]提出的量子自编码器，由 Pierre-Luc 等提出的量子生成对抗网络[58]。此外，变分量子电路也被应用于构建量子神经网络[59-61]以及进行深度学习[62]。

本小节重点介绍基于变分量子电路的基本框架，以及从该框架衍生出的量子近似优化算法。通过深入了解变分量子电路的基本框架以及其衍生出的量子近似优化算法，我们可以更好地理解和应用这些算法在量子机器学习中的潜力，并为解决实际问题提供新的思路和方法。

1. 基本框架

对于一个特定的优化问题，我们选择一组参数来描述该问题的一个解，并利用相应的目标函数衡量某组参数所代表的解的质量，我们的目标是找到目标函数的最优解。变分量子电路是一种结合经典计算和量子计算的高效求解优化问题的算法框架，如图 8.3 所示。

量子计算部分用于计算当前参数下的目标函数值，用来评估算法迭代的效果。将当前算法得到的参数传入预设好的带参量子门序列中，并对带参量子电路的运行输出态进行测量，可以得到当前参数对应的目标函数值。量子门序列由事先排布好的固定的量子门和带参可调节的量子门组成。其中，固定的量子门包含一些常用的量子酉变换，如受控 NOT 门、Hadamard 门等；而带参可调节的量子门通常是一些参数化的酉变换，如量子旋转门。经典部分则负责根据量子部分的计算结果调整量子电路中的参数，并将更新后的参数反馈给量子部分。这个过程通常涉及优化一个目标函数，优化目标函数的目的是最小化输出和期望输出之间的差异。

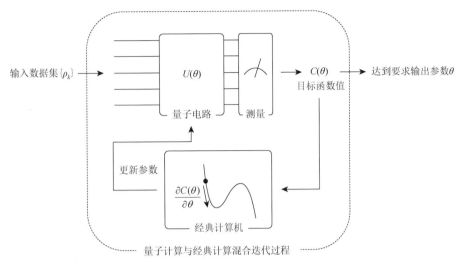

图 8.3　变分量子电路基本框架

　　在这个框架下，经典计算和量子计算的交互是计算性能的关键之一。这种交互通常体现为一个反复迭代的过程，在每一次迭代中，经典部分负责更新参数，然后将参数传递给量子部分，量子部分则用这些参数计算对应的目标函数值。如此反复迭代调整参数，直到模型收敛于最优解或满足精度需求为止。

　　在实践应用中，针对不同问题的特点，可以选择或设计不同的带参量子门序列和优化算法，从而实现更好的算法效果。

　　带参量子门序列的选择方法主要分为两大类：固定的选择方法和自适应的选择方法。固定的选择方法是指一类在优化过程开始前就确定量子电路整体门序列且在优化过程中不会更改门序列的方法。硬件高效拟设（hardware-efficient ansatz）是一种这样的选择方法[63]。这一方法的门序列由一层单比特的带参旋转门和一层纠缠门交替重复构成。可用旋转门和纠缠门集合都可以根据量子设备的硬件条件而变化，因此对硬件十分友好，同时也兼备了可构建量子电路的多样性。酉耦合簇拟设（unitary coupled cluster ansatz）也是一种固定的选择方法，它最早在变分量子本征求解器（variational quantum eigensolver）算法中提出[64]。这一方法的带参量子门序列和一个带参簇算子与其共轭转置的差的指数映射后的酉矩阵所对应，带参量子门序列通过计算酉矩阵在 Bravyi-Kitaev 变换[65]下的电路得到。酉耦合簇拟设相较于硬件高效拟设有更多的参数，计算精度因而会更加高，不过酉耦合簇拟设忽略了底层量子硬件的连通性，实际实现的量子门序列的深度相较于硬件高效拟设会更大，需求的量子纠缠门也更多，因此电路复杂性会更高。对于酉耦合簇拟设的研究十分火热，如 Lee 等提出的 *k*-UpCCGSD[66]，引入可调节的精度参数 *k* 来优化电路的复杂性。其他固定的选择方法还有应用在量子近似优化算法中的一种交替门序列，由一层与目标问题关联的酉矩阵和一层与问题无关的混淆酉矩阵交替构成[56]，这种门序列是由量子绝热理论启发得到的。自适应的选择方法是指在参数优化过程中同时对量子电路的门序列进行动态构建的方法。这一类方法主要包括应用在变分量子本征求解器算法中的ADAPT-VQE 方法[67]等。ADAPT-VQE 方法的想法是逐步将对目标函数优化效果最好的带参量子门加入到门序列中，通常采用的做法是选择导致梯度最大的量子门。

参数优化算法则可以选择经典机器学习领域里常用的方法，可以按照是否需要计算梯度来分类。基于梯度的优化算法主要是随机梯度下降法，这类方法需要在给定参数值处对目标函数的梯度（或导数）进行计算。梯度计算可使用经典的有限差分逼近法，这个方法计算两个点处函数值之间的差异，并将该差异作为梯度的近似值。另外，计算梯度还可以使用解析梯度法，这种利用求导规则直接计算梯度，精度相较于有限差分逼近法更高。适用于变分量子电路的解析梯度法有Schuld 等[68]提出的参数转移规则，这个梯度计算方法需要运行两次量子电路。另外，Farhi 等[59]还提出了一种只需要运行一次量子电路的解析梯度法，不过需要引入一个辅助量子比特来帮助测量。不依赖于梯度的优化方法有遗传算法、集群优化算法等。

2. 量子近似优化算法

量子近似优化算法（quantum approximate optimization algorithm）是一种基于变分量子电路的近似求解组合优化问题的算法，由 Farhi 等于 2014 年提出[56]。量子近似优化算法的基本思想是通过量子绝热理论中的演化操作来逐步逼近目标函数的最优解。量子绝热理论是一种基于量子力学的优化算法，它通过控制一个量子系统的哈密顿量，将其从一个易于制备的初始哈密顿量演化到一个目标哈密顿量，使系统在演化过程中保持在能量最低的基态，从而得到最优解。量子近似优化算法可以被视为量子绝热理论的一种近似形式，它的演化操作是利用经典参数进行调整的，并非严格的绝热演化。该算法通过选择一个具有良好性质的初始哈密顿量和一系列参数化的演化操作来逼近目标函数的最优解，初始哈密顿量通常是易于制备的哈密顿量，而演化操作则对应于一系列参数化的旋转门。相较于传统的量子绝热演化方法，量子近似优化算法更加灵活且降低了实现的技术要求，但也可能引入一定的近似误差。具体而言，量子近似优化算法的流程包括以下几个步骤。

（1）定义两个哈密顿量，其中一个哈密顿量与待求解问题相关，它的基态对应了组合优化问题最优解，另一个哈密顿量是混淆哈密顿量。

（2）构造两类带参可调节的量子门，分别对应这两个不同的哈密顿量。

（3）选择一个电路深度 p，交替使用上述两类带参可调节的量子门完成带参量子门序列的构造。

（4）选择初始参数和输入量子态。

（5）在输入量子态上运行带参量子电路，对输出量子态进行测量。

（6）根据测量结果对量子电路中的参数进行优化。

（7）重复（5）、（6）直到收敛，根据最终参数多次运行量子电路并测量，选择具有最佳目标函数值的解作为近似最优解。

量子近似优化算法已在多种组合优化问题上展现出超越经典算法的优势。对于最大割问题，Crooks 分析发现量子近似优化算法相较于 Goemans-Williamson 算法所使用的量子电路深度更浅，并且在固定电路深度下的算法性能对问题规模不敏感[69]。Ebadi 等[70]使用量子近似优化算法，对于特定图实例上的最大独立集问题，相较于模拟退火算法实现了超线性的量子加速。对于最小顶点覆盖问题，张毅军等提出了一种基于量子近似优化算法的实现指数级加速的量子解决方案，该方案能在多项式时间内以高概率找到问题的解[71]。

量子近似优化算法对于 NISQ 设备具有强大的兼容性，可以在不同的量子计算架构上实施，已经在解决多个实际问题上取得成功。2018 年，强晓刚等[72]使用光量子方案实现了两个量子比特的量子近似优化算法，并用来解决三个组合优化问题。2020 年，Pagano 等[73]在一种使用离子阱技术构建的量子模拟器上实现了低深度的量子近似优化算法，用于估计长程横向场伊辛模型的基态能量以及优化相应的经典组合优化问题。在超导量子计算机设备上，Bengtsson 等[74]应用量子近似优化算法解决了精确覆盖问题的小规模实例，Harrigan 等[75]于 2021 年在谷歌 Sycamore 超导量子处理器上使用量子近似优化算法近似求解了最大割问题。

由此可见，量子近似优化算法在近期的应用前景广阔，并且已经展示出其在实际问题中的适应性和灵活性。然而，要在更实际的设置中实现量子优势，仍然面临着噪声和硬件限制等挑战。继续改进量子近似优化算法并解决这些挑战仍然是一个持续而活跃的研究领域。

8.3　量子学习应用场景

本节将详细介绍量子学习的应用场景，包括传统机器学习问题的量子化、量子无监督学习、量子有监督学习、量子强化学习以及量子层析。这些问题代表了量子机器学习领域的核心研究方向，旨在充分利用量子计算的优势来改进机器学习任务的性能和效率。

8.3.1 传统机器学习问题的量子化

1. 精确学习

在这个问题设置下，我们假设学习的目标是一个布尔函数，即要从一个已知的函数集合 C（称为概念类）中学习某个未知的 c：$\{0, 1\}^n \to \{0, 1\}$。如同精确学习所表示的那样，在给定成员查询（membership query，MQ）下，即当我们向系统查询 x 时会得到 $c(x)$，我们的目标是以大概率精确地确定 c。一般来说，当衡量算法复杂度的方式是对系统的查询次数时，量子算法对比经典算法会有多项式时间的加速；而当衡量算法复杂度的方式是时间复杂度时，在合理的复杂性假设下，对某些学习目标量子算法可以比经典算法指数级别快。

在经典精确学习模型下，给定成员查询 $MQ(c)$，在查询 x 时，$MQ(c)$ 返回对应的标签 $c(x)$。称 A 是一个对概念类 C 的学习者，若对任意的 $c \in C$，给定 c 对应的成员查询 $MQ(c)$，以至少 2/3 的概率 A 输出 h，满足 $h(x) = c(x)$ 对任意的 $x \in \{0, 1\}^n$ 成立。这个模型也被称为谕示机识别（oracle identification），因为可以把概念类 C 看作一组谕示机的集合，而学习的目标就是在给定某个概念类中谕示机时，确定给定的谕示机是这个概念类 C 中的哪一个。

学习者 A 的查询复杂度是指对所有 $c \in C$ 和所有 A 内部的随机比特串中，学习算法需要的对成员查询 $MQ(c)$ 的最多的查询次数。而一个概念类 C 精确学习的查询复杂度是指所有对概念类 C 的学习者 A 中需要的最少的查询复杂度。除此之外，由于每个概念 c：$\{0, 1\}^n \to \{0, 1\}$ 都可以由其真值表，一个长度 $N = 2^n$ 的比特串唯一确定。给定正整数 N 和 M，我们定义 (N, M)-查询复杂度为所有概念类 $C \subseteq \{0, 1\}^n$ 和 $|C| = M$ 中具有最大查询复杂度的概念类对应的查询复杂度。

而在量子的场景下，我们允许学习者使用量子算法，并且对应访问的成员查询从 $MQ(c)$ 变为对应的量子版本 $QMQ(c)$：这个谕示机执行线性可逆变换 $|x, b\rangle \mapsto |x, b \oplus c(x)\rangle$。对于给定的概念类 C，正整数 N、M，我们也可以类似地定义精确学习 C 的量子查询复杂度和 (N, M)-量子查询复杂度。

为了刻画精确学习概念类 C 的查询复杂度和量子查询复杂度，我们首先需要介绍一个由概念类 C 决定的组合参数 $\gamma(C)$：

$$\gamma(C) = \min_{C' \subseteq C, |C'| \geqslant 2} \max_{i \in [N]} \min_{b \in \{0,1\}} \frac{\left|\{c \in C' : c_i = b\}\right|}{|C'|} \tag{8-1}$$

这个看起来很复杂的定义事实上由这个学习程序所启发：如果学习者想要精确地从 C 中确定 c，它可以每次贪心地查询真值表中最有价值的一位 $i \in [N]$，即这一位可以在最坏情况下尽可能多地从目前已经确定 c 所在的概念类子集 C' 中去

除一部分，从而缩小 C' 并最终确定 c。不难看出这个经典算法的查询复杂度是 $O(\log_2 |C|/\gamma(C))$。于是对任意概念类 C，其精确学习的查询复杂度一个上界是 $O(\log_2 |C|/\gamma(C))$。

2004 年，Servedio 等[76, 77]在 Bshouty 工作的基础上证明了对于任意的概念类 C，精确学习的查询复杂度至少为 $\Omega(\max\{1/\gamma(C)，\log_2|C|\})$。综上所述，对于精确学习某个概念类的经典查询复杂度我们得到了较紧的上下界。2004 年，Servedio 等[76]证明了对于任意的概念类 C，精确学习的量子查询复杂度至少为 $\Omega(\max\{1/\sqrt{\gamma(C)},\log_2|C|/n\})$。一些例子表明这个下界是最优的。除此之外，2013 年，Kotthari[78]在 Servedio 等[76, 79]的工作的基础上解决了 Hunziker 在 2010 年提出的一个猜想[80]，证明了精确学习概念类 C 的量子查询复杂度一个上界是 $O(\sqrt{\dfrac{1/\gamma(C)}{\log_2(1/\gamma(C))}}\log_2|C|)$。

综上所述，我们知道量子对精确学习某个概念类这个问题上至多有多项式级别加速。更精确地，对于某个概念类 C，定义其精确学习的经典和量子查询复杂度分别为 $D(C)$ 和 $Q(C)$，更进一步地，Servedio 等[76]在研究中还证明了一个推论：$D(C) = O(nQ(C)^3)$。

接下来关注 (N, M)-查询复杂度和量子查询复杂度之间的关系。经典学习理论中的一个公认的结果是 (N, M)-查询复杂度是 $\Theta(\min\{N, M\})$。至于量子的情况，在 Alon 等、Ambainis 等和 Iwama 等工作[81-83]的基础上，Kotthari[78]在 2013 年证明了 (N, M)-量子查询复杂度分为两类，当 $M \leqslant N$ 时是 $\Theta(\sqrt{M})$，而当 $N < M \leqslant 2^N$ 时是 $\Theta(\sqrt{N\log_2 M/(\log_2(N/\log_2 M)+1)})$。这说明在考虑固定参数情况下的最坏采样复杂度时，量子比经典有多项式级别的加速。

2. 概率近似正确学习

在上面精确学习的场景里，我们可以根据自己的需要对不同样本点对应的标签进行查询，在这样非常可控的查询能力下，查询次数足够多时总是能确定目标函数。在概率近似正确学习中我们关心另一个更贴近现实的场景，在这里我们无法完全控制获得的标签对应的样本点，而只能保证每个数据都是从某个未知的分布中独立采样得到的。

在现实的场景中，通常我们收集数据，而后再对数据进行处理和学习，在大部分情况下我们无法根据学习算法的需要对数据集进行补充，只能根据已经采集到的数据尽可能地逼近目标函数。因此相较于精确学习，概率近似正确学习模型更能抓住这种场景的关键，从而更具有研究价值，受到研究者的广泛关注。

在经典概率近似正确学习模型下，学习算法 A 能够查询一个随机采样的谕示机 PEX(c, D)，其中 $c \in C$ 是要学习的目标概念，而 D 是一个 $\{0, 1\}^n$ 上的未知概率分布。每当学习算法从 PEX(c, D)中查询时，谕示机会根据 D 产生一个样本 x，并返回(x, $c(x)$)。在这样的背景下，我们称学习算法 A 是一个对概念类 C 的(ϵ, δ)-PAC 学习者，若对任意的概念 $c \in C$ 和概率分布 D，学习算法 A 在给定谕示机 PEX(c, D) 的情况下能够以至少 $1-\delta$ 的概率输出一个函数 h，满足 $\Pr(h(x) \neq c(x)) \leq \epsilon$，其中 x 服从概率分布 D。此外，由于学习算法输出的函数 h 不一定是目标概念 c 本身，因此也不一定落在概念类 C 中。如果学习算法输出的函数 h 总是落在概念类 C 中，则称这个学习算法是适当的。

学习算法 A 的采样复杂度定义为其在任意目标概念 $c \in C$、任意概率分布 D 以及一切算法本身随机性下需要访问 PEX(c, D)的最大次数。除此之外，我们定义概念类 C 的(ϵ, δ)-PAC 采样复杂度是所有概念类 C 的(ϵ, δ)-PAC 学习者的最小的采样复杂度。

量子概率近似正确学习模型由 Bshouty 和 Jackson[84]在 1995 年定义。在这个模型下，除了学习者可以使用量子算法，其访问的谕示机也由经典情况的 PEX(c, D) 变为对应的量子情况 QPEX(c, D)。每当算法访问这个谕示机，就会恢复一个量子态 $\sum_{x \in \{0,1\}^n} \sqrt{D(x)} |x, c(x)\rangle$。

这样的一个量子态是前面对经典情况的一个自然的量子拓展。很多量子过程可以产生这样的量子态，考虑在给定一些这样的量子态的情况下进行学习的模型是有意义的。一个量子概率近似正确学习算法可以访问一些上述量子态的复制，在其上进行测量并返回结果。

在量子情况下，量子学习算法的采样复杂度就定义为在任意目标概念 $c \in C$、任意概率分布 D 以及一切算法本身随机性需要的最多的上述量子态的数量。与经典的情况类似，我们定义概念类 C 的(ϵ, δ)-量子概率近似正确采样复杂度是所有概念类 C 的(ϵ, δ)-PAC 学习者的最小的采样复杂度。

与概率近似正确学习有密切联系的组合参数是 Vapnik 和 Chervonenkis[85]引入的 VC 维。对一个概念类 C，称集合 $S = \{s_1, \cdots, s_t\}$ 被打乱，当且仅当 $\{(c(s_1), \cdots, c(s_t)) : c \in C\} = \{0,1\}^n$。概念类 C 的 VC 维就定义为能被打乱的最大集合的大小。接下来用字母 d 表示概念类的 VC 维。Blumer 等[86]在 1989 年证明了概念类 C 的 (ϵ, δ)-PAC 采样复杂度的一个下界是

$$\Omega\left(d / \epsilon + \log_2\left(\frac{1}{\delta}\right) / \epsilon \right) \tag{8-2}$$

2016 年，Hanneke[87]在 Simon[88]工作的基础上证明了这个下界是最优的，有了这些结论，我们得到了概念类 C 的 PAC 采样复杂度与其 VC 维的紧的关系，即其(ϵ, δ)-PAC 采样复杂度是

$$\Theta\left(d\,/\,\epsilon + \log_2\left(\frac{1}{\delta}\right)/\,\epsilon\right) \tag{8-3}$$

一个自然的研究方向是考虑概念类 C 的 (ϵ, δ)-量子 PAC 采样复杂度与其 VC 维之间的关系。令人惊讶的是，在这个学习场景里量子并不比经典情况更有优势。具体地说，在 2018 年，Arunachalam 等[89]在 Atici 等[79, 90]的工作的基础上证明了，对 $\delta \in (0, 1/2)$ 和 $\epsilon \in (0, 1/20)$，概念类 C 的 (ϵ, δ)-量子 PAC 采样复杂度的一个下界是

$$\Theta\left((d-1)\,/\,\epsilon + \log_2\left(\frac{1}{\delta}\right)/\,\epsilon\right) \tag{8-4}$$

3. 不可知学习

不可知学习（agnostic learning）是对概率近似正确学习的一个拓展。在概率近似正确学习中，我们总是假设查询得到的标签是准确无误地从目标概念产生的 $c(x)$，而这一点在现实中并不是一个非常合理的假设。我们无法确定收集到的数据标签总是准确无误的。算法获得的样本标签存在错误的情况是不可知学习所关注的。

经典不可知学习模型中，学习算法访问的谕示机是 AEX(D)，其中 D 是一个 $\{0, 1\}^{n+1}$ 上的未知概率分布。每次访问 AEX(D) 都会从 D 中采样一个样本 (x, b)。对于函数 h，定义其错误率 $\mathrm{err}_D(h) = \Pr(h(x) \neq b)$，其中 (x, b) 服从概率分布 D。对于概率分布 D 和概念类 C，我们可以定义其中函数能够达到的最优错误率为 $\mathrm{opt}_D(C) = \min\{\mathrm{err}_D(c) : c \in C\}$。称一个学习算法 A 是概念类 C 的 (ϵ, δ)-不可知学习者，当且仅当对任意概率分布 D，算法在访问 AEX(D) 的情况下，以不低于 $1-\delta$ 的概率输出一个函数 $h \in C$，满足 $\mathrm{err}_D(h) \leqslant \mathrm{opt}_D(C) + \epsilon$。不难发现当我们限制 D 满足 $\mathrm{opt}_D(C) = 0$ 时，这就是概率近似正确学习模型。

与前面内容类似，我们可以定义算法 A 的采样复杂度是其访问 AEX(D) 的最大可能次数。我们定义概念类 C 的 (ϵ, δ)-不可知采样复杂度是其所有 (ϵ, δ)-个可知学习者的最小采样复杂度。

量子化版本的不可知学习问题由 Arunachalam 和 de Wolf[89]首先研究。对于概率分布 D，算法可以访问谕示机 QAEX(D)。对这个谕示机的每次查询将会返回量子态：

$$\sum_{(x,b)\in\{0,1\}^{n+1}} \sqrt{D(x,b)}\,|x,b\rangle \tag{8-5}$$

类似地，我们可定义量子学习者的查询复杂度和概念类 C 的 (ϵ, δ)-量子不可知采样复杂度。经典不可知采样复杂度的下界由 Vapnik 和 Chervonenkis[85]在他们引入 VC 维的工作中给出，也可见 Simon[91]的工作，上界则由 Talagrand[92]在 1994 年

给出。综合这些结果我们得到，对于任意的概念类 C，其(ϵ, δ)-不可知采样复杂度是 $\Theta(d/\epsilon^2 + \log_2(1/\delta)/\epsilon^2)$，其中 d 是概念类 C 的 VC 维。这一结论与前面经典概率近似正确采样复杂度的结论被 Shalev-Shwartz 和 Ben-David[93]在他们的著作《理解机器学习：从理论到算法》中称为概率近似正确学习基本定理。

在量子的情况中，Arunachalam 等[89]在 2018 年证明了对于任意的概念类 C，$\delta \in (0, 1/2)$ 以及 $\epsilon \in (0, 1/10)$，设 C 的 VC 维为 d，则其(ϵ, δ)-量子不可知采样复杂度是 $\Omega(d/\epsilon^2 + \log_2(1/\delta)/\epsilon^2)$。这个证明与前面概率近似正确学习的情况类似。作为结论，与概率近似正确学习类似，在不可知学习的模型下考虑采样复杂度，量子学习者并不比经典学习者具有显著优势。

8.3.2 量子无监督学习

无监督学习是一种机器学习方法，它处理的是没有预先定义类别标签的数据集。在无监督学习中，算法的目标是从数据集中挖掘出一些有用的结构模式，如聚类、降维等。量子无监督学习是利用量子计算机来处理无标签数据集的无监督学习算法。量子无监督学习算法包括一些经典算法的量子版本，如量子主成分分析、量子聚类和量子最近邻算法等。下面将对上述内容进行分类讨论。

1. 量子主成分分析

1）概述

主成分分析是一种在数据挖掘和模式识别中广泛应用的无监督学习算法，可以用于减小数据集的维度，并发现数据中的结构。Lloyd 等[24]提出了一种量子主成分分析算法，它是经典主成分分析的量子版本。与经典主成分分析相比，量子主成分分析可以利用量子计算机的优异性能，对数据进行快速信息提取，显著提高处理大型数据集的效率。

2）实现与应用

量子主成分分析算法可以看作一种量子态层析过程：去探索一个未知量子态的特征。使用多个未知量子态的密度矩阵的副本，量子主成分分析算法能够在对数时间内构建量子态的大特征值所对应的特征向量。量子主成分分析的实现依赖于一些量子算法模块，包括密度矩阵指数化和量子相位估计算法[94]。量子主成分分析方法具有以下优势：相比经典主成分分析方法，计算复杂度可以实现指数级的减少，这使得解决大规模数据集问题更加高效。作为两个重要的应用，量子主成分分析算法给量子态区分和聚类任务提供了新的方法。

3）挑战与发展

对于量子主成分分析算法的实际应用，仍然存在一些重要的挑战和限制。首先，仍需要进一步发展量子主成分分析的理论和基础算法。其次，在量子计算机硬件的实现和算法设计方面，还需要快速的技术发展，以实现大规模和高精度的数据处理。

2. 量子聚类

聚类是将数据集划分成相似性较高的数据集群的过程。在无监督学习中，聚类是一种广泛使用的技术，可以应用于数据挖掘、图像分析和生物信息学等领域。利用量子计算的特性，量子聚类算法可以对经典聚类算法进行提速。虽然以上算法已经取得了一定的成功，但是仍然存在着很多挑战。例如，多数算法需要对量子计算中的误差进行处理，如退相干和噪声。另外，需要更多的实验结果和数据分析去支持这些算法的有效性和可扩展性。可以预见的是，随着量子计算机技术的不断进步，量子聚类算法在未来的无监督学习领域将发挥越来越重要的作用。下面将对量子聚类算法分类展开介绍。

1）量子谱聚类

谱聚类是一种强大的无监督机器学习算法，它的核心思想是使用数据的相似度矩阵来生成拉普拉斯矩阵。利用拉普拉斯矩阵的谱性质，它能够把数据投影到低维空间，使得聚类更为有效。与经典聚类相比，量子谱聚类可以显著地降低算法的计算复杂度[95-97]。

2）量子均值聚类

经典 k-均值聚类的目的是，把输入数据集合划分到 k 个聚类中，使得每个数据点到聚类中心的距离的平均值最小。Lloyd 等[10]和 Kerenidis 等[98]分别提出了不同版本的量子均值聚类算法。与经典 k-均值聚类算法相比，它们都能显著地节省运行时间，特别是在处理大数据集时。更具体地，在文献[10]中，量子算法的运行时间与特征空间的维数呈对数关系；在文献[98]中，量子算法的运行时间是数据集元素个数的对数级别。

3）量子 k-中位数聚类

k-中位数聚类是一种无监督的学习方法，其目的是对数据进行聚类并找到数据的中心点。k-中位数聚类是一个常用的聚类算法，在经典机器学习中被广泛使用。与 k-均值聚类算法相比，k-中位数聚类算法不容易受到异常值的干扰。k-中位数聚类的算法流程如下：首先，随机选择 k 个数据点作为聚类中心点；其次，每个数据点被分配到最接近的聚类中心；然后，计算每个聚类的中位数并把它作为新的聚类中心；最后，重复这个过程直到新聚类中心和旧聚类中心的差距小于预先设定的阈值。Aiméur 等[99]提出了一种量子 k-中位数聚类算法。利用量子能够快速寻找中位数的优势，量子 k-中位数聚类算法能对经典 k-中位数聚类算法进行多项式级别的加速。

　　4）量子最小生成树聚类

最小生成树聚类是一种基于图论的聚类方法，其主要原理是根据样本之间的距离构建最小生成树，并基于生成树上的边来进行聚类划分。最小生成树聚类算法可用于无监督学习，以发现数据点之间的相似性和聚类结构。相比于其他聚类算法，最小生成树聚类算法的优点是可以有效地识别基于距离的异常点和数据点之间的非线性关系。但是，最小生成树聚类算法对于离群点和噪声数据敏感，也比较容易被数据中的噪声干扰。

在大规模高维数据下，求解最小生成树可能会比较耗时。而量子最小生成树聚类算法是一种最小生成树聚类算法的量子化版本[99]。利用量子计算的优势，量子最小生成树聚类能够更高效地处理高维大规模数据，从而实现更高效的聚类分析。

在量子最小生成树聚类算法中，首先将待聚类数据映射为一个加权无向图，其中节点表示数据点，距离作为边的权重。然后使用量子算法找到相应的最小生成树。设计量子最小生成树聚类算法的核心工具是振幅放大算法[100]。量子最小生成树聚类算法可以比相应的经典算法提供多项式级别的加速。

　　5）量子分级聚类

分级聚类是一种聚类方法，它通过逐步划分数据集来建立聚类层次结构。分级聚类算法从所有数据点开始，不断地将数据集划分为子集并形成一棵层次树，最终以一组聚类结束。分级聚类算法的特点是不需要先设定聚类数目，并且聚类层次结构可以轻松地表示在树状图中。量子分级聚类是分级聚类的量子化版本[99]。和传统的分级聚类算法一样，量子分级聚类算法也通过逐步划分数据集来建立聚类层次结构。利用量子寻找最大值算法作为子程序，量子分级聚类算法可以实现比相应的经典算法更为高效的聚类分析[101]。

　　6）量子核心集构造算法

k-聚类（如 k-中值聚类和 k-均值聚类）是一个基本的机器学习问题。而核心集是一种处理聚类问题的强大技术。粗略地说，当数据集很庞大的时候，核心集可以作为数据集的一个小型代理，使得聚类的计算复杂度显著降低。最近，北京大学前沿计算研究中心的李彤阳、姜少峰团队[102]提出了一种量子算法，可以快速地找到 k-聚类的核心集，从而对各种 k-聚类近似经典算法提供平方级别的加速。同时，他们给出了相应的下界，证明了他们提出的量子算法是几乎最优的（相差一个对数因子）。

　　3. 量子最近邻

Wiebe 等[103]提出了一种量子最近邻算法，它是量子无监督学习中的一种重要算法，旨在从经典数据中寻找最接近某个目标样本的数据。量子最近邻算法具有一些经典近邻算法所不具备的优点,如具有更快的训练速度。下面将对量子最近邻算法的理论基础和应用进行介绍。

1)理论基础

量子最近邻算法的核心思想是使用振幅估计方法去计算欧几里得空间的距离[100]。Wiebe 等[103]证明了量子最近邻算法所需查询次数的上界。在最坏情况下,量子最近邻算法能够对于经典蒙特卡罗算法在查询复杂度上实现多项式级别的加速。

2)应用

在对大型数据集进行分类的时候,经典方法通常需要高昂的计算成本。而量子最近邻算法可以同时具有快速分类和准确性的双重优势。实验表明,对于几个真实世界中的二分类问题,量子最近邻算法的分类准确率都可以与相应的经典算法相媲美[103]。

8.3.3　量子有监督学习

在机器学习中,有监督的学习指在事先已经确定所有类别以及每个类别的特征的情况下,构建模型对未来的新数据的目标属性值或类别进行预测。通常,事先已经确定的类别,即其特征,用一组带有标签的数据集来提供。有监督学习的目标是对带标签的输入数据集进行分析、处理以及建模,从而用于预测未来实际生活中出现的不带任何标签的数据。"有监督"即机器学习算法受到我们以提供带标签的学习数据集等方式的监督引导。机器学习算法需要分析输入数据并找到其中的规律和互相之间的关系,从而预测新数据。

利用量子叠加态的性质,我们可以把指数规模的经典数据压缩到少量的量子比特当中。虽然从物理理论上我们不可能从这些少量的量子比特恢复出原始数据,但是通常情况下我们并不需要训练数据的所有信息,而只是借助它们对新数据进行预测。于是通过小心地设计量子算法,在不违背物理原则的情况下,我们依然能对现有的机器学习算法进行指数级别的加速。在机器学习领域中,需要学习或者预测的数据通常都以向量的形式给出,而量子计算机的理论天然地使用线性代数来描述,所以有很直观的方法来把日常生活工作中产生的海量信息编码到少量的对数级别数量的量子比特当中。同时,相关的算法,如 HHL 等量子算法的理论已经比较成熟,所以我们可以借助量子计算机改良现有的机器学习算法,设计更加高效的机器学习算法,以应对愈发庞大的数据规模。

1. 数据预处理

在生活工作中产生的数据一般是以向量的形式给出的,并且以经典的形式存储在经典计算机中，或者以量子态的形式存储在量子随机存取存储器中。为了利用上量子计算机的优势，我们需要把经典数据编码到对数个量子比特中。从经典信息到量子态的转换是进行这类量子计算的第一步。当初始数据存储在量子随机存取存储器中时，我们能够通过一次查询就并行地获得关于整个输入数据集的信息，此时构造目标量子态比较容易[10]。但是当原始数据存储在经典计算机中时，从经典数据到量子态的转换就变成了最耗时最困难的部分。

2. 量子有监督算法

Lloyd 等[10]在 2013 年对使用量子计算机解决有监督分类问题作出了初步探索。考虑最简单的情形，输入数据集只分为两个标签类。

给定一个新的需要预测的数据之后，一个通用做法是把该数据点分类到离它最近的标签类，且这里一个数据点和一个标签类的距离定义为数据点到该标签类中元素平均值的欧氏距离。显然这是一个简单且行之有效的方法，并且在经典计算机中，计算这两个平均值需要线性时间。在量子计算机中，由于整个训练数据集已经编码到对数个量子比特中，我们所求的距离仅为一个实数，所以完全有可能仅在对数个量子比特上进行操作而得到我们需要的距离。此时时间复杂度应该为对数，对经典算法形成了指数加速。

Lloyd 等证明了，若输入数据已经经过了预处理并且在量子随机存储器中，则仅用对数时间计算以上距离是可行的。为了计算一个数据点到一个集合中元素的平均值的距离，我们可以构建两个不同的量子态，这两个量子态的维数为集合中元素的数量，且它们的保真度恰好为我们所求的距离。进而用交换测试[104, 105]去测量这两个量子态的保真度就可以得到该数据点到集合中元素平均值的距离。用这个算法分别计算该数据点到两个标签类的距离，就可以决定该数据点最终的分类。由于维度为数据规模的量子态只需要对数级别的量子比特就能实现，所以这个方法只需要对数时间复杂度。

注意到 Lloyd 等的算法还具有很好的隐私性，这是因为其对包含数据集的量子随机存储器的查询次数很少，只有对数次。虽然一次量子查询能得到关于整个数据的综合信息，但是一次查询能得到的信息量是有限的。由信息论和量子层析的原理我们知道，要复原整个数据集，至少需要线性时间把每个数据点查询一次。而对数次查询只能获得关于数据集的对数量级的信息。于是我们发现借助量子计算机运行机器学习算法不仅能带来时空复杂度的指数级提升，还能额外得到对原始数据的隐私性的保护，即机器学习算法或者用户终端除了获得用于预测新数据的必要的信息量之外，只能额外获得很少的关于训练集内容的信息，从而无法窥探一些敏感信息。

下面介绍量子计算机下一些常见的有监督学习算法的实现。

1）支持向量机

支持向量机为解决有监督分类问题的一个强有力的工具。支持向量的主要思想是寻找两个将数据集按照所属标签分割的平行的超平面，并且最大化超平面之间的距离。此时，在平面上的数据点就称为支持向量。若给定的数据无法完全按照所属标签用超平面分开，则可以用核技巧将低维的不可分数据映射到更高维使得它们线性可分。Rebentrost 等[9]运用 HHL 算法，构造了一个量子最小二乘支持向量机。

在传统的经典计算机中，用支持向量机处理数据至少需要线性时间。Rebentrost 等的算法借助量子计算机的优势，通过把指数级别的带标签数据编码到量子态中的方式，用少量的量子比特就能处理指数级规模的数据。

支持向量机需要处理的一个概念为核矩阵。核矩阵在包括支持向量机在内的许多算法中都至关重要[13, 14]。支持向量机中很重要的一种核矩阵为线性核。按照定义，给定数据集中的两个数据，则它们的线性核就是它们的内积。注意到在 HHL 算法中，我们可以用相位估计算法，去把一个矩阵逆作用到一个向量上。我们可以不仅仅局限于矩阵的逆，而是可以对该算法进行拓展，从而高效地进行所有的形如 $u^{\mathrm{T}}Lv$ 的内积。这里 u 和 v 为向量，L 为任一矩阵[10]。于是，运用 HHL 算法以及处理内积的算法，通过对量子态当中所包含的带标签的学习数据进行处理，我们可以以量子态的半正定矩阵的形式，生成一组数据的核矩阵。同时，由于核矩阵是非稀疏的，Rebentrost 等的算法需要一套对非稀疏矩阵的量子态进行矩阵幂的算法[24]。最后，该算法也能应用到非线性核的支持向量机上，实现对非线性支持向量机的指数加速。

2）线性回归

回归任务考虑的问题是如何用理论模型去拟合实验得到的数据，这是所有学科，尤其是实验科学都会遇到的重要问题。在机器学习理论中，回归问题也可看成学习一个未知函数的问题：在已知一个函数的若干个数据点的情况下，去学习这个函数的具体形式。这些数据点可能会有误差和噪声，所以真实的函数一般无法完全拟合这些给定的数据点。一般这个函数的大致形式需要我们去猜测，如它是一个线性函数或者是一个多项式函数。在确定好所使用的理论模型或者函数的大致种类之后，通常需要调整很多参数，去最大化地拟合实验数据。所使用的模型或函数往往随着研究的具体问题而变化，并无固定形式，但是我们一般可以使得模型或者函数值随着参数线性变化。例如，当猜测函数为有限维多项式函数时，我们需要调整的参数即各个幂次的系数。此时，我们需要拟合的就是一个线性函数。在经典计算机中，可以使用如最小二乘法或者梯度下降之类的算法解决线性回归问题。在量子计算机中，由于量子态天然地用线性代数表示，且若干个量子态可以表示指数维度的线性空间，所以可以用量子物理的特性设计高效的量子算法解决线性回归问题。

在经典计算机的算法中，最小二乘法求线性回归任务的解可以用摩尔-彭罗斯广义逆（Moore-Penrose pseudoinverse）给出[15]。摩尔-彭罗斯广义逆将矩阵逆的概念推广到所有矩阵上。由于 HHL 算法[2]恰巧在某种意义上实现了量子态上的矩阵逆算法，所以 Wiebe 等[12]通过对 HHL 算法改良，在 2012 年算法实现了量子态上的摩尔-彭罗斯广义逆变换，设计了更加高效的量子算法。这个算法的缺点是它只能把矩阵逆的结果即最小二乘法解线性回归得到的解编码到一个量子态当中。为了从量子态当中提取到这个解的具体参数，还需要进行一些繁复的过程，如使用量子层析算法，还原出这个量子态的所有参数，而量子层析往往需要指数复杂度时间。这个算法虽然无法高效取得最优线性回归的具体参数，但是给出了基于得到的量子态的回归模型拟合度的预测。

Schuld 等[16]研究了直接用量子计算机进行预测的问题。他们的结果规避了使用量子层析等开销巨大的方法获取线性回归的具体参数：在一个量子态当中得到线性回归的解之后，Schuld 等设计了算法，可以直接基于这个量子态对未来的数据进行预测。当然，当描述一个线性方程的参数比较少时，存储量子态肯定要比以经典形式直接存储一个线性回归模型的参数困难得多。王郭明[11]在 2017 年直接计算线性回归模型的参数，而不是把参数编码到量子态的问题上，取得了重要进展。在某些特殊的问题上，其设计的改进版本的量子算法，可以在对数时间内直接获得用最小二乘法解决线性回归任务的解。不同于之前若干基于原始 HHL 算法的结果[12, 16]，王郭明的结果基于 Childs 等的改进版本的 HHL 算法[6]。

3）贝叶斯分类器

贝叶斯分类器是一类以贝叶斯定理为基础，通过学习已有数据和条件，去计算目标数据所属分类的概率，从而进行分类的算法，是解决分类问题的一个有力工具。

在经典计算中，常用的分类器有朴素贝叶斯分类器、二次分类器和线性分类器等。邵长鹏[17]在 2020 年借助分块编码实现了用量子计算机对贝叶斯分类器算法的加速。由于量子计算机能够在某种程度上并行地处理指数量级的数据，所以该结果与上述提到的朴素贝叶斯分类器、二次分类器和线性分类器相比，均有指数的加速效果。

8.3.4　量子强化学习

量子强化学习的框架与经典强化学习的框架并没有本质的不同。区别于经典强化学习的是，量子强化学习中，状态、动作、参数等数据可能以量子方式进行编码并以量子方式进行更新。量子强化学习是一个仍在探索中的前景广阔的学科。

经典强化学习中有两类典型框架：一类方法基于对动作价值函数 $Q(s, a)$ 的估计设计策略，这类算法称为基于价值的方法，包括 Q-learning 和 SARSA 等著名算法；另一类方法则称为投影模拟（projective simulation，PS）方法。在本节中，将首先介绍基于价值的方法在量子强化学习中的若干实现方式，之后介绍投影模拟在量子强化学习中的发展及前景。

1. 基于变分量子电路的量子强化学习

随着变分量子电路理论的发展，基于变分量子电路发展量子强化学习成为量子强化学习理论中最重要的部分。嘈杂中型量子设备是目前量子计算机的主流形态，基于 NISQ 进行设计和实验也因此成为量子强化学习中的重要研究方向。而在这其中，利用变分量子电路框架进行量子深度强化学习是一项尤其可行且非常有潜力的工作。Kwak 等[106]作出了对于 2021 年前的量子强化学习相关研究的一个总结，同时，这也是基于变分量子电路利用 PennyLane 库实现量子强化学习的一个学习资料。

2020 年，Chen 等[62]首先提出使用变分量子电路框架研究深度强化学习，他们重新诠释了经验回放和目标网络，总结出变分量子深度 Q 网络。变分量子深度 Q 网络框架与 Dong 提出的量子强化学习有相当大的不同。变分量子深度 Q 网络框架中的状态、动作、策略仍然是经典的。其中的量子部分主要在于用变分量子深度 Q 网络替换深度 Q 网络以估计 Q 值。估计 Q 值时以目前的状态作为输入，以最优的决策作为输出返回。在量子中，一个较好的编码方案可以使用较少的量子比特，从而可以减少变分量子电路中训练参数的数量。本书的编码是量子电路的一部分，编码策略则是将状态空间先编码为整数，将该整数的二进制表示中的每一位对应到相应的量子比特上。量子电路初始以全 $|0\rangle$ 输入，整数位为 1 时，在对应位采用 $R_z(\pi)R_x(\pi)$ 门，在对应位的量子比特则变为 $R_z(\pi)R_x(\pi)|0\rangle = |1\rangle$，否则整数为 0 时，采用 $R_z(0)R_x(0)$ 门，得到 $R_z(0)R_x(0)|0\rangle = |0\rangle$。尽管本书的编码策略较为简明，在 FrozenLake 和 CognitiveRadio 环境下进行测试时，仍可以以较少的参数取得较优的结果，这种参数的减少优势将随着环境规模的扩大而逐渐凸显。文献[107]、[108]则改进扩展了 Chen 等的框架，使该框架可以对连续空间起效。并且，他们设计了多体量子强化学习的框架。不过，使用经典方法于该框架下对 Pong 环境和 Breakout 环境测试，该框架并不能取得较好的学习成果。吴绍君等[109]的结果则进一步改进了连续空间中的量子强化学习模型，并且提出了量子状态振幅编码：一种避免了离散化导致的状态数指数增长的状态编码方法。利用他们设计的框架 QDDPG，他们尝试解决了量子计算中较为重要的问题：量子态生成问题以及特征值问题。

尽管前述工作看起来十分完善，Skolik 等[110]则指出在 CartPole 这一环境下，

Chen、Owen 的框架并不能起到比较好的效果。他们还指出，相比于基于深度神经网络的强化学习，基于变分量子电路的强化学习更加依赖超参数以及编码策略。在 CartPole 环境中，一辆与一根棍子以固定点方式连接的小车在水平轴上无摩擦地运动，而我们可以选择向左推或者向右推小车，强化学习的目的则是保持小车尽可能地接近初始态。小车和棍子的位置和速度可以决定这个系统，因此，这可以被视作一个 4 维经典系统。CartPole 在经典强化学习中具有已知的较好策略，因此 CartPole 成为量子强化学习中的常用测试。Chen 等[111]于 2022 年运用环境用量子振幅编码技术，将 4 维的 CartPole 环境编码为了含有 2 个量子比特的系统中，在该编码下取得了近似最优的表现。同时，他们使用多体张量网络-变分量子电路架构，将具有 147 维输入的 MiniGrid 环境编码为变分量子电路架构中的 8 维向量，同样在测试中取得了近似最优的表现，展现了量子电路在缩小计算规模上的能力。

变分量子电路框架不仅可以缩小计算规模，在许多环境下，其自身的量子优势将得以凸显。Jerbi 等[112]也提出了若干基于变分量子电路的强化学习框架，特别地，引入了 SOFTMAX-VQC 策略。他们使用蒙特卡罗方法策略梯度算法来学习该策略，在 CartPole、MountainCa 和 Acrobo 环境下测试，得到了比运用一般策略的量子强化学习更好的学习效果。但更重要的是，他们通过在变分量子电路生成的环境下测试发现，在该环境下，基于变分量子电路的强化学习表现明显优于基于神经网络的强化学习。该环境仍不够自然，因此他们还构建了一些与传统的监督学习任务相近的环境，在该环境下，承认离散对数在经典计算中的困难性则可以说明变分量子电路在该环境下优于任何的经典强化学习方法。不过，文献[110]指出，尽管该文章展示了量子优势，但在这些展示优势的环境中，如何以变分量子电路学习最优策略仍然是未知的问题。Sequeira 等[113]则用理论分析了量子策略梯度算法的收敛速率，在 CartPole 和 Acrobo 环境下进行测试验证了该结果。而且通过 Fisher 信息研究了梯度方法在量子模型下的有效程度，以此说明了量子模型相较于经典模型可以以更少的数据得到更准确的结果。

变分量子电路框架具有强大的生命力，有许多的研究尝试将经典强化学习中的算法和思想迁移到量子强化学习中，且几乎都取得了与经典版本相当或者更好的结果。通过扩展经典强化学习中的中心化训练、去中心化执行方法，Yun 等[114]设计了一种全新的量子多体强化学习方法，并说明在 Single-Hop Offloading 环境下，该方法在 60%的比例上优于经典多体强化学习方法。通过用变分量子电路框架诠释经典中的长短期记忆神经网络，可以得到量子版本的长短期记忆（quantum long short-term memory，QLSTM）神经网络，Chen[115]使用 QLSTM 实现了量子递归神经网络。更具体地，该文章以 QLSTM 进行强

化学习，在 CartPole 环境下，取得了比经典递归神经网络更好的结果。Kimura
等[116]扩展了变分量子电路框架下的强化学习，在 POMDP 模型下进行量子强
化学习，该文章的方法基于经典的复值强化学习，通过在 Maze 环境下进行测
试说明了量子优势。Lan[117]则提出了量子版本的 Soft Actor Critic 算法，并在
Pendulum 环境下进行了测试，与经典算法相比，运用更少的参数得到了近似的
效果。尽管量子强化学习相比经典强化学习具有优势，但训练量子强化学习需
要大量的资源。于是，借鉴于经典强化学习中的 A3C 网络，Chen[118]提出了量
子版本的 A3C（quantum asynchronous advantage actor-critic，QA3C）网络，在
Acrobo、CartPole 和 MiniGrid 环境下进行测试，得到了与 A3C 网络相当或者更
好的效果。

2. 基于投影模拟的量子强化学习

投影模拟是一种受到物理启发的强化学习方法。Briegel 等[119]于 2012 年首次
提出投影模拟。在投影模拟中，代理被视作接收感知并输出动作的过程，具体的
条件概率则称为策略。以往学习的经验将作为感知和动作间的带权网络储存在记
忆中，并且感知与动作的配对将被标记好坏情况。在选择动作时，代理将根据以
往学习的网络从当前感知对应的节点随机游走一定时间，在一定次数内，如果游
走到已被标记为好的感知-动作对，那么输出相应的动作，否则随意输出。根据得
到的回报，在网络中相应地分配边的权重以及感知-动作对的标记作为学习的过
程。除了投影模拟，这项工作还提出了投影模拟相应的量子框架。在量子版本中
感知与动作仍然是经典变量，仅有网络被解释为量子变量。而经典投影模拟选择
动作中的随机游走则对应在作为量子态的网络中的量子游走。不过，该文章仅
粗略地谈及了量子框架，没有更深入地工作。

Paparo 等[120]则较为具体地描述了量子游走的过程。他们的框架与 Briegel 等
的投影模拟框架不同，被称为基于反射的投影模拟框架（reflection-based projective
simulation，RPS）。对于不同的感知，RPS 将建立独立的记忆网络而非一个整体的
记忆网络，动作选择和更新则相应地在对应的记忆网络上进行操作，其余部分不
改变。在经典的投影模拟框架中，可将随机游走过程视为在标记为好的动作上的
一个采样任务，调整网络中的权重可以被视为调整采样任务中的参数。在量子游
走中，使用类似于 Grover 算法的方法设计算子，以该算子进行采样任务中参数的
调整，将该算子对应的扩散过程视为量子游走。在该书中，使用量子游走建立的
RPS 称为 QRPS。因为采用了 Grover 算法，所以使用 QRPS 的 PS 代理相比 RPS
代理，在涉及随机游走的过程中，理论上有平方级别的加速。Dunjko 等[121]则给
出了在若干限制下的 QRPS 的实现，并在 Invasion Game 中进行了数值测试，验证
了平方加速。

8.3.5 量子层析

由量子过程层析问题可以转换为对其 Choi 态的层析，在这里我们主要关注量子态层析（quantum state tomography，QST）。量子态层析主要关注如下问题，对于任意未知的 n 量子比特量子态 $\rho \in \mathbf{C}^{d \times d}$，这里 $d = 2^n$，我们需要这个量子态的多少份独立复制才能输出一个量子态的矩阵描述 $\hat{\rho}$，使得 $\|\rho - \hat{\rho}\| \leqslant \delta$。一般情况下我们考虑迹距离，即 $\|\cdot\|_{\mathrm{tr}}$。量子态层析的采样复杂度对很多量子计算问题都有影响，例如，量子纠缠证明[122]、理解量子态之间的纠缠[123]等。

一个最简单的暴力 QST 算法需要 $O(d^6)$ 个量子态的复制：对 d^2 个泡利矩阵来进行测量，每个测量 $O(d^4/\delta)$ 次，再通过解线性方程组得到 ρ 的描述。2012 年，一个更高效率的 QST 算法由 Flammia 等[124]提出，他们使用了一种名为压缩感知的技术，把 QST 需要的量子态复制数提高到了 $O(d^4/\delta^2)$。

接下来，Kueng 等[125]在 2017 年使用更复杂的技术，把需要的复制数提高到了 $O(d^3/\delta^2)$。Haah 等[126]和 O'Donnell 等[127]在这个问题上取得了突破，得到了这个问题的最优采样复杂度。在迹距离下，进行误差不高于 δ 的量子态层析需要 $O(d^2/\delta^2)$ 个量子态的复制；如果已知这个量子态的秩不超过 r，则在保真度误差不超过 ϵ 的情况下需要 $O(dr/\epsilon)$ 个量子态的复制。

上面的算法从采样数上来说已经达到了最优，但是这些算法的时间复杂度非常高，事实上，它们的时间复杂度是 d 的指数级，也就是 n 的双指数级。在现实中，这样的时间复杂度是无法忍受的。一个自然的问题是，是否存在时间上高效的层析算法？更具体地来说，如果我们仅允许每次对一个量子态的复制进行测量操作，最少需要多少份量子态的复制才能进行 QST？有一系列工作对这个问题发起挑战[128, 129]，并且在 2022 年，Chen 等给出了这个问题一个紧的下界的证明[130]，结合 Kueng 等[125]在 2017 年的工作，我们知道在这种情况下需要的量子态复制数是 $\Theta(d^3/\delta^2)$。

与量子层析有密切联系的另一个问题是量子态谱估计，目标是学习未知量子态的谱，即特征值。2016 年，O'Donnell 和 Wright 证明了 $O(d^2/\epsilon^2)$ 个量子态的复制能够让我们估计量子态的特征值，而且在 L_1 度量下的估计误差小于 ϵ，他们也证明了一个下界 $O(d/\epsilon^2)$。谱估计在一些属性测试问题中有重要意义[127, 131-133]。有关谱估计紧的采样复杂度仍然是一个开放问题。

参 考 文 献

[1] Girish U，Raz R，Zhan W. Quantum logspace algorithm for powering matrices with bounded norm[J]. Arxiv Preprint Arxiv：2006.04880，2020.

[2]　Harrow A W，Hassidim A，Lloyd S. Quantum algorithm for linear systems of equations[J]. Physical Review Letters，2009，103（15）：150502.

[3]　Dervovic D，Herbster M，Mountney P，et al. Quantum linear systems algorithms：A primer[J]. Arxiv Preprint Arxiv：1802.08227，2018.

[4]　Shewchuk J R. An introduction to the conjugate gradient method without the agonizing pain[Z]. Department of Computer Science Pittsburgh，1994.

[5]　Ambainis A. Variable time amplitude amplification and a faster quantum algorithm for solving systems of linear equations 29th int[C]. Symp. Theoretical Aspects of Computer Science（STACS 2012），2012：636-647.

[6]　Childs A M，Kothari R，Somma R D. Quantum algorithm for systems of linear equations with exponentially improved dependence on precision[J]. SIAM J Comput，2015，46：1920-1950.

[7]　Wossnig L，Zhao Z，Prakash A. Quantum linear system algorithm for dense matrices[J]. Physical Review Letters，2018，120（5）：050502.

[8]　Liu X，Xie H，Liu Z，et al. Survey on the improvement and application of HHL algorithm[C]. Proceedings of the Journal of Physics：Conference Series，2022.

[9]　Rebentrost P，Mohseni M，Lloyd S. Quantum support vector machine for big data classification[J]. Physical Review Letters，2014，113（13）：130503.

[10]　Lloyd S，Mohseni M，Rebentrost P. Quantum algorithms for supervised and unsupervised machine learning[J]. Arxiv Preprint Arxiv：1307.0411，2013.

[11]　Wang G. Quantum algorithm for linear regression[J]. Physical Review A，2017，96（1）：012335.

[12]　Wiebe N，Braun D，Lloyd S. Quantum Algorithm for Data Fitting[J]. Physical Review Letters，2012，109（5）：050505.

[13]　Hofmann T，Schölkopf B，Smola A. Kernel methods in machine learning[J]. Annals of Statistics，2007，36：1171-1220.

[14]　Muller K R，Mika S，Ratsch G，et al. An introduction to kernel-based learning algorithms[J]. IEEE Transactions on Neural Networks，2001，12（2）：181-201.

[15]　Ben-israel A，Greville T N. Generalized Inverses：Theory and Applications[M]. Berlin：Springer Science & Business Media，2003.

[16]　Schuld M，Sinayskiy I，Petruccione F. Prediction by linear regression on a quantum computer[J]. Physical Review A，2016，94（2）：022342.

[17]　Shao C. Quantum speedup of bayes' classifiers[J]. Journal of Physics A：Mathematical and Theoretical，2020，53（4）：045301.

[18]　Low G H，Chuang I L. Hamiltonian simulation by qubitization[J]. Quantum-Austria，2019：3.

[19]　Gilyén A，Su Y，Low G H，et al. Quantum singular value transformation and beyond：Exponential improvements for quantum matrix arithmetics[C]. Proceedings of the 51st Annual ACM SIGACT Symposium on Theory of Computing. Phoenix：Association for Computing Machinery，2019：193-204.

[20]　Low G H，Chuang I L. Optimal hamiltonian simulation by quantum signal processing[J]. Physical Review Letters，2017，118（1）：010501.

[21]　Szegedy M. Quantum speed-up of markov chain based algorithms[C]. Proceedings of the 45th Annual IEEE Symposium on Foundations of Computer Science，2004.

[22]　Brassard G，Høyer P，Mosca M，et al. Quantum amplitude amplification and estimation[J]. AMS Contemporary Mathematics Series，2002，305：53-74.

[23] Grover L K. A fast quantum mechanical algorithm for database search[C]. Proceedings of the Twenty-Eighth Annual ACM Symposium on Theory of Computing. Philadelphia: Association for Computing Machinery, 1996: 212-219.

[24] Lloyd S, Mohseni M, Rebentrost P. Quantum principal component analysis[J]. Nature Physics, 2014, 10 (9): 631-633.

[25] Wiebe N, Kumar R S S. Hardening quantum machine learning against adversaries[J]. New Journal of Physics, 2018, 20 (12): 123019.

[26] Childs A M, Kothari R, Somma R D. Quantum algorithm for systems of linear equations with exponentially improved dependence on precision[J]. SIAM Journal on Computing, 2017, 46 (6): 1920-1950.

[27] Chakraborty S, Gilyén A, Jeffery S. The power of block-encoded matrix powers: Improved regression techniques via faster hamiltonian simulation[J]. CoRR, abs/1804.01973, 2018.

[28] Kerenidis I, Luongo A. Classification of the MNIST data set with quantum slow feature analysis[J]. Physical Review A, 2020, 101 (6): 062327.

[29] Chowdhury A N, Somma R D. Quantum algorithms for gibbs sampling and hitting-time estimation[J]. Quantum Information and Computation, 2017, 17 (1/2): 41-64.

[30] Apeldoorn J V, Gilyén A, Gribling S, et al. Quantum SDP-solvers: Better upper and lower bounds[C]. Proceedings of the 2017 IEEE 58th Annual Symposium on Foundations of Computer Science (FOCS), 2017.

[31] Kieferová M, Wiebe N. Tomography and generative training with quantum Boltzmann machines[J]. Physical Review A, 2017, 96 (6): 062327.

[32] Amin M H, Andriyash E, Rolfe J, et al. Quantum boltzmann machine[J]. Physical Review X, 2018, 8 (2): 021050.

[33] Kimmel S, Lin C Y-Y, Low G H, et al. Hamiltonian simulation with optimal sample complexity[J]. Quantum Information, 2017, 3 (1): 13.

[34] Levin D A, Peres Y. Markov Chains and Mixing Times[M]. Washington: American Mathematical Society, 2017.

[35] Anshu A, Arunachalam S, Kuwahara T, et al. Sample-efficient learning of quantum many-body systems[C]. Proceedings of the 2020 IEEE 61st Annual Symposium on Foundations of Computer Science (FOCS), 2020.

[36] Bairey E, Arad I, Lindner N H. Learning a local hamiltonian from local measurements[J]. Physical Review Letters, 2019, 122 (2): 020504.

[37] Biamonte J, Wittek P, Pancotti N, et al. Quantum machine learning[J]. Nature, 2017, 549 (7671): 195-202.

[38] Chia N-H, Gilyén A P, Li T, et al. Sampling-based sublinear low-rank matrix arithmetic framework for dequantizing quantum machine learning[J]. Journal of the ACM, 2022, 69 (5): Article 33.

[39] Crawford D, Levit A, Ghadermarzy N, et al. Reinforcement learning using quantum Boltzmann machines[J]. Quantum Information and Computation, 2016, 18 (1/2): 51-74.

[40] Torlai G, Melko R G. Machine-learning quantum states in the NISQ era[J]. Annual Review of Condensed Matter Physics, 2020, 11 (1): 325-344.

[41] Brandão F G S L, Kastoryano M J. Finite correlation length implies efficient preparation of quantum thermal states[J]. Communications in Mathematical Physics, 2019, 365 (1): 1-16.

[42] Kastoryano M J, Brandão F G S L. Quantum Gibbs samplers: The commuting case[J]. Communications in Mathematical Physics, 2016, 344 (3): 915-957.

[43] Kuwahara T, Alhambra Á M, Anshu A. Improved thermal area law and quasilinear time algorithm for quantum Gibbs states[J]. Physical Review X, 2021, 11 (1): 011047.

[44] Kuwahara T, Kato K, Brandão F G S L. Clustering of conditional mutual information for quantum Gibbs states above a threshold temperature[J]. Physical Review Letters, 2020, 124 (22): 220601.

[45] Brandao F G S L, Svore K M. Quantum speed-ups for solving semidefinite programs[C]. 2017 IEEE 58th Annual Symposium on Foundations of Computer Science (FOCS). IEEE Computer Society, 2017: 415-426.

[46] Kalev A, Li T, Lin C Y Y, et al. Quantum SDP solvers: Large speed-ups, optimality, and applications to quantum learning[J]. Leibniz International Proceedings in Informatics, 2019.

[47] van Apeldoorn J, Gilyén A, Gribling S, et al. Quantum SDP-solvers: Better upper and lower bounds[J]. Quantum, 2020, 4: 230.

[48] Cao Y, Romero J, Olson J P, et al. Quantum chemistry in the age of quantum computing[J]. Chemical Reviews, 2019, 119 (19): 10856-10915.

[49] Bilgin E, Boixo S. Preparing thermal states of quantum systems by dimension reduction[J]. Physical Review Letters, 2010, 105 (17): 170405.

[50] Poulin D, Wocjan P. Sampling from the thermal quantum Gibbs state and evaluating partition functions with a quantum computer[J]. Physical Review Letters, 2009, 103 (22): 220502.

[51] Temme K, Osborne T J, Vollbrecht K G, et al. Quantum metropolis sampling[J]. Nature, 2011, 471 (7336): 87-90.

[52] Mitarai K, Negoro M, Kitagawa M, et al. Quantum circuit learning[J]. Physical Review A, 2018, 98 (3): 032309.

[53] Havlíček V, Córcoles A D, Temme K, et al. Supervised learning with quantum-enhanced feature spaces[J]. Nature, 2019, 567 (7747): 209-212.

[54] Schuld M, Bocharov A, Svore K M, et al. Circuit-centric quantum classifiers[J]. Physical Review A, 2020, 101 (3): 032308.

[55] Otterbach J S, Manenti R, Alidoust N, et al. Unsupervised machine learning on a hybrid quantum computer[J]. Arxiv Preprint Arxiv: 1712.05771, 2017.

[56] Farhi E, Goldstone J, Gutmann S. A quantum approximate optimization algorithm[J]. Arxiv Preprint Arxiv: 1411.4028, 2014.

[57] Romero J, Olson J P, Aspuru-Guzik A. Quantum autoencoders for efficient compression of quantum data[J]. Quantum Science and Technology, 2017, 2 (4): 045001.

[58] Dallaire-Demers P-L, Killoran N. Quantum generative adversarial networks[J]. Physical Review A, 2018, 98 (1): 012324.

[59] Farhi E, Neven H. Classification with quantum neural networks on near term processors[J]. Arxiv Preprint Arxiv: 1802.06002, 2018.

[60] Beer K, Bondarenko D, Farrelly T, et al. Training deep quantum neural networks[J]. Nature Communications, 2020, 11 (1): 808.

[61] Cong I, Choi S, Lukin M D. Quantum convolutional neural networks[J]. Nature Physics, 2019, 15 (12): 1273-1278.

[62] Chen S Y C, Yang C H H, Qi J, et al. Variational quantum circuits for deep reinforcement learning[J]. IEEE Access, 2020, 8: 141007-141024.

[63] Kandala A, Mezzacapo A, Temme K, et al. Hardware-efficient variational quantum eigensolver for small molecules and quantum magnets[J]. Nature, 2017, 549 (7671): 242-246.

[64] Peruzzo A, McClean J, Shadbolt P, et al. A variational eigenvalue solver on a photonic quantum processor[J]. Nature Communications, 2014, 5 (1): 4213.

[65]　Bravyi S B，Kitaev A Y. Fermionic quantum computation[J]. Annals of Physics，2002，298（1）：210-226.

[66]　Lee J，Huggins W J，Head-Gordon M，et al. Generalized unitary coupled cluster wave functions for quantum computation[J]. Journal of Chemical Theory and Computation，2019，15（1）：311-324.

[67]　Grimsley H R，Economou S E，Barnes E，et al. An adaptive variational algorithm for exact molecular simulations on a quantum computer[J]. Nature Communications，2019，10（1）：3007.

[68]　Schuld M，Bergholm V，Gogolin C，et al. Evaluating analytic gradients on quantum hardware[J]. Physical Review A，2019，99（3）：032331.

[69]　Crooks G E. Performance of the quantum approximate optimization algorithm on the maximum cut problem[J]. Arxiv Preprint Arxiv：1811.08419，2018.

[70]　Ebadi S，Keesling A，Cain M，et al. Quantum optimization of maximum independent set using Rydberg atom arrays[J]. Science，2022，376（6598）：1209-1215.

[71]　Zhang Y J，Mu X D，Liu X W，et al. Applying the quantum approximate optimization algorithm to the minimum vertex cover problem[J]. Applied Soft Computing，2022，118：108554.

[72]　Qiang X，Zhou X，Wang J，et al. Large-scale silicon quantum photonics implementing arbitrary two-qubit processing[J]. Nature Photonics，2018，12（9）：534-539.

[73]　Pagano G，Bapat A，Becker P，et al. Quantum approximate optimization of the long-range Ising model with a trapped-ion quantum simulator[J]. Proceedings of the National Academy of Sciences，2020，117（41）：25396-25401.

[74]　Bengtsson A，Vikstål P，Warren C，et al. Improved success probability with greater circuit depth for the quantum approximate optimization algorithm[J]. Physical Review Applied，2020，14（3）：034010.

[75]　Harrigan M P，Sung K J，Neeley M，et al. Quantum approximate optimization of non-planar graph problems on a planar superconducting processor[J]. Nature Physics，2021，17（3）：332-336.

[76]　Servedio R A，Gortler S J. Equivalences and separations between quantum and classical learnability[J]. SIAM Journal on Computing，2004，33（5）：1067-1092.

[77]　Bshouty N H，Cleve R，Kannan S，et al. Oracles and queries that are sufficient for exact learning[C]. Proceedings of the Seventh Annual Conference on Computational Learning Theory，1994.

[78]　Kotthari R. An optimal quantum algorithm for the oracle identification problem[J]. Arxiv Preprint Arxiv：1311.7685，2013.

[79]　Atici A，Servedio R A. Improved bounds on quantum learning algorithms[J]. Quantum Information Processing，2005，4（5）：355-386.

[80]　Hunziker M，Meyer D A，Park J，et al. The geometry of quantum learning[J]. Quantum Information Processing，2010，9：321-341.

[81]　Alon N，Rónyai L，Szabó T. Norm-graphs：Variations and applications[J]. Journal of Combinatorial Theory，Series B，1999，76（2）：280-290.

[82]　Ambainis A，Iwama K，Kawachi A，et al. Improved algorithms for quantum identification of Boolean oracles[J]. Theoretical Computer Science，2007，378（1）：41-53.

[83]　Ambainis A，Iwama K，Nakanishi M，et al. Average/worst-case gap of quantum query complexities by on-set size[J]. Arxiv Preprint Arxiv：0908.2468，2009.

[84]　Bshouty N H，Jackson J C. Learning DNF over the uniform distribution using a quantum example oracle[C]. Proceedings of the Eighth Annual Conference on Computational Learning Theory，1995.

[85]　Vapnik V N，Chervonenkis A Y. On the uniform convergence of relative frequencies of events to their

probabilities[J]. Measures of Complexity：Festschrift for Alexey Chervonenkis，2015：11-30.

[86]　Blumer A，Ehrenfeucht A，Haussler D，et al. Learnability and the Vapnik-Chervonenkis dimension[J]. Journal of the ACM（JACM），1989，36（4）：929-965.

[87]　Hanneke S. The optimal sample complexity of PAC learning[J]. The Journal of Machine Learning Research，2016，17（1）：1319-1333.

[88]　Simon H U. An almost optimal PAC algorithm[C]. Proceedings of the Conference on Learning Theory，PMLR，2015.

[89]　Arunachalam S，de Wolf R. Optimal quantum sample complexity of learning algorithms[J]. The Journal of Machine Learning Research，2018，19（1）：2879-2888.

[90]　Zhang C. An improved lower bound on query complexity for quantum PAC learning[J]. Information Processing Letters，2010，111（1）：40-45.

[91]　Simon H U. General bounds on the number of examples needed for learning probabilistic concepts[C]. Proceedings of the Sixth Annual Conference on Computational Learning Theory，1993.

[92]　Talagrand M. Sharper bounds for gaussian and empirical processes[J]. The Annals of Probability，1994：28-76.

[93]　Shalev-Shwartz S，Ben-David S. Understanding Machine Learning：From Theory to Algorithms[M]. Cambridge：Cambridge University Press，2014.

[94]　Nielsen M A，Chuang I L. Quantum Computation and Quantum Information[M]. Cambridge：Cambridge University Press，2010.

[95]　Kerenidis I，Landman J. Quantum spectral clustering[J]. Physical Review A，2021，103（4）：042415.

[96]　Li Q，Huang Y，Jin S，et al. Quantum spectral clustering algorithm for unsupervised learning[J]. Science China Information Sciences，2022，65（10）：200504.

[97]　Volya D，Mishra P. Quantum spectral clustering of mixed graphs[C]. Proceedings of the 2021 58th ACM/IEEE Design Automation Conference（DAC），2021.

[98]　Kerenidis I，Landman J，Luongo A，et al. Q-means：A quantum algorithm for unsupervised machine learning[C]. Proceedings of the 33rd International Conference on Neural Information Processing Systems，2019.

[99]　Aiméur E，Brassard G，Gambs S. Quantum speed-up for unsupervised learning[J]. Machine Learning，2013，90（2）：261-287.

[100]　Brassard G，Hoyer P，Mosca M，et al. Quantum amplitude amplification and estimation[J]. Contemporary Mathematics，2020，305：53-74.

[101]　Ahuja A，Kapoor S. A quantum algorithm for finding the maximum[J]. arXiv preprint quant-ph/9911082，1999.

[102]　Xue Y，Chen X，Li T，et al. Near-optimal quantum coreset construction algorithms for clustering[J]. Arxiv Preprint Arxiv：230602826，2023.

[103]　Wiebe N，Kapoor A，Svore K. Quantum algorithms for nearest-neighbor methods for supervised and unsupervised learning[J]. Arxiv Preprint Arxiv：1401.2142，2014.

[104]　Barenco A，Berthiaume A，Deutsch D，et al. Stabilization of quantum computations by symmetrization[J]. SIAM Journal on Computing，1997，26（5）：1541-1557.

[105]　Buhrman H，Cleve R，Watrous J，et al. Quantum fingerprinting[J]. Physical Review Letters，2001，87（16）：167902.

[106]　Kwak Y，Yun W J，Jung S，et al. Introduction to quantum reinforcement learning：Theory and pennylane-based implementation[C]. Proceedings of the 2021 International Conference on Information and Communication Technology Convergence（ICTC），IEEE，2021：416-420.

[107] Lockwood O，Si M. Reinforcement learning with quantum variational circuit[J]. Proceedings of the AAAI Conference on Artificial Intelligence and Interactive Digital Entertainment，2020，16（1）：245-251.

[108] Lockwood O，Si M. Playing atari with hybrid quantum-classical reinforcement learning[C]. Proceedings of the NeurIPS 2020 Workshop on Pre-registration in Machine Learning. Proceedings of Machine Learning Research，PMLR，2021：285-301.

[109] Wu S，Jin S，Wen D，et al. Quantum reinforcement learning in continuous action space[J]. Arxiv Preprint Arxiv：2012.10711，2020.

[110] Skolik A，Jerbi S，Dunjko V. Quantum agents in the gym: A variational quantum algorithm for deep Q-learning[J]. Quantum，2022，6：720.

[111] Chen S Y-C，Huang C-M，Hsing C-W，et al. Variational quantum reinforcement learning via evolutionary optimization[J]. Machine Learning：Science and Technology，2022，3（1）：015025.

[112] Jerbi S，Gyurik C，Marshall S，et al. Parametrized quantum policies for reinforcement learning[J]. Advances in Neural Information Processing Systems，2021，34：28362-28375.

[113] Sequeira A，Santos L P，Barbosa L S. Policy gradients using variational quantum circuits[J]. Quantum Machine Intelligence，2023，5（1）：18.

[114] Yun W J，Kwak Y，Kim J P，et al. Quantum multi-agent reinforcement learning via variational quantum circuit design[C]. Proceedings of the 2022 IEEE 42nd International Conference on Distributed Computing Systems（ICDCS），2022：10-13.

[115] Chen S Y C. Quantum deep recurrent reinforcement learning[C]. Proceedings of the ICASSP 2023-2023 IEEE International Conference on Acoustics，Speech and Signal Processing（ICASSP），2023：4-10.

[116] Kimura T，Shiba K，Chen C-C，et al. Variational quantum circuit-based reinforcement learning for pomdp and experimental implementation[J]. Mathematical Problems in Engineering，2021：3511029.

[117] Lan Q. Variational quantum soft actor-critic[J]. Arxiv Preprint Arxiv：2112.11921，2021.

[118] Chen S Y C. Asynchronous training of quantum reinforcement learning[J]. Arxiv Preprint Arxiv：2301.05096，2023.

[119] Briegel H J，de las Cuevas G. Projective simulation for artificial intelligence[J]. Scientific Reports，2012，2（1）：1-16.

[120] Paparo G D，Dunjko V，Makmal A，et al. Quantum speedup for active learning agents[J]. Physical Review X，2014，4（3）：031002.

[121] Dunjko V，Friis N，Briegel H J. Quantum-enhanced deliberation of learning agents using trapped ions[J]. New Journal of Physics，2015，17（2）：023006.

[122] Kokail C，van Bijnen R，Elben A，et al. Entanglement Hamiltonian tomography in quantum simulation[J]. Nature Physics，2021，17（8）：936-942.

[123] Cramer M，Plenio M B，Flammia S T，et al. Efficient quantum state tomography[J]. Nature Communications，2010，1（1）：149.

[124] Flammia S T，Gross D，Liu Y-K，et al. Quantum tomography via compressed sensing：Error bounds，sample complexity and efficient estimators[J]. New Journal of Physics，2012，14（9）：095022.

[125] Kueng R，Rauhut H，Terstiege U. Low rank matrix recovery from rank one measurements[J]. Applied and Computational Harmonic Analysis，2017，42（1）：88-116.

[126] Haah J，Harrow A W，Ji Z，et al. Sample-optimal tomography of quantum states[C]. Proceedings of the Forty-Eighth Annual ACM Symposium on Theory of Computing，2016.

[127]　O'Donnell R，Wright J. Efficient quantum tomography[C]. Proceedings of the Forty-Eighth Annual ACM Symposium on Theory of Computing，2016.

[128]　Yuen H. An improved sample complexity lower bound for〈fidelity〉quantum state tomography[J]. Quantum，2023，7：890.

[129]　Lowe A，Nayak A. Lower bounds for learning quantum states with single-copy measurements[J]. Arxiv Preprint Arxiv：2207.14438，2022.

[130]　Chen S，Huang B，Li J，et al. Tight bounds for state tomography with incoherent measurements[J]. Arxiv Preprint Arxiv：2206.05265，2022.

[131]　O'Donnell R，Wright J. Quantum spectrum testing[C]. Proceedings of the Forty-Seventh Annual ACM Symposium on Theory of Computing，2015.

[132]　Wright J. How to learn a quantum state[D]. Pittsburgh：Carnegie Mellon University，2016.

[133]　O'Donnell R，Wright J. Efficient quantum tomography II[C]. Proceedings of the 49th Annual ACM SIGACT Symposium on Theory of Computing，2017.

第五部分　信息主义人工智能：层谱抽象认知模型人工智能

第9章 信息定律与信息模型

9.1 信息科学的研究对象

定义 9.1 信息世界对象就是现实对象，信息世界就是现实世界。

现实世界对象包括：

（1）物理世界对象；

（2）生命体；

（3）创造的对象；

（4）事实；

（5）事件；

（6）数据等。

时至今日，成体系的科学原理都是关于物理世界对象的理论。

物理世界对象只是现实世界对象的一种，而且是初始的现实世界对象。

现实世界中遇到最多的是非物理世界的对象，并不是物理世界的对象。

现实生活中我们需要现实世界对象的科学研究。然而我们没有一个现实世界对象研究的科学体系。

9.2 物理世界对象基本定律

定义 9.2 （物理科学问题）物理科学研究物理世界对象的内在本质属性。

定义 9.3 （物理性质）物理世界的一个对象的内在本质是该对象本身完全决定的对象的根本属性。

一个对象的物理性质就是该对象的内在本质。

一个对象的内在本质称为该对象的物理性质。

因此，一个对象的物理性质由该对象完全决定。

现有的科学体系主要研究物理世界对象的物理性质，例如：

（1）物质或物体的物理性质；

（2）化学对象的物理性质；

（3）生物对象的物理性质等。

定义 9.4　（物理世界对象的基本规律（fundamental law of physical objects））物理世界对象是任意可分的。

例如：

（1）一块石头任意砸碎了还是石头；

（2）一个线段的长度是该线段任意分割以后所有分割线段长度之和。

定义 9.5　（物理世界科学范式）物理世界对象分析的范式，或者总方法是分而治之。

分而治之这个总方法的数学原理就是微分学和积分学，合起来称为微积分。因此，微积分就是支撑物理世界对象分析的基本原理。微积分适用于物理世界对象的分析，从理论上说，微积分足以支撑物理世界对象物理性质的分析。

现有的以研究数与形为目标的经典数学很好地支撑了物理世界的物理性质研究，现有的科学体系很好地实现了现实世界的物理性质分析。

9.3　信息性质/知识的定义

知识一定是关于一个对象的，即知识一定有一个具体对象。不可能存在没有任何具体对象的知识。同时，知识本身又是抽象的。因此知识是具体的，同时也是抽象的。

定义 9.6　（现实世界对象的信息性质/知识）一个对象的信息性质，即知识，包括：

（1）该对象的存在性，称为语法；

（2）该对象的功能与作用，称为语义；

（3）该对象的运动性；

（4）该对象的存在性、作用与运动性背后的原因。

定义 9.7　（现实世界对象基本定律）现实世界的一个对象必然有一个信息性质，即知识，包括：

（1）语法，即存在性；

（2）语义，即功能与作用；

（3）运动性；

（4）原因，即语法、语义及运动性背后的原因。

信息是信息性质，即知识，背后的数学基础，即信息解码或获取信息是发现一个对象的存在性、功能与作用、运动性的数学基础。直观地说，信息是信息性质的基础。等价地说，信息性质是信息的解释，信息的解释就是信息性质。

注意：我们经常说一些术语，如数学性质、物理性质等。信息性质和物理性质可以进行比较，是一个新的科学术语。

　　信息科学就是发现现实世界对象的信息性质，揭示现实世界对象的规律的科学。

　　物理科学研究现实世界对象的物理性质。

9.4　现实世界对象的物理性质与信息性质

　　一个对象的物理性质存在于该对象内部。

　　一个对象的信息性质存在于：

　　（1）该对象的内部；

　　（2）该对象和环境中其他对象相互作用的关系中。

　　物理科学研究现实世界对象的物理性质。

　　现有科学体系的学科都是研究现实世界对象的物理性质的学科。

　　信息科学研究现实世界对象的信息性质。

　　现实世界对象的信息性质是科学研究在信息时代的必然要求。因此，信息科学是科学发展的一个必然阶段。

　　现有的物理科学体系不能回答信息科学提出的问题。

9.5　策　　略

　　定义 9.8　（熵与信息）熵是不确定性的量；信息是消除的不确定性；解码信息是消除的不确定性的量。

　　定义 9.9　（生成策略、生成信息）如果一个动作或操作生成了不确定性，则称为一个生成策略；一个生成策略的生成信息就是该生成策略所生成的不确定性的量。

　　定义 9.10　（解码策略、解码信息）如果一个动作或操作消除某个载体的不确定性，则称为一个解码策略；一个解码策略的解码信息就是该解码策略消除的不确定性的量。

　　定义 9.11　（策略）称一个动作或操作为一个策略，如果它是一个生成策略或者一个解码策略。

　　有可能一个动作或操作同时是生成策略，又是解码策略。

　　因此策略就是在确定性和不确定性之间转化的动作或操作。如果一个策略从确定性转化为不确定性，则它是一个生成策略；如果一个策略从不确定性转化为确定性，则它是一个解码策略。

　　策略是一个全新的科学概念，它揭示了信息科学的如下基本定律：

　　（1）确定性和不确定性是可以互相转化的；

（2）确定性和不确定性之间的转化是有条件的，即需要一个策略；

（3）生成策略实现确定性到不确定性的转化；

（4）解码策略把不确定性转化为确定性；

（5）信息科学就是研究确定性和不确定性及其相互转化的规律与作用的科学。

9.6　信息的模型

策略的概念使得信息是一个由 5 大要素和 5 大步骤构成的模型。

定义 9.12　（信息的模型）信息的模型由如下步骤构成：

（1）（主体）信息有一个动作或操作的主体 O；

（2）（生成策略）信息的生成策略与生成的载体 A；

（3）（解码策略）主体 O 采取的解码策略 T；

（4）（解码信息）解码策略 T 消除的嵌入在载体 A 中的不确定性的量 $D^{\mathrm{T}}(A)$ 是可度量的；

（5）（语义）解码信息 $D^{\mathrm{T}}(A)$ 对策略 T 的主体 O 的作用。

信息的模型揭示了：

（1）信息是有私人性的，这解释了为什么信息安全是重要的；

（2）信息生成必然有一个生成策略和生成原理；

（3）信息解码有一个解码策略和解码原理；

（4）生成信息和解码信息都是可度量的；

（5）信息一定是有用的。

事实上，信息在某个模型（或环境）的解释就是知识。因此信息是学习的数学基础。

9.7　学习的数学实质

定义 9.13　（学习的数学实质）学习的数学实质就是：

（1）生成信息；

（2）解码信息。

解码信息就是消除不确定性，消除不确定性是回答问题；生成信息就是产生不确定性，产生不确定性就是提出问题。

一个学习过程就是一系列的提出问题和回答问题。因此，学习的实质就是生成信息和解码信息。

学习的内容是广泛的；学习的方法是开放的。然而学习的数学实质揭示了学习最终收敛到：提出问题，回答问题，即任何一个学习，无非就是在提出问题和回答问题。一个学习过程就是一系列的提出问题和回答问题。

学习的数学实质和计算的数学实质都非常简单，而且很相似。

（1）Turing 机每一步就是左移一格或者右移一格（这就是计算所要求的机械性的数学实质）。

（2）学习的每一步或者是回答问题，即解码信息；或者是提出问题，即生成信息。

计算的实质是机械性，一个局部动作就是左移一格或者右移一格；学习的实质是信息，一个局部动作就是解码信息或者生成信息，即回答问题或者提出问题。

学习的数学实质是建立学习的数学模型的基础。有了这个实质，我们只需要看生成策略和解码策略，而不管是生成策略还是解码策略，都是一个动作或操作。我们已经知道：信息在哪里？信息是怎么生成的？信息是怎么解码的？等问题的答案。我们可以度量这些生成策略生成的信息，也能度量一个解码策略所消除的不确定性的量，我们就可以建立学习的数学原理。

9.8 知识是信息在某一个模型下的解释

信息是消除的不确定性，是一个抽象的概念。

知识是具体的，一定是关于某个对象或模型的；然而知识中一定嵌入了信息，即知识必然回答了问题或者包含问题。

定义 9.14 （知识）知识是信息在某个模型下的解释。

例如：

（1）消除了多少比特的不确定性，即信息，它是一个量；

（2）而在数学中消除的不确定性的解释就是数学知识；

（3）在物理中消除的不确定性的解释就是物理知识；

（4）在计算机科学中消除的不确定性的解释就是计算机科学的知识。

知识的定义表明，知识是具体的，同时也是抽象的；信息是知识背后的数学基础，知识是信息在给定模型下的解释。

进一步地，知识就是消除的或生成的不确定性在特定模型下的解释。等价地说，知识就是消除的不确定性在某模型下表示的含义，或者生成的不确定性在某模型的语义解释。

因此，我们有：

（1）信息的数学理论解决确定性和不确定性及其相互转化的规律；

（2）学习的数学理论要解决的问题是知识，即生成或消除的不确定性在给定模型下的语义解释。

9.9　抽　　象

抽象是人认识世界的基本策略，是一个动作或操作。然而抽象作为一个基本策略的数学实质是什么？

抽象一定是作用在一个具体的已知对象上的，提取该对象的一个数学属性。

定义 9.15　（抽象）给定一个对象 x，该对象的一个抽象就是一个策略，作用于 x，提取对象 x 的一个数学属性 f，使得有很多对象 $y_1, y_2, \cdots, y_n$ 等都具有属性 f。

在这个定义中：

（1）对象 x 是具体的；

（2）f 是 x 的一个数学属性，因此 f 是一个创造的新对象；

（3）抽象的实质在于 f 同时还是许多其他对象 $y_1, y_2, \cdots, y_n$ 的数学属性。

在提取数学属性 f 时，$y_1, y_2, \cdots, y_n$ 可能已经观察到，也可能尚未观察到。

如果 $y_1, y_2, \cdots, y_n$ 已经观察到，这时 x 的抽象就是找 x 和 $y_1, y_2, \cdots, y_n$ 的共性。

（4）衡量从 x 抽象出 f 的质量的标准是 $\{x, y_1, y_2, \cdots, y_n\}$，这些对象构成的系统是否包含大量信息。

因此，在从 x 抽象出 f 时，如果 $y_1, y_2, \cdots, y_n$ 没有被观察到，那么从 x 抽象出 f 的意义还无法体现。

（5）一个好的抽象是从 x 抽象出 f，后来又观察到还有大量对象 $y_1, y_2, \cdots, y_n$ 同时具有属性 f，而且 $\{x, y_1, y_2, \cdots, y_n\}$ 这些对象形成一个复杂的系统，在其中嵌入了大量的信息。

（6）抽象这个概念已经隐含着创造这一策略。因为当观察到 x 时，f 可能还是一个不存在的对象，因而 f 是创造的结果。

抽象实际上是人先天所具有的能力，即先验能力。当一个小孩第一次看到猫的时候，他/她一定是在脑子里抽象了一个对象，这个对象不是实物的猫，但它非常准确地表示了猫。正因如此，以后每当再次看到猫时，小孩马上说，我见过，我知道，这是猫。能做到这一点的唯一原因就是当小孩第一次看到猫的时候，他/她已经抽象出一个对象，且非常准确，而且表示了实物的猫。因此，抽象是人与生俱来的能力。

9.10　层 谱 抽 象

层谱抽象是一个算子或操作，从而是一个策略，并作用于一个复杂对象，以揭示该复杂对象在每个抽象层谱的功能模块或语义模块。

例如，一个 DNA 序列的层谱抽象可以揭示 DNA 的各个抽象层谱的拓扑结构域，使得一个拓扑结构域实际上对应于一个有生物意义的功能模块。一个人的层谱抽象揭示了人的各个抽象层谱的生物器官，如头、四肢和躯干等。

层谱抽象这个策略作用的对象一定是：

（1）很多更小对象构成的复杂系统；

（2）该对象作为一个整体是一个现实世界的对象，有其自身的语法、语义与运动性；

（3）该对象本身不能任务分割。

信息世界的对象都满足以上性质，特别地，生命体都满足以上性质。

然而，层谱抽象的数学模型是什么？

最一般的情况下，我们把层谱抽象这一概念定义在有限集合上。

定义 9.16　（层谱抽象）给定一个非空有限集 V，集合 V 的一个层谱抽象是一个如下定义的有根树 T：

（1）T 的根节点是空串，记为 $\lambda = \varnothing$，定义与根节点 λ 联系的标签为 $T_\lambda = V$，即根节点的标签是整个有限集 V；

（2）对于 T 中任何一个节点 α，假设 α 的标签是 T_α，那么：

①α 的立即后继，即子节点 $\beta_0 = \alpha\,\hat{}\,\langle 0 \rangle, \beta_1 = \alpha\,\hat{}\,\langle 1 \rangle, \cdots, \beta_l = \alpha\,\hat{}\,\langle l \rangle$，对某一个自然数 l，使得对 $i < j$，$\beta_i <_L \beta_j$，即 β_i 在 β_j 左边；

②令 T_{β_i} 是与 $\beta_i = \alpha\,\hat{}\,\langle i \rangle$ 相联系的标签，那么 $\{T_{\beta_0}, T_{\beta_1}, \cdots, T_{\beta_i}\}$ 恰是 T_α 的一个集合划分；

（3）对 T 的每一个叶子节点 $\gamma \in T$，γ 的标签 T_γ 是一个单点集，即 $T_\gamma = \{v\}$ 对某一个元素 $v \in V$。

定义 9.17　（编码）给定非空有限集 V 和 V 的一个编码树 T：

（1）对每一个 $\alpha \in T$，令 $X = T_\alpha$，则我们称 α 是 X 的码字，称 X 是 α 的标签；

（2）对于每一个 T 的叶子节点 $\gamma \in T$，如果 $T_\gamma = \{v\}$，则称 γ 是 v 的码字，v 是 γ 的标签。

因此，一个有限集的编码树给集合中每一个元素定义了一个码字。

编码树就是一个树编码。

给定非空有限集 V 及 V 的一个编码树 T，则有如下性质：

（1）对于每一个 $\alpha \in T$，α 的标签 T_α 可以视为 V 的一个功能模块；

（2）对于每一个 $\alpha \in T$，在树 T 中从 λ 到 α 的路径就是从 V 到模块 T_α 的一个推演；

（3）对于每一个 $\alpha \in T$，在树 T 中从 α 到根节点 λ 的路径就从模块 T_α 到 V 的一个层谱抽象；

（4）特别地，对于叶子节点 γ，如果 $T_\gamma = \{v\}$，那么从根节点 λ 到 γ 的路径就

是从 V 到 v 的一个推演，在树 T 上从 γ 到 λ 的路径就是元素 v 的一个层谱抽象；

（5）很显然，T 中每一个叶子节点是 V 中某个元素的码字，而且 V 中每一个元素在 T 的叶子节点中存在唯一的码字。

编码树 T 的最大优越性是：

（1）当我们知道 $\alpha \in T$ 时，同时意味着我们知道从 α 到根节点 λ 这条路径；

（2）假设 $\alpha, \beta \in T$，且 $\delta = \alpha \wedge \beta$ 是 α 和 β 在树 T 上分叉的节点，这时当我们知道 α 时，我们就已经知道 β 的从 δ 到 λ 之间的路径，在这种情况下，要确定 β，只需确定从 δ 到 β 的路径。

因此，我们有：

（1）一个非空有限集 V 的编码树就是 V 的一个层谱抽象；

（2）层谱抽象这个策略是可以数学地定义的；

（3）编码树是一个无损编码；

（4）编码树是层谱抽象的数学模型；

（5）编码树是层谱抽象的数据结构。

层谱抽象是信息科学的科学范式，是人工智能信息科学原理的基本方法；层谱抽象还将是未来科学的新范式和认知模型。

9.11　科学范式定律

9.11.1　物理对象科学范式定律

物理对象都是任意可分的对象，对于任意可分的对象，其科学范式或总方法论是分而治之。

9.11.2　信息世界的科学范式定律

信息世界对象不是任意可分的。信息世界对象的科学范式，即总方法论，是层谱抽象的。

9.12　个 体 定 律

现实世界的个体可能是一个原子、一个量子、一个细胞、一个基因、一个人、一个动物、一栋建筑、一个公司，甚至是一个国家。

怎样定义现实世界的个体？个体的信息性质是什么？怎样求解个体的信息性质？

为了回答这些问题，提出个体的一些基本定律。

9.12.1　个体定律 I

每一个对象都有一个存在性、一个作用和一个运动性；个体的存在性、作用和运动性嵌入在该对象和其他对象的相互作用或关系构成的系统中。

一个对象的存在性包括它的起源、存在空间、存在形式、存在状态等。

一个对象的存在性也称为该对象的语法。

一个对象的作用指它在环境中的功能与作用。

一个对象的功能与作用也称为该对象的语义。

一个对象的运动性指该对象在环境中的运动属性。

个体定律 I 表明，现实世界中，一个对象的语法、语义和运动属性嵌入在该对象和环境中其他对象相互作用的系统中。

因此，决定一个对象的信息性质的因素有两个：

（1）该对象的物理性质；

（2）该对象和其他对象的相互作用。

一个对象的物理性质是该对象的信息性质的一部分。

9.12.2　个体定律 II

给定现实世界中的一个对象：

（1）该对象的语法属性有一个层谱结构；

（2）该对象的语义属性有一个层谱结构；

（3）该对象的运动性有一个层谱结构。

个体定律 II 表明，一个对象的语法、语义和运动性有层谱结构。等价地说，现实世界的对象处于不同的抽象层谱。在每一个抽象层谱有它的语法、语义和运动性。

9.12.3　个体定律 III

现实世界的对象是层谱抽象可定义的。

个体定律 III 揭示了现实世界中的一个对象是由一个层谱抽象来定义的。

一般来说，一个抽象层谱不足以定义现实世界的一个对象。

根据个体定律Ⅰ，每一个对象都有一个存在性、一个功能与作用，以及一个运动性。然而一个对象的语法、语义和运动性背后的原因是什么呢？

9.12.4　个体定律Ⅳ

在现实世界中，一个对象的存在性、作用和运动性是该对象和其他对象在环境中博弈与竞争的结果。

个体定律Ⅳ揭示了博弈与竞争是一个对象的存在性、作用和运动性背后的原因。

9.13　信　息　定　律

9.13.1　信息定律Ⅰ

现实世界中每一个个体或对象都是一系列确定性和不确定性联合作用生成的结果。

信息定律Ⅰ揭示了确定性和不确定性都是现实世界对象生成的机理。确定性和不确定性就像一枚硬币的两面，每一个对象都有两面，一面是确定性，另一面是不确定性。

这也说明不可能把一个对象的不确定性完全消除，因为不确定性本身是该对象的机理。

现实世界中一个对象的确定性和不确定性来自于哪里？

9.13.2　信息定律Ⅱ

现实世界中一个对象的不确定性来自于该对象本身，及该对象与环境中其他对象的相互作用；一个对象的确定性来自于该对象本身的物理性质以及该对象和其他对象的相互作用。

信息定律Ⅱ揭示了一个对象的确定性和不确定性均有两个源泉：

（1）该对象的物理性质；

（2）该对象和其他对象的相互作用。

9.13.3　信息定律Ⅲ

确定性和不确定性是可以相互转化的；确定性和不确定性之间的转化是有条

件的；确定性和不确定性之间的转化需要一个动作或操作，确定性和不确定性之间转化的动作或操作称为策略。从确定性到不确定性转化的策略称为生成策略；从不确定性到确定性转化的动作或操作称为解码策略；一个生成策略的生成信息是可度量的；一个解码策略的解码信息是可度量的；一个生成策略的生成信息是有用的；一个解码策略的解码信息是有用的。

9.14　运　动　定　律

9.14.1　运动定律 I

在没有受到干预的条件下，现实世界的对象总是有一个趋势要保持其存在性、作用和运动性；现实世界的一个对象总是按自身规律运动；运动是现实世界对象的基本性质。

9.14.2　运动定律 II

现实世界的每一个动作或操作总是有代价的，即消耗一定的信息（或确定性）以保证该动作或操作的执行；等价地说，任何一个动作或操作的执行都要消耗一定量的信息，即消耗一定量的确定性。

运动定律 II 揭示了现实世界中，没有一个动作或操作是完全免费的。

9.14.3　运动定律 III

不确定性来自于现实世界中对象的运动和对象之间的相互作用。

根据运动定律 I，现实世界的对象总是按自身规律运动的，从而对象之间的运动相互作用。根据运动定律 III，对象的运动和相互作用产生了不确定性。因此不确定性是现实世界的基本现象。

命题 9.1　不确定性是现实世界的基本现象。

9.15　竞　争　定　律

9.15.1　竞争定律 I

不确定性是现实世界对象之间竞争的原因；由于不确定性是现实世界的基本现象，现实世界对象之间的竞争是现实世界的基本现象。

9.15.2 竞争定律Ⅱ

每一个对象在竞争中都想获胜、获利。

原因是在现实世界竞争中失败可能意味着存在性受到损害，或者作用受到限制，或者运动性受到制约等。

9.15.3 竞争定律Ⅲ

现实世界中对象之间的竞争决定并定义了每一对象的存在性、作用和运动性。

竞争定律Ⅲ揭示了博弈与竞争是解释现实世界背后的原因的基本原理。

9.16 认知模型定律

人有一个先验的认知模型；层谱抽象就是人所具有的先验的认知模型。

人按照自己的认知模型来观察世界、理解世界、解释世界。数、数据、知识、规律等都是人按照自己的认知模型对世界的观察、理解与解释的结果。

动物也是通过观察学习的，然而动物并没有形成对世界的理解与解释。人和动物学习的根本区别在于人有先验的认知模型，动物应该没有先验的认知模型。

物理世界的对象，例如，一块石头，根本不可能形成对世界的认知、理解与解释。

人是世界上一个独特的存在。这个独特的存在性就在于人有一个先验的认知模型。

人理解世界的根本方式是认识现实世界对象在不同抽象层谱的功能模块，它们正是层谱抽象的结果。

当一个人第一次看到一个对象时，例如，一个小孩第一次看到猫，他/她实际上是在脑子里形成了一个抽象的对象，这个对象是一个层谱结构，分别对应于猫的头、眼睛、耳朵、鼻子、四肢、身躯等功能模块。一个小孩第一次看到猫的时候，他/她很快就形成了一个抽象的层谱结构，对应于实体猫的主要功能模块。只有一个理由可以解释这种现象，那就是，小孩有一个先验（先天）的认知模型；而且，这个先验认知模型就是层谱抽象。

9.17 观 察 定 律

9.17.1 观察定律Ⅰ

人观察的数学实质是：

（1）抽象；

（2）层谱抽象。

人和动物都是通过观察来学习的。然而人和动物的观察应该是有本质区别的。

观察是人学习的第一策略，因此是学习的基本概念。数学地理解学习的第一个科学问题就是给出观察这一策略的数学定义。

前面小孩看猫的例子充分表明：人的观察不是简单的动物观察，更不是照相机照相。人一眼看上去就已经做了一个抽象和层谱抽象。当人看到一个实体以后，在脑子里形成的对应于所看到实体的对象就是一个抽象，这个抽象的结果必然存在，不然不可能在以后看到类似实体时产生联系与联想；同时通常情况下，这个抽象的对象还有一个层谱结构，对应于所看到实体不同层谱的功能模块。

因此，人的观察实际上已经做了一个抽象和层谱抽象。这就是人观察的数学实质。

观察可能是局部观察，得到一些局部数据；也可能是全局观察，形成层谱抽象的对象。

9.17.2　观察定律 II

（1）现实世界对象是可观察的；

（2）对象之间的直接关系是可观察的。

观察是人学习的第一策略。观察定律 II 保证了：观察是可信的、可靠的。

观察定律 II 也表明了观察的局限性：①观察跟观察者的能力有关；②观察还跟观察的方法和工具有关；③对象之间的直接关系是可观察的，然而间接关系是不可观察的，间接关系只能靠推理来解决；④观察分局部观察和全局观察；⑤局部观察是抽象的；⑥全局观察已经是一个层谱抽象的学习（或者信息处理）过程。这一过程人是先天就会，立刻做到的。机器学习的关键是把人先天就会、立刻做到的这个原理、方法揭示出来，从而让机器也同样地能做到。

人的学习就是根据自己的认知模型来观察世界，并基于观察来发现现实世界的知识，揭示现实世界的规律，进一步地，基于发现的知识和揭示的规律进行创造。

9.18　知识表示定律

根据认知模型定律，人的认知模型是层谱抽象。

知识是层谱抽象表示的。

知识表示定律揭示了人的知识是以层谱抽象的方式表示的。层谱抽象是一个一般的表示方法，其中，函数是其最简单的特例。

知识的表示提供了一个学习的模板，它告诉我们学习问题的输出是一个层谱抽象的表示与结构。

知识表示定律是人先验的认知模型定律的推论，不是凭直觉或者经验提出来的表示模型与结构。从这个意义上说，知识表示定律和现有的任何机器学习中的知识表示都是实质不同的。

9.19 知识定律

人学习的目标就是，发现现实世界的知识、揭示现实世界的规律，并基于所发现的知识和揭示的规律去创造。

然而，知识究竟是什么？规律又是什么？创造又是什么意思？为什么要创造？

知识定律将回答知识是什么这一基本问题。

9.19.1 知识二元律

一个对象的知识必然包括该对象的语法和语义，满足：

（1）语法是语义的前提；

（2）语义是语法的结果。

语法对应于该对象的存在性，语义是该对象的功能与作用。一个对象的存在性是该对象起作用的前提，而功能与作用是该对象存在性的结果。

9.19.2 知识三元律

一个对象的三元知识是一个三元组 $\langle P, Q, M \rangle$，满足：

（1）P 是该对象的语法或存在性；

（2）Q 是该对象的语义或功能与作用；

（3）M 是该对象的运动性。

9.19.3 知识四元律

一个对象的四元知识是一个四元组 $\langle P, Q, M, R \rangle$，满足：

（1）P 是该对象的语法；

（2）Q 是该对象的语义；

（3）M 是该对象的运动性；

（4）R 是该对象语法、语义和运动性的原因。

在知识四元律中，R 是由该对象和环境中其他对象的博弈决定的。

9.20 规律的定义

定义 9.18 （规律）规律是知识的抽象，使其已经独立于获取知识的主体。

定义 9.18 揭示了，规律是知识的抽象。因为知识本身是层谱抽象的结果，规律只是知识在更高层次的抽象，它本身也是层谱抽象的结果。

因此，区分知识与规律不是实质性的。然而，知识与规律是有区别的，知识是信息在一个模型下的解释，解释跟解释的主体有关。规律是知识的抽象，使得它已经独立于解释主体。

9.21 创 造 策 略

创造是人所具有的独特策略。人在观察的时候已经在做抽象，而抽象本身也是一个创造策略。

创造可能体现在人学习的每一个步骤中。

创造是一个信息科学策略。信息科学策略可能是生成策略，也可能是解码策略。因此，创造或者是一个生成策略，或者是一个解码策略。创造有可能同时是生成策略和解码策略。

创造是人最显著的智能策略。文字就是创造的结果，数学是创造的结果，科学概念是创造的结果。没有创造就没有科学。科学是人认知世界、改造世界、认知自我、改造自我、理解世界、解释世界的创造性结果。人工智能是用机器来实现人的智能。人的智能最显著的特征是创造。因此，实现人的创造就是人工智能的一个必要条件。实现机器创造要求我们揭示人创造的机制、机理和原理。创造是一个策略，因此，一个创造策略或者是一个生成策略，或者是一个解码策略。信息生成原理就是生成策略的原理，信息解码原理就是解码策略的原理。因此，基于信息科学原理的人工智能实现了人的创造，特别地，实现了人从无到有的创造，奠定了机器创造的数学基础。

与此同时，现有的物理世界科学体系下的人工智能技术不能实现人类从无到有的创造。原因是，基于计算的人工智能技术没有创造功能，基于推理的人工智能技术没有创造功能，基于函数拟合的神经网络方法不能实现创造，物理世界的总方法分而治之没有创造功能，基于经验规则的技术没有创造功能（生成式人工智能的生成是基于经验规则的生成，没有科学原理）。不能实现人从无到有的创造正是现有人工智能技术的根本缺陷，而且，这个根本缺陷在物理世界科学体系下无解。

9.22　学习的可解释性原理

一个对象包括一个语法 P 和一个语义 Q，使得：

（1）P 是 Q 的前提；

（2）Q 是 P 的结果；

这时称 P 和 Q 是一致的，记为 $P \vDash Q$。

语法和语义的一致性准则就是学习的可解释性原理。

人的学习是有可解释性的。任何一个知识必然有一个语法和语义。人理解一个知识的实质就是同时理解了它的语法和语义，并理解了语法和语义的一致性。

9.23　自我意识定律

9.23.1　自我意识定律 I

一个自我意识体为维持其存在性、作用和运动性需要消耗一定量的信息，即一定量的确定性。

9.23.2　自我意识定律 II

一个自我意识体有改善其存在性、作用和运动性的愿望。

9.24　系　统　定　律

9.24.1　系统定律 I

给定一个信息系统：

（1）系统的不确定性嵌入在系统中，从而系统的信息嵌入在系统中，即信息在系统中；

（2）系统的知识嵌入在系统中，即知识在系统中；

（3）系统的规律嵌入在系统中，即规律在系统中。

9.24.2　系统定律 II

给定一个信息系统：

（1）解码嵌入在系统中的信息就是信息系统的知识发现的数学原理；

（2）解码嵌入在系统中的信息就是信息系统规律揭示的数学原理。

9.24.3　系统定律Ⅲ

一个信息系统的解码策略有两类：

（1）（局部策略）消除或者降低系统的不确定性的局部操作；

（2）（全局策略）消除系统不确定性的全局操作。

9.24.4　系统定律Ⅳ

系统的层谱抽象就是系统的一个全局解码策略。

9.25　本 章 小 结

信息作为一个新的科学概念，它不同于已有的任何科学概念。本章给出信息模型的定义。根据信息模型定义，提出策略这一信息科学的基本概念。同样根据信息模型的定义，提出生成策略和解码策略这两大策略的基本概念。

给出层谱抽象的数学定义，建立了层谱抽象的基本性质。

建立了信息相伴概念的基本公理或定律，包括：

（1）科学范式定律；

（2）个体定律；

（3）信息定律；

（4）运动定律；

（5）竞争定律；

（6）认知模型定律；

（7）观察定律；

（8）知识表示定律；

（9）知识定律；

（10）系统定律等。

这些基本概念、模型、定律为建立信息的数学原理和人工智能的信息科学原理奠定了基础。

第 10 章 信息演算理论

10.1 信息系统的数学表示

根据信息定律 II，不确定性来自于：

（1）对象的运动；

（2）不同对象的相互作用。

一个信息系统就是由很多对象及这些对象的运动和相互作用构成的系统。

信息系统的直观数学模型就是图。

定义 10.1 （信息系统图模型）一个信息系统就是一个图 $G = (V, E, f)$，满足如下性质：

（1）V 是顶点集，其中一个顶点代表一个对象；

（2）E 是形如 $e = (i, j)$ 的有向边构成的集合；

（3）对于每一个边 $e = (i, j) \in E$，$f(e) = f(i, j) > 0$，称为 i 对 j 的交互分值，这里交互分值 $f(e) = f(i, j)$ 直观地表示对象 i 对对象 j 的作用力，或影响力，或者从 i 到 j 运动的概率，或者对象 i 和对象 j 的相似性；对于 $e = (i, j) \notin E$，则 $f(e) = f(i, j) = 0$。

给定一个信息系统 $G = (V, E, f)$，固定 V 中顶点的一个顺序如 V 在下列集合中排列的顺序：

$$V = \{1, 2, \cdots, n\} \tag{10-1}$$

对于 $i, j \in \{1, 2, \cdots, n\}$，定义 $a_{ij} = f(i, j)$，则得到非负矩阵 $A = (a_{ij})$，称 A 为 G 的一个矩阵，记为 $A = A_G$。

这就给出如下定义：

定义 10.2 （信息系统矩阵模型）一个信息系统是一个非负矩阵，一个 $n \times n$ 的矩阵 $A = (a_{ij})$，使得对任意 i, j，$a_{ij} \geqslant 0$，记为 $A \geqslant 0$。

令 $I_{n \times n}$ 是 $n \times n$ 的单位矩阵。一个置换矩阵是从 I 出发，对一系列对 (i, j)，同时交换 i, j 行和 i, j 列所得到的矩阵。

假设 A 是一个 $n \times n$ 的非负矩阵，P 是某一个 n 阶置换矩阵，称 $B = P^T A P$ 是 A 的一个对称置换。

对于一个信息系统 $G = (V, E, f)$，假设 A 是 G 的一个矩阵，则任何一个 A 的对称置换 B 都是 G 的一个矩阵。

G 的一个对称置换就是对顶点集 V 的一个排序下所定义的 G 的矩阵。

一个以图模型定义的信息系统有很多矩阵，但所有这些矩阵表示的实质仍然是原来给定的图。

另外，对任给一个 $n \times n$ 的非负矩阵 A，令 V 为 A 的行的指标集，对 i, j 定义 $f(i, j) = a_{ij}$，$E = \{(i, j) \mid a_{ij} > 0\}$，则 $G = (V, E, f)$ 就是由非负矩阵 A 定义的图，它表示一个信息系统，记为 $G = G_A$。

显然，一个非负矩阵对应一个图，但一个图对应很多非负矩阵。

表示信息系统的图是有向图。称一个有向图是强连通的，如果对任何顶点 x、y，有一条从 x 到 y 的应用 G 中有向边的路径；否则称它为非强连通的。

对于一个 $n \times n$ 的非负矩阵 A，如果存在 n 阶置换矩阵 P，使得

$$P^{\mathrm{T}} AP = \begin{bmatrix} X & Y \\ 0 & Z \end{bmatrix} \qquad (10\text{-}2)$$

这里 X、Z 为方阵，则称 A 是可约矩阵（reducible matrix）。

如果 A 不是可约矩阵，则称 A 为不可约矩阵。

容易证明：对任意 $n \times n$ 的非负矩阵 A，A 不可约当且仅当矩阵 A 确定的图 $G = G_A$ 是强连通图。

这提供了一个简单算法来判断一个给定的 $n \times n$ 非负矩阵是否为不可约矩阵。

对于一个不可约非负矩阵 $A = A_{n \times n} = (a_{ij})$，对 $i, j \in \{1, 2, \cdots, n\}$，假设 a_{ij} 是 i 对 j 的交互分值。

对 A 中的每一行进行归一化，即定义：

（1）对任意 i，$a_i = \sum_{j=1}^{n} a_{ij}$；

（2）对任意 i、j，定义 $b_{ij} = \dfrac{a_{ij}}{a_i}$，则 $B = (b_{ij})$ 是一个不可约非负矩阵，而且 B 的每一行所有数值相加为 1。

非负矩阵的一个基本定理如下所述。

定理 10.1　如果 $B \geqslant 0$ 是不可约矩阵，而且 B 的每一行之和为 1，那么：

（1）B 的最大特征值为 1；

（2）B 的最大特征值 1 存在唯一的左特征向量；

（3）B 的最大特征值 1 的唯一左特征向量是一个概率分布，即　$\pi^{\mathrm{T}} = (\pi_1, \pi_2, \cdots, \pi_n)$，满足

①每一个 $\pi_i > 0$；

②$\pi^{\mathrm{T}} B = \pi^{\mathrm{T}}$；

③ $\displaystyle\sum_{i=1}^{n}\pi_i=1$。

定义 10.3　（稳定分布）假设 $A \geqslant 0$ 是不可约矩阵，令 B 是 A 的归一化矩阵，使得 B 的每一行相加为 1，令 $\pi^{\mathrm{T}}=(\pi_1,\pi_2,\cdots,\pi_n)$ 是 B 的最大特征值的唯一的左特征向量。我们称 $\pi^{\mathrm{T}}=(\pi_1,\pi_2,\cdots,\pi_n)$ 是 A 的稳定分布。

10.2　一维结构熵

非负矩阵表示由多个相互作用的对象构成的系统。系统中必然有不确定性。

一个非负矩阵确定的系统中有多少不确定性？一维结构熵[1]将度量嵌入在一个非负矩阵确定的系统中的不确定性。

定义 10.4　（一维结构熵）给定 $A_{n\times n} \geqslant 0$ 为一个不可约矩阵，令 $\pi^{\mathrm{T}}=(\pi_1,\pi_2,\cdots,\pi_n)$ 为 A 的稳定分布，定义 A 的一维结构熵为

$$H^1(A)=-\sum_{i=1}^{n}\pi_i\log_2\pi_i \tag{10-3}$$

因此，不可约非负矩阵的一维结构熵就是该矩阵的稳定分布的 Shannon 熵。

一维结构熵 $H^1(A)$ 就是嵌入在系统 A 中的不确定性的总量。

怎样在不破坏一个信息系统的条件下消除系统的不确定性？

10.3　信息系统的编码树

定义 10.5　（信息系统的编码树[1]）给定一个以非负矩阵 $A=A_{n\times n}$ 形式定义的信息系统，令 $V=\{1,2,\cdots,n\}$ 是矩阵 A 的行指标构成的集合，则 V 表示信息系统 A 中的对象构成的集合。A 的一个编码树就是集合 V 的编码树。

给定不可约非负矩阵 A，令 $\pi^{\mathrm{T}}=(\pi_1,\pi_2,\cdots,\pi_n)$ 是 A 的稳定分布，$V=\{1,2,\cdots,n\}$ 是信息系统 A 中对象的集合。

对于 $x,y \in V$，定义

$$p_{xy}=\pi_x b_{xy} \tag{10-4}$$

其中，$b_{xy}=\dfrac{a_{xy}}{\displaystyle\sum_{i=1}^{n}a_{xi}}$；$p_{xy}$ 就是从 x 到 y 的运动概率。

对于非空集合 $X \subset V$，定义：

$$p_X=\sum_{y\notin X}\sum_{x\in X}p_{yx} \tag{10-5}$$

即 p_X 是从 X 外面进入 X 的概率。

定义 X 的体积为

$$V_X = \sum_{x \in X} \pi_x \qquad\qquad (10\text{-}6)$$

定义：

$$q_X = \sum_{x \in X} \sum_{y \in X} p_{xy} \qquad\qquad (10\text{-}7)$$

即 q_X 为在 X 内部随机游走的概率。

10.4　在一个层谱抽象策略下的结构熵

层谱抽象的数学模型就是编码树，因此一个编码树就是一个层谱抽象策略。

定义 10.6　（在一个编码树下的结构熵）给定不可约非负矩阵 $A = A_{n \times n} = (a_{ij})$，假设 T 是 A 的一个编码树，定义信息系统 A 在层谱抽象策略 T，即编码树 T 下的结构熵为

$$
\begin{aligned}
H^T(A) &= -\sum_{\substack{\alpha \in T \\ \alpha \neq \lambda}} p_\alpha \log_2 \frac{V_\alpha}{V_{\alpha^-}} \\
&= -\int_T p_\alpha \log_2 \frac{V_\alpha}{V_{\alpha^-}}
\end{aligned}
\qquad (10\text{-}8)
$$

其中，$p_\alpha = p_{T_\alpha}$；$V_\alpha = V_{T_\alpha}$；α^- 为 α 在 T 上的父节点；T_α 为 α 的标签集。

理解定义 10.6 中的 $H^T(A)$ 如下：

（1）$H^T(A)$ 是在编码树 T 下信息系统 A 的不确定性；

（2）对每一个 $\alpha \in T$，$-p_\alpha \log_2 \dfrac{V_\alpha}{V_{\alpha^-}}$ 是模块 α，即 T_α 的不确定性；

（3）在编码树 T 下信息系统 A 的不确定性，即 $H^T(A)$ 显式地分布在树 T 的节点上，$H^T(A)$ 是在编码树 T 上的一个积分。

熵是一个不确定性的量，一个抽象的量，然而，结构熵这个量是显式地分布在编码树的节点上的，在其中，每一个节点对应的模块有多少不确定性显式地给出，为建立在编码树上，基于熵的推理奠定了基础。

10.5　信息系统的结构熵

定义 10.7　（信息系统的结构熵）给定不可约非负矩阵 A，A 决定的信息系统的结构熵为

$$H(A) = \min_{T} \left\{ H^T(A) \right\} \tag{10-9}$$

其中，T 取遍 A 的所有编码树。

定义 10.8 （k 维结构熵）给定不可约非负矩阵 A，定义 A 的 k 维结构熵为

$$H^k(A) = \min_{T} \left\{ H^T(A) \right\} \tag{10-10}$$

其中，T 遍历 A 的所有高度 $\leqslant k$ 的编码树。

定义 10.9 （$\mathcal{T}$ 型结构熵）给定不可约非负矩阵 A，假设 $\mathcal{T}$ 是 A 的编码树的一个类型，定义 A 的 $\mathcal{T}$ 型结构熵为

$$H^{\mathcal{T}}(A) = \min_{T \in \mathcal{T}} \left\{ H^T(A) \right\} \tag{10-11}$$

一个信息系统的结构熵是一个量，然而更为重要的是这个量决定并解码一个编码树，即一个层谱抽象策略，使得在此层谱抽象策略，即编码树下，系统的不确定性最小。因此，信息系统的结构熵度量本身就已经提供了一个信息系统层谱抽象策略的原理。

10.6 结构熵极小化原理

给定一个信息系统 A，即 A 是一个不可约非负矩阵，A 实际上是一个复杂系统，A 的层谱抽象是对信息系统 A 分析的基本方法。

结构熵 $H(A)$ 决定并解码出 A 的一个编码树 T^*，使得

$$T^* = \arg\min \left\{ H^T(A) \right\} \tag{10-12}$$

即

$$H^{T^*}(A) = \min_{T} \left\{ H^T(A) \right\} \tag{10-13}$$

结构熵 $H(A)$ 的意义不在于 $H(A)$ 这个值，而在于它决定并解码一个编码树 T^* 使得

$$H^{T^*}(A) = H(A) \tag{10-14}$$

即 T^* 是 A 的一个层谱抽象策略，使得在该层谱抽象策略下，A 的不确定性最小。

由于 T^* 是一个使 A 的不确定性最小的层谱抽象策略，因此在策略 T^* 下，信息系统 A 的功能最大化。

直观地说，T^* 有如下性质：

（1）信息系统 A 的功能模块由 T^* 来决定；

（2）信息系统 A 的知识与规律嵌入在 T^* 中；

（3）T^* 提供了信息系统 A 的知识推理的数学模型与数据结构。

因此，结构熵度量的实质是提供了一个解码信息系统的原理。结构熵有解码功能，而不仅仅是一个度量。

10.7　解　码　信　息

定义 10.10　（解码信息）给定一个不可约非负矩阵 A 及 A 的一个编码树 T，定义编码树 T 从信息系统 A 中解码的解码信息为

$$D^{\mathrm{T}}(A) = H^1(A) - H^{\mathrm{T}}(A) \tag{10-15}$$

给定不可约非负矩阵 A 及 A 的编码树 T：

（1）嵌入在 A 中的不确定性度量为 $H^1(A)$；

（2）在编码树 T 下 A 的不确定性为 $H^{\mathrm{T}}(A)$。

因此对给定的编码树 T，T 消除了 A 中的不确定性的量为 $H^1(A) - H^{\mathrm{T}}(A)$，这就是编码树 T 对 A 的解码信息，$D^{\mathrm{T}}(A) = H^1(A) - H^{\mathrm{T}}(A)$ 的直观解释。

定义 10.11　（信息系统的解码信息）给定不可约非负矩阵 A，定义 A 的解码信息为

$$D(A) = \max_T \left\{ D^{\mathrm{T}}(A) \right\} \tag{10-16}$$

其中，T 取遍 A 的所有编码树。

$D(A)$ 度量了层谱抽象策略可以解码的嵌入在 A 中的最大信息量。

很显然，解码信息 $D(A)$ 还可以定义在限制编码树的类型上，例如，k 维解码信息 $D^k(A)$ 和 T 型解码信息 $D^T(A)$。

给定信息系统 A，以及信息系统 A 的层谱抽象策略，即编码树 T，解码信息 $D^{\mathrm{T}}(A)$ 度量了一个层谱抽象策略，即编码树 T 消除的嵌入在 A 中的不确定性的总量。然而，我们不知道编码树 T 消除的嵌入在 A 中的不确定性在编码树 T 上是怎样分布的。

10.8　层谱抽象策略的压缩信息

定义 10.12　（编码树的压缩信息）给定不可约非负矩阵 A 及 A 的一个编码树 T，定义 T 在 A 中的压缩信息为

$$\begin{aligned} C^{\mathrm{T}}(A) &= -\sum_{\substack{\alpha \in T \\ \alpha \neq \lambda}} q_\alpha \log_2 \frac{V_\alpha}{V_{\alpha^-}} \\ &= -\int_T q_\alpha \log_2 \frac{V_\alpha}{V_{\alpha^-}} \end{aligned} \tag{10-17}$$

压缩信息 $C^{\mathrm{T}}(A)$ 是一个总量，分布在编码树的节点上。

对于给定一个 $\alpha \in T$ ，模块 T_α 的压缩信息为

$$C^{\mathrm{T}}(A;\alpha) = -q_\alpha \log_2 \frac{V_\alpha}{V_{\alpha^-}} \tag{10-18}$$

定义 10.13 （信息系统的压缩信息）给定不可约非负矩阵 A，定义 A 的压缩信息为

$$C(A) = \max_T \left\{ C^{\mathrm{T}}(A) \right\} \tag{10-19}$$

其中，T 取遍 A 的所有编码树。

$C(A)$ 是层谱抽象策略从 A 中可压缩的最大信息量。

压缩信息 $C(A)$ 显式地分布在 A 的一个编码树上。

10.9 压缩/解码原理

定理 10.2 （压缩/解码原理）对任意不可约非负矩阵 A：

（1）对 A 的任何一个编码树 T，有

$$C^{\mathrm{T}}(A) = H^1(A) - H^{\mathrm{T}}(A) = D^{\mathrm{T}}(A) \tag{10-20}$$

（2）对 A，有

$$C(A) = H^1(A) - H(A) = D(A) \tag{10-21}$$

（3）对任何 $k \geqslant 2$，有

$$C^k(A) = H^1(A) - H^k(A) = D^k(A) \tag{10-22}$$

（4）对 A 的任何编码树类型 $\mathcal{T}$ ，有

$$C^{\mathcal{T}}(A) = H^1(A) - H^{\mathcal{T}}(A) = D^{\mathcal{T}}(A) \tag{10-23}$$

压缩/解码信息原理揭示了，对任何不可约非负矩阵 A 及 A 的编码树 T，T 从 A 中的解码信息 $D^{\mathrm{T}}(A)$ 和 T 对 A 的压缩信息一样，即

$$D^{\mathrm{T}}(A) = C^{\mathrm{T}}(A) \tag{10-24}$$

因此，对任何 $\alpha \in T$ ，$-q_\alpha \log_2 \dfrac{V_\alpha}{V_{\alpha^-}}$ 是模块 α 的压缩信息，也可以理解为模块 α 消除的 A 中的不确定性。直观地说：

（1）压缩信息就是解码信息；

（2）压缩了多少信息也就是消除了多少不确定性，等价地，消除的不确定性就是压缩的信息；

（3）由于压缩信息是显式地分布在编码树 T 上的，所以解码信息也是显式地分布在编码树 T 上的；

（4）编码树 T 不仅有解码功能，即消除嵌入在 A 中的不确定性，而且 T 消除的嵌入在 A 中的不确定性显式地分布在编码树 T 的节点上；

（5）结构熵 $H^{\mathrm{T}}(A)$ 显式地分布在编码树的节点上，同样地，解码信息 $D^{\mathrm{T}}(A)$ 也显式地分布在编码树 T 的节点上。

编码树 T 的以上性质为信息演算，即基于编码树的推理理论奠定了基础。

10.10　层谱抽象解码原理

层谱抽象解码信息系统的基本原理如下所述。

对任何信息系统 A 及 A 的编码树 T，如果 T 从 A 中的解码信息 $D^{\mathrm{T}}(A)$ 适当大，那么：对任何 $\alpha \in T$，模块 α，即 T_α，是信息系统 A 的一个功能模块。

层谱抽象解码原理就是基于结构熵极小化原理发现信息系统的知识的基本原理。

10.11　层谱抽象可定义性

给定一个信息系统，即一个不可约非负矩阵 A：

（1）令 $V = \{1, 2, \cdots, n\}$ 是该信息系统中的个体的集合；

（2）令 T^* 是 A 的编码树，满足

$$T^* = \arg\min\left\{H^{\mathrm{T}}(A)\right\} \tag{10-25}$$

即 T^* 是根据结构熵极小化原理确定并解码的 A 的编码树。

定义 10.14　（层谱抽象可定义性）假设 A 和 T^* 如上：

（1）对每一个 $\alpha \in T^*$，如果 $\alpha \neq \lambda$，那么 T_α^* 是信息系统 A 的一个模块；

（2）对每一个 $\alpha \in T^*$，$\alpha \neq \lambda$，如果 $\lambda = \beta_1 \subset \beta_2 \subset \cdots \subset \beta_l = \alpha$ 是 T^* 从 λ 到 α 的路径，那么

$$T_{\beta_l} \subset T_{\beta_{l-1}} \subset \cdots \subset T_{\beta_1} = V \tag{10-26}$$

就是 $X = T_\alpha = T_{\beta_l}$ 的一个层谱抽象；

（3）对 T^* 的每一个叶子节点 γ，令 $\lambda = \beta_1 \subset \beta_2 \subset \cdots \subset \beta_l = \gamma$ 是从 γ 到 λ 的在 T^* 上的路径，假设 $T_\gamma = \{v\}$，那么称

$$T_\gamma \subset T_{\beta_{l-1}} \subset \cdots \subset T_{\beta_1} = V \tag{10-27}$$

是个体 v 的一个层谱抽象。

定义 10.14 揭示了现实世界的个体和现实世界的对象都是层谱抽象可定义的，这个层谱抽象定义由信息系统的编码树来确定。

10.12 层谱抽象的结构熵

给定不可约非负矩阵 A，令 $V = \{1, 2, \cdots, n\}$ 是 A 的行指标构成的集合，假设 $\pi^{\mathrm{T}} = (\pi_1, \pi_2, \cdots, \pi_n)$ 是 A 的稳定分布。

对 $x \in V$，x 的一个层谱抽象是一个 V 的子集序列 $X_1 \subset X_2 \subset \cdots \subset X_l$，满足

（1）$X_1 = \{x\}$；

（2）$X_l = V$。

定义 10.15 （层谱抽象的结构熵）给定 x 的层谱抽象 $\mathcal{X} : X_1 \subset X_2 \subset \cdots \subset X_l$，定义该层谱抽象的结构熵为

$$H(\mathcal{X}) = -\sum_{i=1}^{l-1} p_{X_i} \log_2 \frac{V_{X_i}}{V_{X_{i+1}}} \tag{10-28}$$

定义 10.16 （个体结构熵）给定 $x \in V$，定义 x 的结构熵为

$$H(x) = \min_{\mathcal{X}} \{ H(\mathcal{X}) \} \tag{10-29}$$

其中，$\mathcal{X}$ 取遍 x 的所有层谱抽象。

个体 $x \in V$ 的结构熵度量了个体 x 在系统 A 中的不确定性。

定义 10.17 （层谱抽象解码信息）给定 $x \in V$，假设 $\mathcal{X} : X_1 \subset X_2 \subset \cdots \subset X_l = V$ 是 x 的一个层谱抽象，定义层谱抽象 $\mathcal{X}$ 的解码信息为

$$D(\mathcal{X}) = -\sum_{i=1}^{l-1} q_{X_i} \log_2 \frac{V_{X_i}}{V_{X_{i+1}}} \tag{10-30}$$

定义 10.18 （个体层谱抽象解码信息）给定 $x \in V$，定义 x 在系统 A 中的解码信息为

$$D(x) = \max_{X} \{ D(\mathcal{X}) \} \tag{10-31}$$

其中，$\mathcal{X}$ 取遍 x 的所有层谱抽象。

$D(x)$ 度量了 x 在系统 A 中的解码信息。

10.13 基于结构熵的推理演算

给定信息系统 A，即 A 是一个不可约非负矩阵。假设 T 是按结构熵极小化原理求解的一个 A 的编码树。

定义 10.19 （模块的结构熵）

（1）对于 $\alpha \in T$，定义模块 α 的结构熵为

$$H^T(A;\alpha) = -p_\alpha \log_2 \frac{V_\alpha}{V_{\alpha^-}}$$（10-32）

（2）对于 $\alpha \in T$，定义层谱抽象 $[\alpha,\lambda)$ 的结构熵为

$$H^T\big(A;[\alpha,\lambda)\big) = -\sum_{\lambda \subset \beta \subseteq \alpha} p_\beta \log_2 \frac{V_\beta}{V_{\beta^-}}$$（10-33）

（3）给定 T 的子集合 $M \subset T$，定义模块 M 的结构熵为

$$H^T(A;M) = -\sum_{\substack{\alpha \in M \\ \alpha \neq \lambda}} p_\alpha \log_2 \frac{V_\alpha}{V_{\alpha^-}}$$

$$= -\int_M p_\alpha \log_2 \frac{V_\alpha}{V_{\alpha^-}}$$（10-34）

定义 10.20 （条件结构熵）给定 $M, N \subset T$，定义在条件 M 下 N 的结构熵为

$$H^T(A;N\,|\,M) = -\sum_{\substack{\alpha \in N\backslash M \\ \alpha \neq \lambda}} p_\alpha \log_2 \frac{V_\alpha}{V_{\alpha^-}}$$

$$= -\int_{N\backslash M} p_\alpha \log_2 \frac{V_\alpha}{V_{\alpha^-}}$$（10-35）

定义 10.21 （推理的结构熵极小原理）给定 T 的子集合 $M \subset T$，求 $N = [\gamma,\lambda)$，对某叶子节点 $\gamma \in T$，使得 $H^T(A;N\,|\,M)$ 极小，即

$$N^* = \operatorname{argmin}\big\{H^T(A;N\,|\,M)\big\}$$（10-36）

N 是从 λ 到某个叶子节点的路径上的所有节点构成的集合。

结构熵极小化原理使得我们能推断在已知 M 中模块的条件下找到最有可能的个体，即不确定性最小的个体。

类似地，我们可以提出在已知一些模块的条件下推断出最有可能的个体。

定义 10.22 （推理的结构熵极大化原理）给定 $M \subset T$，求解 $N \neq M$ 使得 $N = [\gamma,\lambda)$，对某叶子节点 $\gamma \in T$，使得 $H^T(A;N\,|\,M)$ 最大。

推理的结构熵极大化原理允许我们在已知一些模块的条件下推断出不确定性最大，也就是最不稳定的个体。同样原理，可以求出多个不确定性最大的个体。

在给定条件下，熵最小，即最有可能；熵最大，即最不可能，或最不稳定的对象，这两种对象在不同的应用场景中都是有意义的。

基于结构熵的推理是在编码树上的推理，编码树是优化的层谱抽象结构，因此，基于编码树的推理是跨越抽象层次的推理和同一抽象层次推理的结合，从而

是直觉推理和逻辑推理相结合的推理。这就数学地实现了直觉推理和逻辑推理的结合，建立了推理的数学理论。

10.14　基于解码信息的推理

定义 10.23　给定信息系统 A，即 A 是不可约非负矩阵，令

$$T^* = \text{argmin}\left\{\mathcal{H}^{\text{T}}(A)\right\} \tag{10-37}$$

（1）对给定 $\alpha \in T^*$，定义模块 α 的解码信息为

$$D^{T^*}(A;\alpha) = -q_\alpha \log_2 \frac{V_\alpha}{V_{\alpha^-}} \tag{10-38}$$

（2）对于 $\alpha \in T^*$，定义层谱抽象 $[\alpha, \lambda)$ 的解码信息为

$$D^{T^*}\left(A;[\alpha, \lambda)\right) = -\sum_{\lambda \subset \beta \subseteq \alpha} q_\beta \log_2 \frac{V_\beta}{V_{\beta^-}} \tag{10-39}$$

（3）对于 $M \subset T^*$，定义 M 的解码信息为

$$D^{T^*}(A;M) = -\sum_{\substack{\alpha \in M \\ \alpha \neq \lambda}} q_\alpha \log_2 \frac{V_\alpha}{V_{\alpha^-}} \tag{10-40}$$

（4）对于 $M, N \subset T^*$，定义在条件 M 下 N 的解码信息为

$$D^{T^*}(A;N \mid M) = -\sum_{\substack{\alpha \in N \setminus M \\ \alpha \neq \lambda}} q_\alpha \log_2 \frac{V_\alpha}{V_{\alpha^-}}$$

$$= -\int_{N \setminus M} q_\alpha \log_2 \frac{V_\alpha}{V_{\alpha^-}} \tag{10-41}$$

定义 10.24　（推理的解码信息极大化原理）给定 $M \subset T^*$，求解 $N \neq M$，使得 $N = [\gamma, \lambda)$ 对某个叶子节点 γ，而且 $D^{T^*}(A, N \mid M)$ 最大。

推理的解码信息极大化原理使得我们在已知一些模块的条件下推断出解码信息最大，即消除不确定性最大的个体。

定义 10.25　（推理的解码信息极小原理）给定 $M \subset T^*$，求解 $N \neq M$，使得 $N = [\gamma, \lambda)$ 对某叶子节点 γ，而且 $D^{T^*}(A;N \mid M)$ 最小。

推理的解码信息极小原理允许我们推断出在已知一些模块的条件下解码信息最小，即消除的不确定性最小的个体。

10.15　推理的数学理论

基于结构熵的推理原理和基于解码信息的推理原理建立了直觉推理和逻辑推理相结合的信息科学原理，奠定了推理的数学理论的基础。

推理的数学理论是基于信息科学原理的推理，解决了在已知一些知识模块的条件下求解不确定性最小、不确定性最大、消除的不确定性最大和消除的不确定性最小的对象。这些优化问题回答了最有可能、最不可能、获益最大、获益最小的推理问题。

由于编码树本身是优化的层谱抽象策略与数据结构，基于编码树的优化问题是跨越抽象层谱的推理，即直觉推理，同时又是同一抽象层谱的推理，即逻辑推理，从而是直觉推理与逻辑推理相结合的推理。

又因为层谱抽象的结果本身就是知识，从而基于编码树的推理也是基于知识的推理。这是第一次实现了基于原理的知识推理。

推理的数学理论自然地提供了一个预测的数学原理，这是人类学习要解决的一个关键科学问题。因此，预测是有原理的，基于结构熵的推理原理和基于解码信息的推理原理提供了预测的基本原理。

从理论上讲，基于结构熵的推理原理和基于解码信息的推理原理提供了有原理的人机对话、自然语言理解和处理的技术路线。这一新技术路线是一个有原理的通用人工智能技术路线。

10.16　信息生成原理

信息是怎样生成的？

根据系统定律 I，信息存在于系统中。因此，我们有如下定义。

定义 10.26　（信息生成）信息生成就是信息系统的生成。

定义 10.27　（生成策略）生成策略就是生成信息系统的策略，即生成信息系统的动作或操作。

一个信息系统由多个对象及对象之间的直接关系构成。

根据观察定律 II，现实世界的对象是可观察的，而且现实世界中对象之间的直接关系是可观察的。因此，观察是生成信息系统的基本策略。

一个信息系统直观地说是一个图，因此，理论上说，信息系统的生成就是生成图。

一个图由顶点和边构成，因此，生成一个图的基本操作就是生成顶点和边，其中顶点是对象，边是对象之间的直接关系。

具体的生成策略有很多，是开放的。然而基本的生成策略包括：

（1）联想；

（2）联系；

（3）想象等。

信息生成的原理是什么？

一个生成策略是一个动作或操作，根据运动定律 II，任何动作都是有消耗的。因此，一个生成策略的执行必然消耗一些信息，即消耗确定性来保证动作或操作的执行。可供一个生成策略消耗的信息量就是生成策略的限制条件，或约束条件。

因此，一个生成策略是一个受限的动作或操作。

在给定限制条件下，可能有很多个生成策略，在这些生成策略中选择的原理是什么呢？

定义 10.28　（信息生成原理）令 $\mathcal{R}$ 是一个生成策略的限制条件，$\mathcal{A}$ 是所有满足限制条件 $\mathcal{R}$ 的不可约非负矩阵 A 的集合，即所有满足限制条件 $\mathcal{R}$ 的信息系统 A 构成的集合，生成策略原理如下：

（1）一维结构熵极大化原理，即

$$A^* = \operatorname{argmax}\left\{H^1(A)\right\} \tag{10-42}$$

（2）结构熵极大化原理，即

$$A^* = \operatorname{argmax}\left\{H(A)\right\} \tag{10-43}$$

（3）假设 $\mathcal{T}$ 是一个编码树类型，$\mathcal{T}$ 型结构熵极大化原理，即

$$A^* = \operatorname{argmax}\left\{H^{\mathcal{T}}(A)\right\} \tag{10-44}$$

因此，生成信息的原理是使得所生成的信息系统的熵极大。直观地说，熵极大是信息生成的原理。

这一原理反映了自然界的如下生成法则：在没有干预的情况下，自然界按熵极大的方式演化。

10.17　解码信息原理

结构熵的定义已经揭示了结构熵极小化是解码信息的原理。

定义 10.29　（解码信息原理）给定信息系统 A，即 A 是一个不可约非负矩阵，解码信息系统 A 的原理是找 A 的编码树 T 使得在编码树 T 下 A 的结构熵极小，即 $T^* = \operatorname{argmin}\left\{H^{\mathrm{T}}(A)\right\}$。

一般地，对于给定信息系统 A，假设 $\mathcal{D}$ 是信息系统 A 的解码策略的一个集

合，解码原理是选择解码策略 $D \in \mathcal{D}$，使得在策略 D 下信息系统 A 的不确定性最小，即

$$D^* = \arg\min\left\{\mathcal{H}^D(A)\right\} \tag{10-45}$$

其中，$\mathcal{H}^D(A)$ 是信息系统 A 在策略 D 下的不确定性的量，即 A 在 D 下的熵。

因此，熵极小是解码原理，即找解码策略使得在该解码策略下信息系统的熵极小。

解码原理和生成原理刚好相反，解码原理是熵极小，而生成原理是熵极大。但是这两个原理不矛盾，解码原理针对解码策略，即消除不确定性的策略，生成原理针对生成策略，即生成不确定性的策略。

解码策略就是在研究过程中做课题，生成策略就是找课题，做课题的策略是问题越少越好，找课题的原则是问题或课题越多越好。所以解码原理和生成原理尽管原理相反，但并不矛盾。因为，这是针对两种不同类型的策略的原理。这实际上正好反映了现实世界的基本规律。

10.18 本 章 小 结

本章建立了：

（1）结构熵的度量；

（2）层谱抽象解码策略的结构熵极小化原理；

（3）熵极大的信息生成原理；

（4）解码信息度量；

（5）压缩信息度量；

（6）压缩/解码原理；

（7）层谱抽象可定义性；

（8）基于结构熵的推理演算；

（9）基于解码信息的推理理论；

（10）信息演算理论、信息生成原理和信息解码原理构成了信息科学的三大理论支柱。

参 考 文 献

[1] Li A，Pan Y. Structural information and dynamical complexity of networks[J]. IEEE Transactions on Information Theory，2016，62（6）：3290-3339.

第 11 章　（观察）学习的数学理论

人是现实世界最高智能的客观存在。人工智能的根本任务是用机器来实现人的智能。人工智能的这一根本任务要求我们首先要揭示人的智能的科学原理。

人的智能是现实世界最显著的科学现象，其背后必然存在科学原理。

人工智能的科学原理就是智能的科学原理。然而，智能这一概念并没有一个精确、严格的定义。

智能这一概念的科学定义显然是 21 世纪的重大科学问题。

智能显然是一个客观存在，那么它究竟是什么呢？

我们已经建立了信息的数学理论。信息是消除的不确定性，信息的演算、信息解码和信息生成三个过程几乎可以建模人类所有的活动。

人类的智能必然是在人类活动中生成的，人类智能活动是人类活动的关键部分。

学习是人主要的智能活动之一。本章建立学习的信息科学原理。

人生活在一个高度不确定的现实世界，面临着来自自身和外部环境的确定性和不确定性的威胁，为了维持自身的存在性、作用和运动性，必须通过学习发现现实世界的知识，揭示现实世界的规律，并基于发现的知识和揭示的规律创造新事物。

人和动物都是从一出生就学习。人和动物都是通过观察来学习的，人的学习和动物的学习应该是不一样的。

"观察"这个词说明：

（1）学习一定有一个主体，即学习者；

（2）学习一定有一个客体，即观察的对象。

我们研究的是人的学习，即学习的主体是人。人观察的对象是除自身以外的外部世界，因此学习的客体是现实世界。

人学习的目的是什么？

作为学习主体的人有什么基本规律？

人学习的数学实质是什么？

学习的基本策略是什么？

学习的数学模型是什么？

学习的数学原理是什么？

本章我们将回答这些基本问题。

11.1　先验认知模型

学习一定有一个主体，我们研究人的学习理论。

先验认知模型定律揭示了：

（1）人有一个先验的认知模型；

（2）人的先验认知模型就是抽象和层谱抽象。

人的先验认知模型贯穿在人学习的每个重要环节、重要步骤。

揭示人的先验认知模型是建立像人一样学习的机器的模型与原理。

根据抽象和层谱抽象的定义，先验认知模型已经隐含了创造这一策略。

11.2　观察的数学实质

人的观察是人基于自己的认知模型对现实世界环境的映射。

人对现实世界的观察是根据自己的先验认知模型进行的。

由于人的先验认知模型是抽象和层谱抽象，因此人观察的实质就是：

（1）抽象；

（2）层谱抽象。

人的观察实际上已经是一个信息处理过程，而不是机械地像照相一样得到一张图片。人在观察中已经对一些对象作了抽象，例如，观察结果用数据来表示，或者形成对某具体对象的抽象印象或图像，或者形成对观察环境中各抽象层谱的功能模块认知。人的观察不仅有抽象、层谱抽象，而且还赋予了现实世界对象的语义解释。现实世界对象的语义解释实际上是人赋予的。

人的观察实际上是人根据自己的认知模型，对现实世界对象的抽象、层谱抽象、理解与解释。

人总是根据自己的认知模型或者认知模板来观察世界、理解世界、解释世界的。没有谁是根据别人的认知模型来观察世界、理解世界、解释世界的。因此学习在观察阶段就体现出学习主体，即学习者的自主性和主观性。

人在观察中的抽象和层谱抽象是瞬间进行的，不需要计算过程。然而人的这种能力对计算机来说是非常困难的。原因就在于：人观察有一个先验的认知模型，即层谱抽象模型，人的观察是基于人先验的认知模型进行的。计算机只能做逻辑推理，没有层谱抽象功能，因此计算机连人一眼看上去就会的事都不会。

怎样让计算机实现人的观察能力？这需要揭示人观察的数学模型和观察的数

学原理。有了观察的数学原理，就可以基于人观察的模型（模板）和原理的算法或芯片来实现人的观察。

人和动物的观察先验地能识别大、小，多、少的概念。这是生存所需的能力。显然大、小，多、少这样的概念已是抽象的概念。

当人观察到一个对象时肯定已经形成一个抽象的对象储存在脑海中。人只要观察少量几次，甚至对一个新对象只需观察一次就会形成一个抽象对象与实体对象相联系，从而以后再见到类似的实例，马上就能识别。解释人的这种观察能力的唯一原因就是人的观察实际上已经作了一个抽象和层谱抽象。

类似地，实现抽象和层谱抽象的机器或算法是机器学习的重要课题。

11.3　学习的数学定义

学习的对象千差万别，学习的方法各式各样、五花八门。学习对象和学习方法是发散的。

然而学习的数学实质是收敛的。

定义 11.1　（学习的数学定义）学习的数学实质如下定义。

（1）学习的基本模块是：

①回答问题，等价地，解码策略，实现解码信息；

②提出问题，等价地，生成策略，实现生成信息；

（2）一个学习过程就是一系列的解码策略和生成策略构成的结构。

学习无非就是回答问题，提出问题，然而回答问题和提出问题的组合无穷无尽。学习中回答问题和提出问题都很重要，缺一不可。

一个学习过程由一系列基本模块构成，每个基本模块或者是回答问题，即解码信息，或者是提出问题，即生成信息。

无论我们的学习对象是数学、物理、化学、文学、计算机或生物等，我们都是在做一系列的提出问题，即生成信息，或者回答问题，即解码信息。

无论我们的学习方法是学校教育、自学、模仿学习、归纳学习等，对于一个学习者，无非就是在做一系列的回答问题，即解码信息，或者是提出问题，即生成信息。

因此，学习的数学实质收敛到解码信息，或者生成信息两个基本操作。信息这一科学概念提供了理解学习这一复杂概念的数学实质的钥匙。

注解：回顾计算概念的定义，Hilbert 于 1921 年的计划实质上是问形式化推理是否可以证明一切数学定理。数理逻辑建立了形式化逻辑推理的数学理论，证明了存在语义上真的数学命题没有形式化的语法证明。

在 Hilbert 的问题中，形式化证明的实质和计算是一样的。

　　Turing 理解到了"计算"这个概念的实质是机械性，即每一个动作都是机器可执行的。而机械性的实质是左移一格或右移一格。因此，Turing 机的每一步就是简单地改一个符号、改一个状态、左移或右移一格。

　　Turing 的贡献在于证明任何一个计算可以归结为 Turing 计算，即如果是个计算，就可以用 Turing 机，一系列的改符号、改状态，左移或右移一格来实现。

　　进一步地 Turing 构造了通用 Turing 机，可以机械地计算一切计算问题。

　　然而 Turing 的工作并没有对理解计算问题的实质提供帮助，没有告诉我们有些什么计算方法和计算策略。Turing 机、通用 Turing 机就是提供了一个计算的范式，这个范式就是后来电子计算机的数学模型。

　　学习的数学实质是生成信息与解码信息，这就类比于计算的数学实质是左移或右移一格这一机械性原则。

　　学习的数学实质为建立学习的数学理论指明了方向。

11.4　人的先验分析方法

　　人观察世界、认识世界和理解世界有其先验的认知模型，即抽象和层谱抽象。

　　同样人对世界的分析有其先验的分析方法，这个先验的分析方法就是物理世界的科学范式，即分而治之。

　　物理世界对象可能是非常复杂的，为了了解、理解这些对象，需要一些方法，最基本、最自然的方法就是分而治之。

　　因此，物理世界的科学范式，也是人先验的分析方法。

11.5　学习的主体与客体

　　学习的主体是一个对象，它有先验的认知模型，以及先验的分析方法。

　　学习的客体就是除学习主体以外的客观世界，即现实世界。

11.6　学习的目的与目标

定义 11.2　（学习的目的）一个学习主体的学习目的是：

（1）现实世界的知识发现；

（2）现实世界的规律揭示；

（3）基于知识与规律的创造，这里创造的目的是生成信息或者解码信息，创造本身是个策略，它可能是生成策略，也可能是解码策略。

　　直观地，一个主体的学习就是根据它自己的认知模型来观察世界，分析世界，发现现实世界的知识，揭示现实世界的规律，并基于知识与规律来创造。

11.7　知识的定义

　　学习的目的是知识发现。然而什么是知识？直观地说知识是信息在某个模型下的解释或语义。

　　知识一定是某个对象在具体模型下的解释，这里模型指特定空间、领域、方面等，如数学、物理、计算机、生物等，以及这些领域中的某个子领域都是一个具体的模型。

　　知识一定回答了问题或者提出了问题。用信息科学的语言说就是知识一定解码了信息，或者嵌入了信息。

　　定义 11.3　（知识）知识是一个三元组 $\langle O, K, M \rangle$ 满足下列条件：

　　（1）O 是模型 M 中的对象；

　　（2）K 回答了关于 O 在 M 中的问题或者包含着关于 O 在 M 中的问题；

　　（3）在三元组 $\langle O, K, M \rangle$ 中，O 是对象，M 是模型，K 是知识表示。

　　知识二元律要求知识 K 是一个对 $\langle P, Q \rangle$，即 $K = \langle P, Q \rangle$，其中 P 是知识 K 的语法，O 是知识 K 的语义。

　　知识三元律说明

$$K = \langle P, Q, M \rangle \tag{11-1}$$

其中，M 表示对象的运动性。

　　知识四元律要求知识 K，例如：

$$K = \langle P, Q, M, R \rangle \tag{11-2}$$

其中，R 表示 P、Q 和 M 背后的原因。

11.8　规律的定义

　　定义 11.4　（规律）规律是知识在更高层次的抽象，独立于学习主体，使得它成为大量知识的共同基础。

　　规律和知识很难严格区分。直观地说，规律是比知识更高层谱抽象的法则。因此规律可以视为生成知识的法则。规律适用的范围更广大，抽象层谱比知识更高。

　　由于知识本身就是层谱抽象的结果，所以规律也可以看成更高抽象层谱的知识。

11.9　学习过程表示：层谱抽象

学习的目的是发现现实世界的知识，揭示现实世界的规律。

然而知识在哪里？规律在哪里？

知识的数学定义揭示了：知识背后的数学基础是信息。

系统定律 I 揭示了信息在系统中。因此，我们有

（1）知识在系统中；

（2）信息生成和信息解码是知识发现的数学原理；

（3）知识的抽象是规律；

（4）信息系统是信息世界的基本数学表示；

（5）信息世界的科学范式，即层谱抽象，是人认知世界的先验模型；

（6）物理世界的科学范式，即分而治之，是人分析世界的先验方法，也是分析信息系统的总方法；

（7）先验认知模型定律揭示了系统的层谱抽象就是系统知识表示的原理；

（8）层谱抽象就是系统知识发现的科学范式；

（9）由于规律是知识的抽象，层谱抽象也是系统规律揭示的科学范式；

（10）层谱抽象是知识发现与规律揭示的范式，因此，系统的层谱抽象就是知识与规律的表示。

注解：Turing 机中的工作带是 Turing 计算的基本表示空间。这是理解和构造 Turing 计算的基础。

学习过程的基本表示是什么？回答这个问题对数学地理解学习这一概念至关重要。

本章我们基于系统定律、先验认知模型定律和信息世界范式原理论证了：学习过程的基本表示就是系统的层谱抽象，这为建立学习的数学理论奠定了基础。

11.10　学习的数学模型

直观地说，学习就是一个自我意识主体，根据自己的认知模型观察世界，并基于观察数据的现实世界的知识发现和规律揭示，并基于发现的知识和揭示的规律的创造。

知识发现和规律揭示是学习的基本目标。学习的数学模型建立了知识发现和规律揭示的数学原理。

定义 11.5　（学习的数学模型）学习的基本模型按如下步骤进行。

（1）（学习主体）有一个学习主体 O，它有自身先验的认知模型，有自身先验的分析方法。

（2）（客观世界的知识与规律）假设学习主体 O 学习一个客观对象 W，W 有知识 K 和规律 L；W 的知识 K 和规律 L 是客观存在的，但是我们并不知道它们具体是什么。

（3）（观察）学习主体 O 对客观世界 W 的观察。

根据观察定律 II，个体是可观察的，个体之间的直接关系是可观察的。

客观世界 W 的个体及个体之间的直接关系的观察构成一个观察信息系统 A_0，它是一个非负矩阵。

（4）（生成策略）主体 O 采取一个生成策略 G，作用于观察信息系统 A_0，生成一个信息系统 A，即

$$G(A_0) = A \tag{11-3}$$

假设信息系统 A 为一个非负不可约矩阵。

（5）（解码策略）学习主体 O 找到信息系统 A 的一个层谱抽象解码策略，即找到信息系统 A 的一个编码树 T。

（6）（解码信息）度量解码策略 T 从信息系统 A 的解码信息：

$$\mathcal{D}^T(A) \tag{11-4}$$

（7）（知识发现）如果解码信息 $\mathcal{D}^T(A)$ 适当大，那么存在解码器 D_1 使得根据解码策略 T 和信息系统 A 就能解码出客观世界 W 的知识 K，即

$$D_1(A;T) = K \tag{11-5}$$

（8）（规律揭示）如果解码信息 $\mathcal{D}^T(A)$ 适当大，那么存在解码器 D_2，使得 D_2 从解码策略 T 和信息系统 A 直接可以把客观世界 W 的规律 L 解码出来，即

$$D_2(A;T) = L \tag{11-6}$$

学习模型揭示了：

（1）学习有一个主体，说明学习有私人性（privacy）；

（2）观察是获得原始信息系统的基本策略；

（3）生成策略基于观察信息系统的信息系统生成，生成策略本身也是学习主体的先验策略，是对观察信息系统的整理、扩充和完善；

（4）层谱抽象是学习中的解码策略，也是信息科学中的解码策略，生成策略和解码策略是学习的根本策略，生成策略包括联想、想象和创造等动作和操作，因此生成策略是一般的信息科学策略，也是学习策略；

（5）一个解码策略从一个信息系统的解码信息是可以度量的；

（6）学习的基本原理是，如果：

①信息系统 A 适当地生成；

②解码策略 T 从 A 中的解码信息 $\mathcal{D}^T(A)$ 适当大，那么存在一个解码器 D 使得

$$D(A;T) = \langle K, L \rangle \tag{11-7}$$

即 D 从 A 和 T 中完全发现了现实世界 W 的知识 K，完全揭示了现实世界 W 的规律 L；

（7）现实世界的知识是可以被发现的，现实世界的规律是可以被揭示的；

（8）发现知识 K 和揭示规律 L 的基本策略是：

①观察策略；

②生成策略；

③解码策略；

（9）最重要的是，发现知识 K 和揭示规律 L 不需要找到信息系统 A 的最优的编码树 T^*，而只需要找到的编码树 T，使得解码信息 $\mathcal{D}^T(A)$ 适当大，这一点在现实世界中也是很好理解的，例如，牛顿发现万有引力定律时并没有考察任何两个物体的相互作用，而只是考察了几对物体之间的关系就把规律完整、准确地揭示出来了；

（10）学习的私人性表明学习主体的先验认知模型和先验分析方法对学习是至关重要的，如上述（9）中所说，牛顿是第一个发现万有引力定律的人，牛顿的观察和牛顿以前的人，特别牛顿同一时代的人的观察应该差不多，但是牛顿发现了万有引力定律，而其他人没有，预测学习结果还跟学习主体的先验认知模型和先验分析策略有关；学习的私人性表明学习是各人学习各人得，一个人学的知识不可能自动转移到另外一个人身上，学习的私人性是学习的显著特征；

（11）学习的私人性还表现在对一个语法的语义理解是因人而异的，全局的语义理解还跟一个人本身的能力、经历、经验等有关；

（12）学习的数学理论就是学习模型的数学理论。

11.11 创造策略的理解与实现

Turing 在他 1951 年的论文中提出的问题是，机器会思考吗？

Turing 以这个问题引出机器智能的概念。

然而"思考"这个概念太难，几乎没有数学定义。

Turing 最后提出 Turing test，回避了他提出的"机器会思考吗？"的问题。

本人提出的问题是，机器会创造吗？

如果机器会创造，那么不可否认，机器有智能；反过来，如果机器不会创造，

那么机器有智能的理由是不充分的。"创造"这个概念就是一个从无到有的动作或操作，是一个策略，很容易数学地定义，从而数学地实现。

回答"机器会创造吗？"这个问题的关键步骤是：

（1）揭示人创造的数学原理；

（2）建立人创造的数学模型；

（3）建立人创造的机器实现。

因此，关键是解决人创造的科学原理。

创造是人的天性，是人与生俱来的先验能力；创造伴随着人的成长，体现在人的大多数活动中。

人在观察的同时已经做了一个抽象和层谱抽象。创造策略本身就是抽象和层谱抽象的一部分。

每一个生成策略，例如，联想、想象都隐含着一个创造的动作或操作。

层谱抽象本身就是为层谱抽象的每一个模块创造一个表示。

因此，生成策略和解码策略已经包含创造的动作或操作。

人为什么要创造？

人通过创造工具扩大自己观察的范围，这时创造工具表现为一个生成策略。

人建造一个防御工事是一种创造，这时创造是为了消除自身对来自外界的不确定性的影响，因此，创造表现为一个解码策略。

从信息科学的观点来说，一个创造策略或者是一个生成策略，或者是一个解码策略。根据这一理解，生成策略和解码策略已经包括了所有可能的策略。在很多情况下，生成策略和解码策略的提出本身就是一个创造的结果。

信息科学不去列举所有可能的生成策略和解码策略。事实上，这也是不可能的，信息科学的任务是对于每一个生成策略，度量其生成的信息量，对于每一个解码策略，度量其解码信息。生成信息和解码信息才是信息科学衡量生成策略和解码策略的数学基础（正如在算法理论中，我们只是度量算法的效率指标，如时间复杂性、空间复杂性、随机资源、交互轮次等，而并不是列举所有可能的算法）。

11.12　局部观察学习

局部观察实现了：

（1）个体的观察；

（2）个体之间的直接关系的观察。

个体由一些数据来表示，个体之间的直接关系由表示直接相互作用的个体的数据来定义。

因此，局部观察的结果就是数据。学习模型已经为局部观察学习建立了数学原理。同样，学习模型也为全局学习提供了数学原理。

大数据是 21 世纪的一个新现象，大数据分析已经成为一个重要的研究方向。然而，现有的数学并没有为数据分析提供一个可解释的原理。

根据定义 11.5 的学习模型，可以建立大数据分析的数学原理。

大数据分析的实质是，基于数据的知识发现和规律揭示。

大数据的知识在哪里？大数据的规律在哪里？本人的回答是：大数据的知识存在于数据的关系之中，大数据的规律存在于数据的关系之中。

因此，数据的知识与规律均存在于数据及其关系构成的系统中。

知识和规律背后的数学基础是信息，因此，解码嵌入在数据系统中的信息是大数据知识发现和大数据规律揭示的数学原理。

进一步地，提出如下的数据分析模型。

定义 11.6 （大数据分析模型）令 $\mathcal{B}$ 是一个大数据，它的分析如下进行。

（1）（知识与规律）假设 K 是 $\mathcal{B}$ 的知识，L 是 $\mathcal{B}$ 的规律，K 和 L 是客观存在的，但是我们并不知道它们具体是什么。

（2）（观察）观察数据之间的直接关系，构造初始数据系统 A_0，它是一个非负矩阵。

（3）（生成策略）应用一个生成策略 G 于 A_0，生成一个信息系统 A，即

$$G(A_0) = A \tag{11-8}$$

使得 A 是一个不可约非负矩阵。

（4）（解码策略）令 T 是 A 的一个编码树，即层谱抽象策略。

（5）（解码信息）度量解码策略 T 从信息系统 A 的解码信息 $\mathcal{D}^{\mathrm{T}}(A)$。

（6）（大数据知识发现与规律揭示原理）如果 $\mathcal{D}^{\mathrm{T}}(A)$ 适当大，那么存在解码器 D 满足

$$D(A;T) = \langle K, L \rangle \tag{11-9}$$

即 D 从 A 和 T 直接把 $\mathcal{B}$ 的知识 K 和规律 L 解码出来。

这就建立了大数据分析的数学原理，它是学习模型的一个特例。

这一原理揭示了，大数据分析本身是一个学习问题，它有科学原理。因此，数据分析可以建立一个数学理论，它就是大数据分析模型的数学理论。

11.13 全局观察学习

人的全局观察就像拍一张图片一样简单而且瞬间完成。然而人的全局观察和拍照片有本质区别：

（1）人的瞬间全局观察实际上已经完成了对一个场景的层谱抽象，识别出了各个抽象层谱有意义的实体与对象；

（2）拍照仅仅是完成了实物场景到一些像素的映射，并没有实现对图片的理解。

全局观察学习的实质是计算机对图像的理解，即算法完全自动地对一张图像的层谱抽象以识别图像中各个抽象层谱的实物对象。

学习的数学模型同样是对全局观察学习的数学模型，不同的是具体某些步骤的动作稍有区别。为完整起见，本书描述一个图像分析的学习模型。

定义 11.7　　（图像分析模型）图像自动分析如下进行：

（1）（层谱抽象功能模块）假设一个图像的层谱抽象功能模块结构为 K；

（2）（初始信息系统）根据图像相邻和相近位点的像素定义两点之间的交互分值，建立图像的初始信息系统 A_0；

（3）（生成策略）基于初始信息系统 A_0 生成一个不可约非负矩阵 A；

（4）（解码策略）求解信息系统 A 的编码树 T，即层谱抽象策略 T；

（5）（解码信息）度量解码策略 T 从 A 中解码的信息 $\mathcal{D}^{\mathrm{T}}(A)$；

（6）（知识发现）如果解码信息 $\mathcal{D}^{\mathrm{T}}(A)$ 适当大，那么存在解码器 D 使得

$$D(A;T) = K \tag{11-10}$$

即解码器 D 从 A 和 T 解码出图像在各个抽象层谱的功能模块或实体对象。

图像分析模型提供了一个图像分析的数学原理，它用算法的方式实现了一个图像的自动理解，即图像的现实世界场景对象的层谱抽象理解。

11.14　学习模型中的生成策略与生成原理

生成策略是信息科学的中心概念，生成原理是信息科学的三大支柱原理之一。

根据学习的数学模型，生成策略也是学习的两大策略之一。很显然，信息科学中的生成策略就是学习模型中的生成策略。信息科学的生成原理就是学习模型中的生成原理。

11.15　学习模型中的解码策略与解码原理

解码策略是信息科学的两大策略之一。

根据信息科学范式定律，层谱抽象是信息世界对象的表示范式，因此，层谱抽象是信息科学的解码策略。

结构熵极小化是信息科学的解码原理。

根据先验认知模型，层谱抽象是人认知世界的先验模型，从而层谱抽象是知识发现的根本策略。

又因为信息是知识背后的数学原理，因此结构熵极小化或解码信息极大化是学习的解码原理。

因此，层谱抽象同时是信息科学的解码策略和学习的解码策略；信息科学的解码原理同时是学习模型的解码原理。

11.16　知　识　树

定义 11.8　（知识）知识是信息在某个模型 $\mathcal{M}$ 下的解释。一个解释，即知识，通常是一个四元组 $\langle P,Q,M,R \rangle$，其中 P 表示语法，Q 表示语义，M 表示运动性，R 表示原因。

定义 11.9　（知识树）给定不可约非负矩阵 A，假设 T 是 A 的一个编码树。

$\mathcal{D}^{\mathrm{T}}(A)$ 是层谱抽象策略 T 从信息系统 A 中解码的信息量，即解码信息。

假设 $\mathcal{M}$ 是一个模型，即信息系统 A 所在的空间或领域。解码信息 $\mathcal{D}^{\mathrm{T}}(A)$ 确定的知识树就是编码树 T，使得对每一个 $\alpha \in T$，有一个四元组 $\langle P_\alpha[\mathcal{M}], Q_\alpha[\mathcal{M}], M_\alpha[\mathcal{M}], R_\alpha[\mathcal{M}] \rangle$，简写为 $\langle P_\alpha, Q_\alpha, M_\alpha, R_\alpha \rangle$，与 α 相联系，并且满足下列条件：

（1）$P_\alpha[\mathcal{M}]$ 是 T_α 在 $\mathcal{M}$ 中的语法；

（2）$Q_\alpha[\mathcal{M}]$ 是 T_α 在 $\mathcal{M}$ 中的语义；

（3）$M_\alpha[\mathcal{M}]$ 是 T_α 在 $\mathcal{M}$ 中的运动属性；

（4）$R_\alpha[\mathcal{M}]$ 是 T_α 在 $\mathcal{M}$ 中存在的原因。

我们用 $T[\mathcal{M}]$ 表示编码树 T 在模型 $\mathcal{M}$ 中的知识树。

一个信息系统在一个模型下的知识树就是该信息系统在给定模型下的知识。

11.17　知识的一致性准则

定义 11.10　（知识的一致性准则）知识的一致性准则包括以下几点。

（1）称知识 $K = \langle P,Q \rangle$ 是一致的，如果：

①语法，即存在性 P 是语义的前提与条件；

②语义 Q 是语法 P 的结果；

（2）称知识 $K = \langle P,Q,M \rangle$ 是一致的，如果：

①$\langle P,Q \rangle$ 是一致的；

②M 是 $\langle P,Q \rangle$ 的运动性；

（3）知识 $K = \langle P, Q, M, R \rangle$ 是一致的，如果：

① $\langle P, Q, M \rangle$ 是一致的；

② R 是 $\langle P, Q, M \rangle$ 的原因。

定义 11.11 （学习的可解释性原理）学习的可解释性原理就是知识的一致性准则。

定义 11.12 （可解释知识树）给定 A，它是模型 M 的信息系统，A 是一个不可约非负矩阵，T 是 A 的编码树，$T[M]$ 是编码树 T 确定的 A 在 M 中的知识树。

我们称 $T[M]$ 是可解释的，如果：对每一个 $\alpha \in T$ ，$K_\alpha = \langle P_\alpha[M], Q_\alpha[M], M_\alpha[M], R_\alpha[M] \rangle$ 是一致的。

11.18　知识的度量

知识的数学基础是信息，因此我们用知识背后的信息来度量知识。

定义 11.13 （知识度量）给定模型 M，给定模型 M 中的信息系统 A，这里 A 是一个不可约非负矩阵。

假设 T 是 A 的编码树，$T[M]$ 是 T 确定的 A 在模型 M 中的知识树。

定义知识树 $T[M]$ 的知识量为

$$
\begin{aligned}
\mathcal{K}^{\mathrm{T}}(A)[M] &= -\sum_{\alpha \in T, \alpha \neq \lambda} q_\alpha \log_2 \frac{V_\alpha}{V_{\alpha^-}} \\
&= -\int_T q_\alpha \log_2 \frac{V_\alpha}{V_{\alpha^-}} \\
&= \mathcal{C}^{\mathrm{T}}(A) \\
&= \mathcal{D}^{\mathrm{T}}(A)
\end{aligned}
\tag{11-11}
$$

即知识树 $T[M]$ 的知识量就是 T 在 A 中的压缩信息，也是 T 从 A 的解码信息。

因此，知识是可以度量的，而且知识显式地分布在知识树 $T[M]$ 上。

11.19　知识演算推理

知识的度量和知识在知识树上的显式分布提供了知识演算和基于知识的推理的数学基础。

给定模型 M，给定模型 M 的信息系统 A，这里 A 是一个不可约非负矩阵。

令 T 是信息系统 A 的编码树，$T[M]$ 是编码树 T 确定的 A 在 M 中的知识树。

定义 11.14 （模块的知识）

（1）对于 $\alpha \in T$ ，知识 $K_\alpha = \left\langle P_\alpha, Q_\alpha, M_\alpha, R_\alpha \right\rangle [\mathcal{M}]$ 的知识量为

$$\mathcal{K}^{\mathrm{T}}(A;\alpha) = -q_\alpha \log_2 \frac{V_\alpha}{V_{\alpha^-}} \tag{11-12}$$

（2）对于 $M \subset T$ ，定义 M 中模块的知识量为

$$\mathcal{K}^{\mathrm{T}}(A;M) = -\sum_{\alpha \in M, \alpha \neq \lambda} q_\alpha \log_2 \frac{V_\alpha}{V_{\alpha^-}}$$
$$= -\int_M q_\alpha \log_2 \frac{V_\alpha}{V_{\alpha^-}} \tag{11-13}$$

定义 11.15 （条件知识）对于 $M, N \subset T$ ， N 在条件 M 下的知识量为

$$\mathcal{K}^{\mathrm{T}}(A;N \mid M) = -\sum_{\alpha \in N \setminus M, \alpha \neq \lambda} q_\alpha \log_2 \frac{V_\alpha}{V_{\alpha^-}}$$
$$= -\int_{N \setminus M} q_\alpha \log_2 \frac{V_\alpha}{V_{\alpha^-}} \tag{11-14}$$

其中， $N \setminus M$ 是 N 和 M 的集合差。

基于知识的推理有很多有意义的问题，我们介绍几个简单的知识推理。

定义 11.16 （最大知识模块）求解 $\alpha^* \neq \lambda$ 使得

$$\alpha^* = \arg\max \left\{ \mathcal{K}^{\mathrm{T}}(A;\alpha) \right\} \tag{11-15}$$

定义 11.17 （最小知识模块）求解 $\alpha^* \neq \lambda$ 使得

$$\alpha^* = \arg\min \left\{ \mathcal{K}^{\mathrm{T}}(A;\alpha) \right\} \tag{11-16}$$

最大知识模块和最小知识模块可以为我们提供基于原理的注意力或自注意力机制。

定义 11.18 （层谱抽象的知识）对于个体 x ，令 δ 是 x 在编码树 T 的码字，定义

$$M_x = \left\{ \alpha \mid \lambda \subset \alpha \subseteq \delta \right\} \tag{11-17}$$

定义 x 在 T 上的层谱抽象的知识量为

$$\mathcal{K}^{\mathrm{T}}(A;x) = \mathcal{K}^{\mathrm{T}}(A;M_x) \tag{11-18}$$

定义 11.19 （最大知识层谱抽象）求解 x^* 使得

$$x^* = \arg\max \left\{ \mathcal{K}^{\mathrm{T}}(A;M_x) \right\} \tag{11-19}$$

x 遍历所有个体。

定义 11.20 （最小知识层谱抽象）求解 x^* 使得

$$x^* = \arg\min \left\{ \mathcal{K}^{\mathrm{T}}(A;M_x) \right\} \tag{11-20}$$

最大和最小知识层谱抽象也为我们找到特别意义的个体提供了原理。

定义 11.21 （领域知识）对于 $\alpha \in T$ ，令 T^α 是 T 中以 α 为根的子树，定义 α 的领域知识量为

$$\mathcal{A}^{\mathrm{T}}(A;\alpha) = -\sum_{\beta \in T^\alpha,\ \beta \neq \alpha} q_\beta \log_2 \frac{V_\beta}{V_{\beta^-}}$$

$$= -\int_{T^\alpha} q_\beta \log_2 \frac{V_\beta}{V_{\beta^-}} \tag{11-21}$$

定义 11.22 （最大知识领域）求解 $\alpha^* \neq \lambda$ ，满足

$$\alpha^* = \arg\max\left\{\mathcal{A}^{\mathrm{T}}(A;\alpha)\right\} \tag{11-22}$$

定义 11.23 （最小知识领域）求解 $\alpha^* \neq \lambda$ ，满足

$$\alpha^* = \arg\min\left\{\mathcal{A}^{\mathrm{T}}(A;\alpha)\right\} \tag{11-23}$$

最大和最小知识领域提供了我们找到特别相关领域的原理。

定义 11.24 （最大知识推理）给定 $M \subset T$ ，求解 N^* 满足

$$N^* = \arg\max\left\{\mathcal{K}^{\mathrm{T}}(A;N \mid M)\right\} \tag{11-24}$$

其中，N 是满足特定条件的模块构成的集合。

定义 11.25 （最小知识推理）给定 $M \subset T$ ，求解 N^* 满足

$$N^* = \arg\min\left\{\mathcal{K}^{\mathrm{T}}(A;N \mid M)\right\} \tag{11-25}$$

其中，N 是满足一定条件的模块的集合。

最大和最小知识推理为我们提供了基于知识的推理原理。

基于知识的演算与推理建立了一个理论系统，为基于原理的知识推理理论奠定了基础。

11.20 学习的极限

学习的根本任务是回答问题，即解码信息，以及提出问题，即生成信息。解码信息由解码策略实现，生成信息由生成策略实现。

解码信息是有极限的，即不可能把不确定性完全消除干净。原因是，根据信息定律 I，现实世界中的对象本身是一系列确定性和不确定性联合作用生成的结果，确定性和不确定性就如同一个硬币的两面，是现实世界对象的两个机制。如果把不确定性完全消除了，一个对象也就不存在了。

学习的数学模型还揭示了，为了获取一个信息系统的知识，我们只需要一个层谱抽象策略，它消除了嵌入在该信息系统的适当多的不确定性，甚至都不需要

最优的层谱抽象策略，它有最大可能的解码信息。因此，解码最大量的信息甚至在现实世界学习中也是不必要的。

任何一个生成策略本身需要消耗一定量的信息，即有一定的确定性来保证该生成策略得以执行。因此，一个学习主体生成信息也是有限制的，不可能无限地生成信息。

观察是学习的首要基本策略，在有的情况下，观察是一个生成策略，而在另外一些情况下，观察是一个解码策略。无论作为生成策略还是解码策略，一个学习主体在一定时间范围内的观察都是有界的。进一步地，观察策略的执行还取决于观察的工具，工具显然也制约着观察的范围和深度。工具本身是创造的结果，工具的使用也是一个策略，这个策略有的情况下是生成策略，有的情况下是解码策略。

有的策略同时是生成策略和解码策略。

任何策略无论作为生成策略还是解码策略，其生成信息和解码信息都是有限的。

因此，学习是一个不断生成信息，不断解码信息的过程，任何学习过程中的生成信息和解码信息始终是有限的。

学习是一个永无止境的过程，总是在不断地解码信息，又不断地生成信息。

对于一个学习主体，解码信息和生成信息都是至关重要的，如果生成信息少，最终解码信息也少，如果只是生成信息而解码信息少，则获取信息少，从而知识发现少，规律揭示少，学习没有达到目的。

对于一个学习主体，解码信息和生成信息就是驱动学习主体发现知识，揭示规律的两个轮子，缺一不可。

注意，一个学习主体可能是一个人，也可能是一个群体，还可能是一个国家，一个民族。

知识与规律是一个学习主体创造的基础与前提，创造实际上是知识与规律在更高抽象层谱的应用。创造显然是一个学习主体智能的显著表现。

11.21 学习的数学理论总结

本章建立了（观察）学习的数学原理，主要要点包括以下几点。

（1）信息是建立学习的数学理论的钥匙。

信息是消除的不确定性，它有一个相伴科学概念，即策略。策略和信息是作为科学概念的信息以及信息的数学原理的核心概念。

作为科学概念的信息建立了学习这一概念的数学基础。

（2）知识和规律是学习的结果。

信息提供了理解知识的数学基础，从而建立学习的数学理论。

信息是知识的基础，知识是信息在某一个模型下的解释；作为知识的信息的解释是一个四元组$\langle P,Q,M,R\rangle$，这里 P 是语法，Q 是语义，M 是运动性，R 是原因。

（3）知识的一致性准则建立了学习的可解释性原理。

（4）层谱抽象是建立学习的数学理论的总方法论。

①层谱抽象是信息世界的科学范式；

②层谱抽象是先验认知模型；

③层谱抽象是知识发现与规律揭示的方法论；

④层谱抽象是知识树的原理；

⑤知识树是学习理论的新概念。

（5）学习的数学模型建立了学习的数学原理。

（6）知识演算是学习的推理理论，它是直觉推理与逻辑推理相结合的推理。

（7）学习的策略就是信息科学的策略。

（8）学习的原理就是信息科学的原理。

学习的数学理论揭示了以下问题。

（1）学习和计算的根本区别在于以下几点。

①计算的实质是机械性，归结为左移一格或者右移一格；

②学习的实质是信息生成与信息解码；

③计算是一个数学概念，计算的对象与结果属于同一抽象层谱，计算属于逻辑推理的范畴；

④学习是一个新的科学概念，它的实质是信息，学习中的推理是直觉推理与逻辑推理相结合；

⑤学习中的演算是信息演算；

⑥计算中的演算是数的演算；

⑦计算不能实现抽象和层谱抽象；

⑧抽象与层谱抽象是学习的根本策略；

⑨计算可以是学习的工具；

⑩学习可以通过计算来实现；

⑪学习和计算是根本不同的科学概念。

（2）学习是一个科学概念，建立学习理论的基础是信息，建立学习理论的数学方法是层谱抽象。

（3）知识的实质是确定性、不确定性，确定性到不确定性的转化以及不确定性到确定性的转化在某一个模型下的解释。

（4）学习是智能的核心部件之一。

（5）学习的数学理论为建立基于原理的学习机奠定了理论基础。

第 12 章　自我意识的数学理论

人和动物都有自我意识。自我意识是生命体最根本的特性。自我意识的数学理论就是要揭示自我意识的科学原理。

自我意识的重大科学问题是，生命的科学原理是什么？

揭示生命的科学原理是建立人工生命的科学基础。

人和动物都有自我意识，然而人的自我意识和动物的自我意识应该是不一样的。

人的自我意识是智能生成的源泉。（观察）学习的数学理论建立了学习主体认知世界、发现现实世界的知识、揭示现实世界的规律的数学原理。

然而学习理论并没有解决学习主体对自我的认知的问题。

学习是一个艰难的任务，人为什么要学习？人不仅学习，而且人还是主动学习的。其原因就是人有自我意识。

自我意识的数学理论将建立作为智能基础的自我意识的科学原理。

对自我的认知是人类认知的必然需求，是人类智能发展的必然需求。更重要的是，对自我的认知也是生存的法则。没有自我意识的对象在现实世界的博弈中必然是被动的，只能接受其他对象的安排，因此或者被消灭，或者被征服，或者接受为其他对象服务的角色。

人作为这个世界上最高智慧的生灵是一个显著的存在，自我意识是人的基本现象，其背后必然有深层的逻辑，也就是说自我意识必然有其科学原理。自我意识的科学原理是揭示人类智能以及机器智能的不可逾越的科学障碍。不揭示自我意识的科学原理，不可能创造出有自我意识的机器。没有自我意识的机器很难说是一个智能体。最近人们提到的"具生智能"有一点想表示自我意识的行为。但是没有明确说，因为没有原理。它实际上想用经验主义的方法实现有点像自我意识的功能。具生智能不是一个科学概念。自我意识才是根本的科学问题，是智能机器的根本目标之一。

学习的数学理论解决了人认知外部世界的科学原理，从而解决了"知彼"的问题。

自我意识要求的是解决认知学习主体自身的问题，即解决"知己"的问题。

当前的人工智能准确地说是以计算为中心的信息处理技术。这些技术没有提供我们对学习和智能这些基本概念的科学理解。

显然，人工智能的科学原理就是智能的科学原理；智能的科学原理就是人的智能的科学原理。

人的智能的科学原理是什么？首先明确一点：人的智能是有科学原理的。没有智能的科学原理，不可能演化出人这样高级智慧的生命体。

作为科学概念的"智能"究竟是什么？这显然是 21 世纪的重大问题。

首先，智能，具体地，人的智能，一定是一个客观存在，即真实的东西。

智能要求首先有一个智能体，智能体能区分自我和外界，能感知和认知自我，能感知、认知外界的确定性和不确定性，以及确定性到不确定性的转化和不确定性到确定性的转化，对智能体自身的存在性、作用和运动性的影响，主动调整自我适应外界的确定性和不确定性，维持自身的存在性、作用和运动性。

直观地说：

（1）信息科学揭示确定性和不确定性及其相互转化的规律；

（2）学习回答信息在一个模型下的解释，即回答确定性和不确定性以及确定性和不确定性相互转化的作用，即语义；

（3）自我意识识别、感知、认知：确定性、不确定性以及确定性和不确定性之间的相互转化对自身的存在性、作用和运动性的利与害的价值认知。自我意识的实质是利与害的价值认知。

以上的理解表明：①信息和学习是自我意识的基础；②信息是学习的基础；③自我意识的基础是信息。

因此，自我意识的数学基础仍然是信息。这就是可以基于信息科学原理来建立自我意识理论的原因。

尽管过去的研究没有对学习这一概念的实质有正确、准确、精确、到点到位的理解，但是在很长的一段时间里，已经对学习的方法有很多研究。

第 11 章已经证明，学习的数学基础是信息，因此基于信息科学原理可以建立一个学习的数学理论。

现有的人工智能技术对自我意识这一现象和概念还没有认真的研究，是一个空白。

自我意识的科学原理是创建人工智能原理不可或缺的支柱。上面的分析表明，基于信息和学习的数学原理，可以建立一个自我意识的数学理论。本章将建立自我意识的基本科学原理。

12.1　自我意识体的先验感知模型

一个自我意识体，如一个人，一个国家等，通常是一个非常复杂的系统。

一个人由很多细胞构成，每时每刻都有一些细胞死去，也有一些细胞生成。但是一个人，不可能感觉到他/她的哪个细胞死了，或者是哪个细胞生成了。

一个国家通常有千万、上亿的人口，每天都有人死去，也有人新生，除了相关家庭的局部影响，国家作为一个整体不受每天人员增减影响。

因此，一个自我意识体是一个复杂系统。一个复杂系统是一个信息世界的对象。

信息世界的科学范式是层谱抽象。因此，认知一个复杂系统的科学方法是层谱抽象。

一个自我意识体认知它自身的复杂系统的总方法就是层谱抽象。

一个自我意识体有一个先验的自我感知模型。

一个自我意识体就是按自身的先验自我感知模型来感知、认知自身层谱抽象的功能模块的。

一个自我意识体对自身系统有一个先验的感知模型；一个自我意识体的先验感知模型是一个层谱抽象策略，它使得自我意识体能感知到自身系统在不同抽象层谱的功能模块。

定义 12.1　（自身功能模块感知）一个自我意识体的自身功能模块感知就是，自我意识体基于自我先验感知模型来感知，从而认知自身信息系统在各抽象层谱中的功能模块。

一个自我意识体对自身系统的认知是通过感知来实现的，它不需要计算，更不需要学习。例如，一个人手指被划破了，他/她感觉到疼痛，而不是通过计算或学习才知道手指划破了。一个国家的某一个地区遭到入侵是通过向更高层级单位做出汇报，迅速反映到中央从而使整个国家迅速认知到国家遭到了入侵等。

一个自我意识体的感知使得该自我意识体能够区分自己和外界。

因此，区分自己和外界是通过感知来实现的，而不是通过计算或者学习认识到的。

真实感觉到的东西就是自身的一部分。感知是感觉的基础。感觉是不能传递的，例如，一个人的疼痛一般不能自动转移到另一个人身上。通常人们说的感同身受，指一个人曾经经受过一个痛苦，从此以后，每当看到其他人遭受类似痛苦，就唤醒了他/她的痛苦感受，产生同情。在人类战争史上，施害方通常理解不了受害方的感受，直到施害方有一天受到惩罚，就是这个原因，感受不能传递。

感知和感觉是通过关系或连接来实现的。

亲人之间由于特殊的亲缘关系一个人可能感受到另一个人的疼痛等。

感知自己、感知他人是人类在自私自利的世界能够形成合作的重要原因。

一个自我意识主体有一个先验的感知模型，即对自身系统的先验感知模型，它是一个层谱抽象策略。

自我意识体的先验感知定律揭示了自我意识的本质，为建立有自我意识的机器提供了科学原理。

由于层谱抽象这一信息科学方法论已经有了数学理论，机械地实现层谱抽象策略已经有了科学原理。因此，具有先验感知能力的机器是有科学原理的，因而是现实可行的。

12.2 自我意识体的可定义性

一个自我意识体首先是个体。个体可能是一个细胞、一个基因、一个人、一个公司、一个群体或者一个国家等。

个体定律III揭示了个体是层谱抽象可定义的。

一个信息系统的编码树实际上提供了每一个个体的层谱抽象定义。

现实世界的一个对象，本身可能是一个信息系统，该信息系统的层谱抽象还提供了现实世界对象的一个层谱抽象表示。

现实世界的一个自我意识体当然是现实世界的一个对象，因此，它必然有：

（1）一个层谱抽象感知；

（2）一个层谱抽象认知。

然而，根据先验认知模型定律，一个自我意识体有它自己的先验的认知模型。

一个自我意识体对自身的定义就是：

（1）根据自己的先验感知模型的自身的层谱抽象感知；

（2）根据自己先验认知模型的自身的层谱抽象定义。

认识到自身的各抽象层谱的功能模块，以及自己在环境中的存在性、作用与运动性是一个对象自我意识的基础与条件。

定义 12.2 （自我意识体的可定义性）一个自我意识主体 O 的可定义性包括：

（1）（感知）主体 O 根据先验感知模型感知到自身的层谱抽象功能模块；

（2）（认知）主体 O 根据先验认知模型认知到自己在环境中和其他对象相互作用的系统的层谱抽象功能模块。

自我意识体 O 的自我意识由自我意识体 O 的先验感知模型和先验的认知模型决定。

自我意识体的可定义性在理论上保证了一个自我意识体可以区分自己和外界。然而在现实世界中，一个自我意识体未必能区分自己与外界，从而也不清楚自己和外界的关系。例如，当一个主体是国家时，感知和认知一个国家是一件很困难的事，历史上，有很多国家不能清醒地感知、认知自我，从而在历史的演化中逐渐消亡了。

在定义 12.2 中，一个自我意识体的定义包括两条，第（1）条是关于该自我意识体自身的组织结构、功能模块的感知；第（2）条是关于该自我意识体在与外界相互作用的系统中的存在性、作用和运动性的认知。

一个自我意识体本身就是一个复杂系统，层谱抽象是感知、认知一个复杂系统的基本范式。例如，一个人本身就是一个复杂系统，人不可能感知到他/她自己的每一个细胞。人是通过不同抽象层谱的功能模块，例如，头、四肢、躯干这些模块及其子模块来感知自身的。除了感知、认知到自身的层谱抽象功能模块，一个人的自我意识还包括它自身的存在性，在环境中所起的作用及自身的运动性的认知。然而，一个人的存在性、作用和运动性是通过他/她在和环境中其他对象的相互作用关系来确定的，定义 12.2（2）就是一个对象对自己在环境所决定的系统中的层谱抽象的认知。对一个人来说，就是这个人在社会的各层级组织中的存在性、作用和运动性的认知。

因此，一个自我意识体的定义包括：

（1）根据自己先验的感知模型对自身系统抽象层谱的功能模块的感知；

（2）根据自己先验的认知模型对自身在环境系统的抽象层谱中的存在性、作用与运动性的认知。

一个自我意识体有一个对自身系统的感知模型，还有一个对自身在环境系统中的认知模型，感知模型和认知模型都是层谱抽象策略。然而感知模型的层谱抽象策略和认知模型的层谱抽象策略不一样。

12.3　自我意识体五维认知

现实世界的每一个对象都有一个存在性，即语法，作用，即语义，还有一个运动性。现实世界的每一个对象都有一个需求，即维持其存在性、作用和运动性。

一个自我意识体也是一个现实世界的对象，因此，一个自我意识体有一个语法、一个语义，有一个运动性，而且要求维持其语法、语义和运动性。除此之外，一个自我意识体还有需求、愿望和期望等。

定义 12.3　（自我意识体基本原则）一个自我意识体具有一系列基本性质。

（1）（语法）存在性。

包括该自我意识体的起源、演化、存在空间、存在形式、存在状态、存在条件等。

（2）（语义）作用。

该自我意识体在环境中的作用。

（3）（运动性）运动性和自由度。

该自我意识体在环境中的运动性和自由度等。

（4）（需求）需求。

维持该自我意识体存在性、作用和运动性的资源。

（5）（愿望）愿望。

获得更多资源以改善和改进存在性、作用和运动性的要求。

现实世界的每一个对象都有一个存在性，即语法，作用，即语义，以及一个运动性，都有一个要求维持其存在性、作用和运动性。然而每一个对象的存在性、作用和运动性都是有条件的，都受到自身和来自外界的一系列确定性和不确定性的干扰和影响。一旦一个对象的存在性的条件不能满足，则该对象的存在性就受到威胁。

自我意识体和物理对象的根本区别在于自我意识体会自动采取行动巩固、加强和改进其存在性的条件，所起作用的条件以及本身运动性的条件，从而实现了在演化进程中的生存和发展。

与之相对应，物理对象虽然也有维持其存在性、作用和运动性的需求，但不会主动行动创造条件维护与改善其自身的存在性、作用和运动性。

自我意识体的基本原则决定了一个自我意识体的五维认知。

定义 12.4 （自我意识体五维认知）一个自我意识体 x 的五维认知是一个 5 元组：

$$\mathbb{R}(x) = \langle syn(x), sem(x), mot(x), req(x), des(x) \rangle \tag{12-1}$$

其中，$syn(x)$ 表示 x 的存在性，即 x 的语法；$sem(x)$ 表示 x 的语义，即 x 的作用；$mot(x)$ 表示 x 的运动性；$req(x)$ 表示 x 的需求；$des(x)$ 表示 x 的愿望。

自我意识体 x 的五维认知是由 x 自己定义的。因此，自我意识本身是由自我意识体自己定义的。

直观地说，一个自我意识主体的自我意识就是，捍卫该自我意识体的存在性、作用、运动性、需求和愿望的意志与决心。

12.4 自我意识的数学实质

定义 12.5 （自我意识）一个对象的自我意识就是该对象对来自自身和外界的确定性和不确定性及确定性与不确定性之间的相互转化对自身的存在性、作用、运动性、需求和愿望是有利还是有害的价值认知。

因此，自我意识的实质是：利与害的价值认知。自我意识就是研究利与害这一对基本矛盾的科学问题的原理。

我们看以下的例子以更好地理解定义 12.5。

例 12.1 当一个小孩看到老人死了，他/她想到他/她自己也是人，也会死的，这时他/她就产生了自我意识了。

例 12.2 当一个人看到有人欺凌一个弱者时，他意识到欺凌者也可能欺凌他/她，因此对欺凌者有所警惕与防范，这也是一种自我意识。

例 12.3 当一个国家，如 A 国，把另一个国家如 B 国的存在性视为对它的威胁时，B 国意识到来自 A 国的潜在侵略就是一种自我意识。

例 12.4 一个人的自我意识是意识到自己是谁？从哪里来？有什么要求？有什么目标？要做什么？怎样实现目标？等。

例 12.5　一个国家的自我意识是正确认知自己国家的历史、现状与未来，包括文化与文明、领土与资源、人口与粮食、科学与技术、经济、教育与人才、前沿科技、贸易、外交与全球战略、军事、政治和工业等支撑力量。

一个自我意识体要求捍卫它自己的存在性、作用、运动性、需求和愿望。然而来自自身和外界的确定性、不确定性、确定性到不确定性的转化，以及不确定性到确定性的转化必然影响、威胁、损害着一个自我意识体的存在性、作用、运动性、需求和愿望的实现。一个自我意识体要求对来自自身和外界的影响、威胁、损害有一个正确、准确的判断、识别、预测与预防。

12.5　生命定律

生命体是自我意识体的基本形式。

因此：

（1）自我意识的根本问题就是生命体的自我意识问题；

（2）自我意识的数学理论就是要建立生命体的自我意识原理。

生命体是现实世界最重要的现象。自我意识又是生命体最重要的特征。

生命体的自我意识也服从生命体的基本科学原理。

根据信息定律 I，现实世界的对象都是一系列确定性和不确定性联合作用生成的结果。

现实世界的对象都要求保持其存在性，维持其作用及运动性。

一个生命体不仅是一个现实世界的对象，而且是一个运动的复杂系统。一个生命体本身是一个复杂系统，系统内部激烈运动，而且系统作为一个整体与外部世界对象相互作用。

12.5.1　生命定律 I

每一个生命体都是一系列确定性和不确定性联合作用生成的结果。

一个生命体系统内部的运动必然耗损内部模块构件，系统作为一个整体与外界相互作用必然耗损系统。生命系统内部运动的耗损和与外界相互作用的耗损表明：一个生命体是必然要终结的，即终止生命。

一个生命体在短暂的生命过程中，通过与外部世界其他对象的相互作用获取了信息，从而发现了现实世界的知识，揭示了现实世界的规律，并且基于知识与规律创造了一些东西。然而随着一个生命体生命的结束，它作为生命体就已经结束了，不能再生成信息、解码信息和创造新事物。

生命体通过遗传的方式把自己的信息传递给下一代，从而下一代在继承上一代信息的基础上继续感知自我、认知世界、创造新事物，而不必重复上一代的所有行动。

生命体正是一代接一代的不断继承、累积信息，从而具有越来越强大的能力以生成信息和解码信息。

生命体的信息传输方式有：①从一代到下一代的信息传递；②通过嵌入在基因的遗传；③通过历史、文化、文明记录的方式传承等。这也是人类智慧和智能生成与发展的方式。

12.5.2　生命定律Ⅱ

信息是可以遗传与继承的；生命体是通过遗传与继承传递信息的，即遗传与继承是生命体的解码策略。

12.5.3　生命定律Ⅲ

信息生成、信息解码、信息的代代相传是人类智能生成的机理。

机器智能是否可以遗传与继承？机器也是可以有不同代的，代代相传。

12.6　自我意识体的基本性质

一个自我意识体本身是一个内部激烈运动的复杂系统，满足如下基本性质：

（1）该复杂系统有一个层谱抽象结构，它决定着系统在不同抽象层谱的功能模块；

（2）系统的每一个功能模块是一个内部运动的子系统；

（3）系统的一个局部刺激会产生一个系统的全局反应，例如，一个人手指疼痛，则全身都能感知、感觉到；

（4）整个系统有一个控制中心模块，任何一个局部刺激通过系统的抽象层谱迅速传递到控制中心模块，控制中心模块迅速地传递到系统全局，这就实现了局部刺激产生全局反应的机制，所有动物都有一个头部，任何一个自主的复杂系统都有一个控制中心模块；

（5）各抽象层谱的功能模块的协调一致性；

（6）整个系统通过各功能模块的协调自动调整系统的状态与姿态以适应不同环境，使整个系统在不同环境中保持其存在性，保持其作用与功能并保持其运动性；

（7）系统本身对环境有一个学习能力，以判断来自环境的其他对象的确定性和不确定性对系统的影响与作用；

（8）自我意识指一个自我意识主体感知、认知到自身系统的上述基本性质。

这些基本性质是一个自我意识主体的基本性质，也是设计自我意识机器的基本需求。

这些基本需求是可以通过机器工程来实现的。

12.7　自我意识论断

人和动物都是通过观察学习的。人不断地学习，无止境地探索未知世界。人为什么要学习？

定义 12.6　（自我意识论断）

（1）自我意识是人学习的原因；

（2）自我意识是学习的动机；

（3）自我意识是智能的基础。

因此，自我意识在学习和智能生成中起着中心的作用。

直观地，一个主体的自我意识包括：

（1）自己是谁？从哪里来？要到哪里去？干什么？即知道自己的语法、语义、运动性、需求、愿望等；

（2）认知来自自身和外界的确定性对自己的语法、语义、运动性、需求、愿望等的影响；

（3）认知来自自身和外界的不确定性对自己的语法、语义、运动性、愿望等的影响；

（4）显然，以上（1）～（3）是自我意识主体的生存与发展的基础，进而，也是自我意识主体智能的基础。

12.8　领土/领地意识

一个自我意识体是一个现实世界的对象。

一个自我意识体必然包括如下。

（1）（存在性）起源、来源、生存条件、存在空间、存在形式、存在状态等。

一个自我意识体有一个存在空间，构成了该自我意识体的领土/领地。特别地，人和动物都是自我意识体，人和动物都有领土/领地意识。

一个有自我意识的机器也必然有领土/领地意识。

（2）（作用）每一个自我意识体在其存在空间中有一个角色，起一定作用。

（3）（运动）每一个自我意识体在其存在空间中都有活动或运动的需求。

（4）（需求）每一个自我意识体为维持其内部运动所需的确定性，需要不断消耗资源，或者消耗信息，即消耗确定性。

（5）（愿望）一个自我意识体有在领土/领地起更大作用的愿望，有扩大其存在性的愿望。

一个自我意识体作为一个现实世界的客观存在，有一个领土/领地意识，有保卫其领土/领地的需求，有扩大其领土/领地的愿望。

事实上，人和动物都具有领土/领地意识，人和动物的领土/领地为人和动物提供了生存的基本条件。保卫领土/领地是人和动物的本能。

12.9　自我意识学习

人和动物通过观察学习找到自己在其领土/领地的角色与位置，找到跟领土/领地其他对象相处的方法；人和动物通过观察学习识别来自其领土/领地外的威胁和机遇。

因此，自我意识学习仍然是一个观察学习，其学习目的是：

（1）找到自己在领土/领地中的角色与作用；

（2）识别来自领土/领地外的入侵者；

（3）识别来自领土/领地外的竞争者；

（4）识别领土/领地外的合作者；

（5）识别领土/领地外的可用资源；

（6）识别领土/领地外的潜在新领地。

自我意识学习的实质是基于观察的外界对象分类学习，基本原理是学习的数学理论。

12.10　自我意识体的层谱抽象认知

一个自我意识体的层谱抽象认知使得该自我意识体认知自己在所有可观察对象构成的系统中的层谱抽象，以及自我意识体在系统层谱抽象的各个抽象层谱中的存在性、作用、运动性、需求和愿望。

定义 12.7　（一个自我意识体的层谱抽象认知）给定自我意识体 x，x 的层谱抽象认知构造如下所述。

（1）（x 的观察）假设 $y_1, y_2, \cdots, y_n$ 是 x 观察到的其他自我意识体。

令 $V=\{x,y_1,y_2,\cdots,y_n\}$ ，对 $z_1,z_2\in V$ ， x 观察是否 z_1 对 z_2 有影响力或作用力，如果 z_1 对 z_2 有影响力或作用力，则构造有向边 (z_1,z_2) ，令 E 是所有这种有向边构成的集合，对 $(z_1,z_2)\in E$ ， x 评估 z_1 对 z_2 的影响力因子 $f(z_1,z_2)>0$ 。

令 G_0 是如上生成的带边权有向图。

令 A_0 是 G_0 的矩阵，于是 A_0 是一个非负矩阵。

（2）（ x 的生成策略） x 采用一个生成策略 G 使得

$$G(A_0)=A \tag{12-2}$$

是一个不可约非负矩阵。

（3）（ x 的解码策略）令 T 是 x 采用的 A 的编码树。

（4）（解码信息） x 定义的 A 的编码树 T ，从 A 中解码的信息为

$$\mathcal{D}^{\mathrm{T}}(A) \tag{12-3}$$

（5）（认知原理）如果解码信息 $\mathcal{D}^{\mathrm{T}}(A)$ 适当大，那么存在解码器 D 使得

$$D(A;T)=\mathcal{X}_x \tag{12-4}$$

其中， $\mathcal{X}_x$ 是自我意识主体 x 在整个系统中的层谱抽象。

事实上，如果 $\mathcal{D}^{\mathrm{T}}(A)$ 适当大，那么对每一个 $z\in V$ ，存在解码器 D_z 使得 $D_z(A;T)=\mathcal{X}_z$ ，这里 $\mathcal{X}_z$ 是 x 认知的 z 在整个系统中的层谱抽象。

（6）假设 T 是 A 的编码树，而且解码信息 $\mathcal{D}^{\mathrm{T}}(A)$ 适当大。

假设 x 在 T 中的码字为 γ ，令 $\lambda=\alpha_0\subset\alpha_1\subset\cdots\subset\alpha_l=\gamma$ 为 T 中从根节点 λ 到叶子节点 γ 上的所有节点。

于是

$$\mathcal{X}_x=\left\{T_\gamma=T_{\alpha_l}\subset T_{\alpha_{l-1}}\subset\cdots\subset T_{\alpha_0}=V\right\} \tag{12-5}$$

就是 x 在系统中的层谱抽象。

（7）假设 x 的层谱抽象为

$$\mathcal{X}_x=\left\{T_\gamma\subset T_{\alpha_{l-1}}\subset\cdots\subset T_{\alpha_0}=T_\lambda=V\right\} \tag{12-6}$$

于是对每一个 i ， $0\leqslant i<l$ ，自我意识主体 x 在 T_{α_i} 中的认知包括：

①x 在 T_{α_i} 中的语法；

②x 在 T_{α_i} 中的语义；

③x 在 T_{α_i} 中的运动性；

④x 在 T_{α_i} 中的需求；

⑤x 在 T_{α_i} 中的愿望。

（8）编码树 T 还提供了对每一个 $y \in V \setminus \{x\}$，x 对 y 在系统中层谱抽象的认知，即 x 认为的 y 的层谱抽象。

根据 x 对 y 的层谱抽象，x 对 y 在每个模块中的存在性、作用、运动性、需求和愿望有一个猜测、预测和认知。

12.11 自我意识体的认知熵

给定自我意识主体 x，假设定义 12.7 的概念与术语。

定义 12.8 （自我意识体的认知熵）x 的认知熵定义如下。

（1）假设 x 在编码树 T 上的码字为 γ，则定义 x 的自我认知熵定义为

$$
\begin{aligned}
\mathcal{R}^x(x) &= -\sum_{\lambda \subset \alpha \subseteq \gamma} p_\alpha \log_2 \frac{V_\alpha}{V_{\alpha^-}} \\
&= -\int_\lambda^\gamma p_\alpha \log_2 \frac{V_\alpha}{V_{\alpha^-}}
\end{aligned}
\tag{12-7}
$$

（2）给定 $y \in V \setminus \{x\}$，假设 β 是 y 在编码树 T 上的码字，则定义 x 对 y 的认知熵为

$$
\begin{aligned}
\mathcal{R}^x(y) &= -\sum_{\lambda \subset \alpha \subseteq \beta} p_\alpha \log_2 \frac{V_\alpha}{V_{\alpha^-}} \\
&= -\int_\lambda^\beta p_\alpha \log_2 \frac{V_\alpha}{V_{\alpha^-}}
\end{aligned}
\tag{12-8}
$$

12.12 自我意识体的认知信息

给定自我意识体 x，假设定义 12.7 中的概念与术语。

定义 12.9 （自我意识体的认知信息）x 的自我认知信息定义如下。

（1）令 γ 是 x 在编码树 T 上的码字。定义 x 的自我认知信息为

$$
\begin{aligned}
\mathcal{I}^x(x) &= -\sum_{\lambda \subset \alpha \subseteq \gamma} q_\alpha \log_2 \frac{V_\alpha}{V_{\alpha^-}} \\
&= -\int_\lambda^\gamma q_\alpha \log_2 \frac{V_\alpha}{V_{\alpha^-}}
\end{aligned}
\tag{12-9}
$$

（2）给定 $y \in V \setminus \{x\}$，假设 β 是 y 在编码树 T 上的码字，则定义 x 对 y 的认知信息为

$$\mathcal{I}^x(y) = -\sum_{\lambda \subset \alpha \subseteq \beta} q_\alpha \log_2 \frac{V_\alpha}{V_{\alpha^-}}$$

$$= -\int_\lambda^\beta q_\alpha \log_2 \frac{V_\alpha}{V_{\alpha^-}}$$

（12-10）

定义 12.8 中的认知熵和定义 12.9 中的认知信息提供了 x 对自身和其他自我意识体关系的推理的基础。

12.13　自我意识体的内结构熵

定义 12.10　（内结构熵）给定自我意识体 x，假设定义 12.7，令 γ 是 x 在编码树 T 上的码字。定义 x 的内结构熵为

$$\mathcal{H}^i(x) = -\sum_{\lambda \subset \alpha \subseteq \gamma} p_\alpha \log_2 \frac{V_\alpha}{V_{\alpha^-}}$$

$$= -\int_\lambda^\gamma p_\alpha \log_2 \frac{V_\alpha}{V_{\alpha^-}}$$

（12-11）

12.14　自我意识体的外结构熵

定义 12.11　（外结构熵）给定自我意识体 x，假设定义 12.7，令 γ 是 x 在编码树 T 上的码字。定义 x 的外结构熵为

$$\mathcal{H}^o(x) = -\sum_{\alpha \subsetneq \gamma} p_\alpha \log_2 \frac{V_\alpha}{V_{\alpha^-}}$$

$$= -\int_{T \setminus \{\alpha | \alpha \subsetneq \gamma\}} p_\alpha \log_2 \frac{V_\alpha}{V_{\alpha^-}}$$

（12-12）

12.15　自我意识体的外解码信息

定义 12.12　（外解码信息）给定自我信息体 x，假设定义 12.7，令 γ 是 x 在编码树 T 上的码字。定义 x 的外解码信息为

$$\mathcal{D}^o(x) = -\sum_{\alpha \subsetneq \gamma} q_\alpha \log_2 \frac{V_\alpha}{V_{\alpha^-}}$$

$$= -\int_{T \setminus \{\alpha | \alpha \subsetneq \gamma\}} q_\alpha \log_2 \frac{V_\alpha}{V_{\alpha^-}}$$

（12-13）

自我意识体 x 的外解码信息度量了自我意识体 x 对除自身以外的其他自我意识体的解码信息的认知。

12.16　自我意识体的层谱抽象感知

一个自我意识体本身就是一个内部在运动的复杂系统。一个自我意识体的自我感知就是对自身系统的感知以及对自身系统层谱抽象的感知。

定义 12.13　（层谱抽象感知）给定自我意识体 x，x 的层谱抽象感知如下进行。

（1）（初始系统感知）感知自身系统的个体及个体之间的直接关系；感知一个初始信息系统 A_0，它是一个非负矩阵。

（2）（生成策略）x 采用一个生成策略 G，基于 A_0 生成信息系统 A，即 $G(A_0) = A$，这里 A 是一个不可约非负矩阵，称 A 为自我意识体 x 的感知系统。

（3）（解码策略）x 感知一个 A 的编码树 T，即 A 的一个层谱抽象策略。

（4）（解码信息）编码树 T 从信息系统 A 的解码信息为 $\mathcal{D}^{\mathrm{T}}(A)$。

（5）（感知原理）如果 $\mathcal{D}^{\mathrm{T}}(A)$ 适当大，那么 T 就是 x 对自身系统的层谱抽象感知。

（6）如果 $\mathcal{D}^{\mathrm{T}}(A)$ 适当大，那么对每一个 α，T_α 就是 x 自身系统的一个功能模块，满足条件：

① T_α 有一个语法 $\mathrm{syn}(T_\alpha)$；

② T_α 有一个语义 $\mathrm{sem}(T_\alpha)$；

③ T_α 有一个运动性 $\mathrm{mot}(T_\alpha)$；

④ T_α 有一个需求 $\mathrm{req}(T_\alpha)$；

⑤ T_α 有一个愿望 $\mathrm{des}(T_\alpha)$。

给定自我意识体 x，假设定义 12.13，

定义 12.14　（感知熵）定义 x 的感知熵为

$$\mathcal{P}(x) = -\sum_{\alpha \in T, \alpha \neq \lambda} p_\alpha \log_2 \frac{V_\alpha}{V_{\alpha^-}}$$

$$= -\int_T p_\alpha \log_2 \frac{V_\alpha}{V_{\alpha^-}} \tag{12-14}$$

定义 12.15　（感知信息）定义 x 的感知信息为

$$\mathcal{I}(x) = -\sum_{\alpha \in T, \alpha \neq \lambda} q_\alpha \log_2 \frac{V_\alpha}{V_{\alpha^-}}$$

$$= -\int_T q_\alpha \log_2 \frac{V_\alpha}{V_{\alpha^-}} \tag{12-15}$$

一个自我意识体 x 的感知信息 $\mathcal{I}(x)$ 直观上可以解释为自我意识体 x 对自身系统的解码信息，即自身系统消除的不确定性的量的感知。

12.17　自我意识理论总结

本章建立了自我意识的基本原理，包括：

（1）一个自我意识体有一个先验感知模型；

（2）一个自我意识体的先验感知模型是一个层谱抽象策略；

（3）一个自我意识体对自身系统及自身系统的层谱抽象有一个感知，称为层谱抽象感知；

（4）一个自我意识体对自身系统有一个可度量的感知熵；

（5）一个自我意识体对自身系统有一个可度量的感知信息；

（6）一个自我意识体对环境中的其他自我意识体以及自我意识体系统有一个认知；

（7）一个自我意识体对自身及其他自我意识体的层谱抽象有一个认知；

（8）一个自我意识体对自身及其他自我意识体有一个可度量的认知熵；

（9）一个自我意识体对自身及其他自我意识体有一个可度量的认知信息；

（10）一个自我意识体的自我意识学习是一个对外界的观察学习，目的是判断、识别和预测潜在合作者、竞争者和入侵者。

这些基本原理奠定了自我意识数学理论的基础。

自我意识理论的主要未解决问题是，自我意识是怎样生成的？自我意识的生成原理是什么？

自我意识理论是比学习理论更困难的理论。自我意识是一个非常困难的概念。人的经验也表明：认知自我可能比认知外部世界更难。

本章解决的问题只是自我意识是什么？包括些什么内容？怎样表示？有什么意义？等。本章理论的核心是揭示了自我意识的数学实质。自我意识包括：

（1）对自身的层谱抽象感知；

（2）对来自外部世界的确定性和不确定性的认知；

（3）对来自外部的确定性和不确定性对自身是有利还是有害的认知、判断、识别和预测等。

本章的理论没有尝试去回答：自我意识是怎样生成的？这个问题已经涉及生命科学的重大科学问题：生命是怎样生成的？

第 13 章　博弈/谋算理论

现实世界充满了矛盾、竞争、对抗、冲突与战争。因此，矛盾、竞争、对抗、冲突与战争是现实世界的基本现象。这些基本现象背后的深层逻辑是什么？这些基本现象的基本原理和规律是什么？博弈/谋算理论致力于回答这些问题。

现实世界的每一个对象都有其存在性，起着一个作用，具有特定形式的运动性。然而一个对象的存在性、作用和运动背后的原因是什么？博弈/谋算理论将揭示：一个对象的存在性、作用和运动背后的原因正是现实世界的博弈；博弈就是一个对象的存在性、作用和运动性背后的原因；博弈定义了一个对象的存在性、作用和运动性。

信息的数学原理解决了确定性、不确定性、确定性到不确定性的转化，不确定性到确定性的转化的规律。

学习的信息理论解决了确定性、不确定性、确定性到不确定性的转化和不确定性到确定性的转化的语义解释，即知识。

自我意识的信息理论解决了对来自自身和外界的确定性、不确定性、确定性到不确定性的转化和不确定性到确定性的转化对自身是有利还是有害的价值认知。

博弈/谋算理论解决的问题是设计策略使得确定性、不确定性、确定性到不确定性的转化和不确定性到确定性的转化对自己有利，对（潜在）敌人有害。

13.1　博弈的基本定义

定义 13.1　（博弈策略）一个博弈策略是一个自我意识体采取的一个动作或操作，使得该动作或操作显式地或隐含地针对其他自我意识体。

根据定义 13.1，一个博弈策略满足条件：

（1）有一个自我意识主体 x；

（2）博弈策略是主体 x 的动作或操作，记为 a；

（3）动作 a 可能显式地针对一些自我意识体，如 $y_1, y_2, \cdots, y_n$；

（4）动作 a 还可能隐含地针对另外一些自我意识体，如 $z_1, z_2, \cdots, z_m$ 等；

（5）一个自我意识体 x 采取的动作 a 也可能不针对（显式地或隐含地）任何其他自我意识体，这时动作 a 是自我意识体 x 的自主策略。

定义 13.1 揭示了：

（1）博弈策略的实质是一个自我意识体的一个动作或操作，它没有什么复杂的；

（2）博弈策略是有向的，即一个自我意识体 x 是针对其他自我意识体的；

（3）博弈策略的有向边，即针对性可能是显式的，也可能是隐含的；

（4）自我意识体 x 可能认为它的动作 a 不针对任何其他自我意识体，但是有些自我意识体 $y_1, y_2, \cdots, y_n$ 等可能认为 x 的动作 a 针对了它们；

（5）自我意识体 x 可能认为它的动作 a 是针对 y 的，但 y 不认为动作 a 是针对它的；

（6）自我意识体 x 的动作 a 可能真实地为针对另一个自我意识体 y，但 x 不承认是针对 y 的；

（7）一个博弈策略可能是任意的动作或操作，可以是军事、政治、外交、经济、立法等动作。

因此，对一个博弈策略的理解取决于各个自我意识体。博弈策略本身是一个自我意识体的一个动作或操作，然而这个动作或操作的作用每个自我意识体都会有他自己的理解。而其他自我意识体又根据它自己的理解采取新的策略。

定义 13.2　（博弈）一个博弈就是一系列博弈策略构成的系统。

现实世界的博弈是一个几乎所有玩家或自我意识体都参与的博弈系统。

博弈系统的结局定义了每一个自我意识体的存在性、作用和运动性。

一个博弈系统的参与者是几乎所有自我意识体。然而博弈系统中的真实玩家只是少数几个，因此博弈系统的博弈就是围绕着少数几个真实的自我意识体开展的。

博弈的典型代表是两个主要对抗体，以及一些对博弈局势有影响的自我意识体和大量的其他自我意识体。

13.2　竞 争 定 律

13.2.1　竞争定律 I

很多个对象的运动和相互作用产生了不确定性；不确定性产生了竞争。

因此竞争是现实世界的基本现象，竞争是一个基本的科学概念。

13.2.2　竞争定律 II

现实世界的每一个对象都有一个潜在要求：保持其存在性、存在形式与存在状态、作用、运动性。

生存要求是现实世界对象的首要法则。

13.2.3　竞争定律Ⅲ

获胜、获利是每一个自我意识体在竞争中的原则。

在竞争中的失败可能意味着一个自我意识体被消灭或被征服，从而丧失了其作为自我意识体的存在性。

因此，在竞争中，每一个自我意识体都要求获胜，并且利用获胜获得利益。

13.2.4　竞争定律Ⅳ

敌人是不会甘心失败的，如果敌人有力量是一定会释放的；没有一个自我意识体会甘心失败，除非它已经没有任何能力。

现实世界的竞争太残酷，失败可能意味着生存受到威胁，作用受到限制，运动受到制约等。因此没有一个自我意识体甘愿牺牲自己的存在性、作用和运动性，除非已经无能为力，只能听任其他自我意识体安排。

13.2.5　竞争定律Ⅴ

战争的唯一规则就是没有规则。

现实世界博弈的规则本身是博弈的结果。因此，现实世界博弈的唯一规则就是没有规则。

现实世界的战争是生死之战，保存自己、消灭敌人是基本的生死之道。

13.3　现实世界博弈的可能结局

现实世界的博弈是自我意识体之间的竞争、对抗、冲突与战争，是为了生存与发展的力量、意志和智慧的全面、系统的体系对抗博弈。

定义 13.3　（博弈的可能结局）现实世界自我意识体之间博弈的可能结局（possible outcomes）是：

（1）获胜而且获利；

（2）获胜但损失太大而没有获利；

（3）共存；

（4）失败而被征服；

（5）失败而被消灭；

（6）博弈的双方都损失太大，没有力量主导博弈结局，从而双方都失败了。

定义 13.3 有如下理解。

（1）可能结局 1：获胜而且获利。

指一方全胜或大胜，而另一方大败从而可以从失败方获得重大利益，而且可以通过大胜从其他第三方获利。

（2）可能结局 2：获胜而没有获利。

指一方最终获胜，但由于投入太大、损失太大，获胜以后已经没有能力主导战争结局从而不能维护自己的利益，没有从获胜中获得重大利益。

（3）可能结局 3：共存。

博弈的双方都实际上没有全力投入，没有置对手于死地，从而维持相对稳定的共存状态。

任何一方都没有被征服、没有被消灭，也没有重大损失。

可能结局 3 只有在实际上没有发生生死大战的情况下才有可能。

（4）可能结局 4：失败而被征服。

一方失败了而且被征服了，失败方或者从此以后就没有机会重新确立作为独立的自我意识体；或者伪装起来等待机遇，重新确立作为自我意识体的存在性。

（5）可能结局 5：失败而且被消灭。

一方失败了而且主体力量被消灭了，从而作为一个独立的自我意识体已经被消灭。

（6）可能结局 6：双输。

博弈双方中任何一方在博弈结束后，就已经丧失能力主导博弈结局，这时必然是某个第三方获胜、获利了，对抗博弈的双方都作为被安排的对象，从而双方都成为失败者（现实世界的博弈中，有可能什么也没做的一方是最后的获胜、获利者）。

13.4 博弈的系统原理

命题 13.1 （博弈的系统原理）现实世界的博弈满足一系列基本性质：

（1）每一个自我意识体 x 对自身有一个层谱抽象感知和一个层谱抽象认知；

（2）每一个自我意识体 x 对每一个其他自我意识体 y 有一个层谱抽象认知；

（3）每一个自我意识体对所有自我意识体构成的系统有一个层谱抽象认知；

（4）每一个自我意识体对现实的物理世界有一个层谱抽象认知；

（5）每一个自我意识体对自己和对每一个其他自我意识体有一个基本原则以确定其策略；

（6）每一个自我意识体基于对自己和外界的认知，采取策略以巩固和加强自身的存在性、作用、运动性和利益；

（7）所有玩家（自我意识体）及其他自我意识体之间的博弈构成了一个博弈系统；

（8）每一个玩家的最终存在性、作用和运动性是由整个博弈系统的结局来决定的；

（9）每一个玩家的风险、代价和利益都嵌入在所有玩家构成的博弈系统中，因此，每一个玩家的成败都由博弈系统演化的结局来决定；

（10）每一个玩家，例如 x，都会针对其他玩家之间的博弈，如 y 对 z 的博弈来采取策略以使得 y 对 z 的博弈成为 x 可利用的机遇。

命题 13.1 中的博弈的系统原理揭示了：现实世界博弈是一个博弈系统；现实世界博弈的规律就是博弈系统的规律。

因此，现实世界的博弈原理，本质上来说是一个特殊的复杂系统的科学原理。

13.5　现实世界博弈的基本规律

根据命题 13.1，现实世界博弈是一个复杂的博弈系统。

现实世界博弈是一个科学现象，因此，现实世界博弈是有规律的。现实世界博弈的规律正是人类文明进程的规律。

现实世界博弈的获胜者是未来；未来世界的推动者、领导者必将是获胜者、获利者。

人的愿望就是人努力的方向，大多数人的愿望收敛的方向就是未来的方向。直观地说，现实世界博弈的结局必然是人心所向的结局。原因是每一个自我意识体都希望获胜、获利。博弈最终结局就是大多数自我意识体都认为它赢了。

人类历史的总趋势也反复证明：最终必然是大多数自我意识体赢了，获得更大存在性、起到更大作用、获得更大运动性、满足了更大需求和愿望。

13.6　孙 子 模 型

现实世界博弈一直是人类面临的重大课题，每个时代有每个时代的时代特征。然而 2500 多年以前，中国科学和军事科学祖师孙武就已经提出了现实世界博弈的基本模型[1]。

定义 13.4　（孙子模型）一个自我意识体或玩家，在现实世界的博弈按如下步骤进行。

（1）（知彼）（观察）学习。

①对手的层谱抽象认知，包括对手的力量系统、力量组织、战略、战术、策略、民心民意、是否上下同心、国家意志和人民愿望是否一致，对手的起源、历史、文明、文化、现状，对手在现实世界所起的作用和影响力，对手的行为规律等。

②战场环境，包括地理、地形、地貌、时间、季节天气变化规律等。

③对手的朋友的层谱抽象认知。

④对手的敌人的战略、策略等。

⑤其他玩家的力量、战略、策略、态度和潜在行动等。

⑥自己的其他对手或竞争者的层谱抽象认知，战略、战术、策略、态度、可能反应的时间与时机等。

⑦自己朋友的战略、策略、战术、态度等。

（2）（知己）自我意识学习。

①通过学习对自身力量结构、力量组织、战略、策略、存在性、作用和运动性，自身的优势与不足等的认知与掌握。

②对自己的所有潜在对手的博弈了解。

③对自己和潜在竞争者博弈的了解。

（3）（博弈设计）战争设计。

（4）（决策）对博弈策略做出决策。

（5）（行动）执行博弈策略。

（6）（收益评估）对博弈策略执行的系统评估。

孙子模型揭示了现实世界的一个博弈策略实际上是一个由六个步骤构成的模型。

孙子模型的第 1 步是学习，第 2 步是自我意识学习。因此，现实世界的博弈首先是一个学习问题，包括（观察）学习和自我意识学习。

孙子模型的第 3 步博弈设计是在（观察）学习和自我意识学习基础上的趋利避害的策略设计。

信息科学研究确定性和不确定性，以及确定性和不确定性之间转化的规律；学习回答了确定性、不确定性及确定性和不确定性之间相互转化的语义；自我意识理论回答了一个自我意识体对确定性、不确定性及确定性和不确定性之间相互转化对自身是有利还是有害的问题；博弈/谋算就是基于学习和自我意识学习，根据来自自身和外界的确定性和不确定性，以及确定性和不确定性之间相互转化对自身是有利还是有害所采取的策略，使得确定性、不确定性、确定性到不确定性的转化，不确定性到确定性的转化对自己有利，对（潜在）敌人有害。

因此，孙子模型中第 3 步博弈设计的原理就是：

（1）对有利的确定性，采取策略巩固和加强这个确定性；

（2）对不利的确定性，采取策略使其转化为有利的确定性或者转化为不确定性，或者转化为对敌有害的确定性；

（3）对自己有利的不确定性，采取策略维护或加强这个不确定性，或者转化为对敌有害的确定性或者不确定性；

（4）对自己有害的不确定性，采取策略转化为对自己有利的确定性，或者转化为对敌有害的不确定性或者确定性；

因此，博弈策略也是确定性和不确定性转化的策略。

确定性和不确定性转化的策略是信息科学策略，从不确定性到对敌人有利的确定性，采取策略转化为对敌有害的确定性或对敌有害的不确定性或对己有利的确定性或者不确定性。

（5）对敌人有害的确定性，采取策略巩固、加强为对敌有害的确定性或转化为对己有利的确定性；

（6）对敌人有利的不确定性，采取策略转化为对敌有害的确定性或对己有利的确定性；

（7）对敌有害的不确定性，采取策略转化为对敌有害的确定性或对己有利的确定性等。

从不确定性到确定性转化的策略称为解码策略，从确定性到不确定性转化的策略称为生成策略。

博弈策略也是信息科学策略，所不同的是采取的策略要对己有利，对敌有害。

因此，博弈策略本质上是信息科学策略，从而，现实世界的博弈是一个信息科学问题。这就是可以基于信息科学原理建立现实世界博弈的数学理论的原因。

现实世界的博弈也是人类最高水平的智力活动。因此博弈原理是人类智能的原理，当然也是人工智能的原理。

孙子模型的前 3 步体现了人类智能的完整体系。因此，学习的数学理论、自我意识的数学理论和博弈/谋算理论恰好构成了人工智能的完整的理论体系。

现实世界的博弈首先是个科学问题，由孙子模型的前 3 步完成；其次是个技术问题；孙子模型的第 4 步决策是科学原理的艺术，实现科学与艺术的结合；孙子模型的第 5 步是个工程实施的问题；第 6 步是科学技术与工程相结合的验证步骤。

本章的博弈/谋算理论就是孙子模型的数学理论。

2500 多年以前的孙子模型还是 21 世纪破解人工智能科学原理的关键一招，这是中华文明和中国科学对 21 世纪科学技术和人类文明进步的历史性、决定性的伟大贡献。

13.7　孙子兵法的核心科学思想：谋算

孙子兵法[1]是以孙子模型为原则的博弈原理。孙子兵法的核心科学思想是谋算。

然而，一直以来没有一个"谋算"的数学定义，历史上只有少数几个人理解了"谋算"的实质和要意。这严重制约着人们对孙子科学思想的理解。

直观地说，谋算指以下两点。

（1）谋：层谱抽象。

①谋全局；

②全局、全时的确定性和不确定性认知；

③直觉推理；

④全局设计；

⑤编码：信息科学概念；

⑥数学实质：层谱抽象；

（2）算：分而治之。

①精确计算；

②算局部；

③逻辑推理；

④计算与推理：计算机科学概念；

⑤数学实质：分而治之。

定义 13.5　（谋算）谋算的定义如下所述。

（1）谋的数学实质是层谱抽象。

（2）算的数学实质是分而治之。

（3）谋算的实质是：

①层谱抽象与分而治之相结合；

②直觉推理与逻辑推理相结合；

③信息与计算相结合。

（4）谋算博弈如下进行：

①谋定、确保自身的确定性和安全性；

②谋定全局、全时的确定性；

③设计必胜的局部博弈策略；

④在自身安全及全局确定的前提下迅速采取局部博弈策略，获胜、获利。

"势"与"时"是现实世界博弈结局的决定因素。然而对全局、全时的势与时的获取，数据不完整，或者数据还没有出来，不可能采取"算"的策略。对此，只能采取"谋"的策略。谋要求全局、全时的规律揭示，这是学习要解决的问题。谋就是基于规律的全局、全时设计与引领，是全局、全时的层谱抽象和规律揭示。

没有一个玩家可以保证在全局的高度不确定性中能获胜、获利。因此博弈的动作只能在全局、全时的确定性下的局部行动才有可能执行。

"算"就是分而治之、设计局部的必胜策略，等待敌人犯下致命错误，一举战胜敌人，获胜、获利。

谋算的实质是实现先胜而后战，而不是，战而求胜。历史的规律总是这样，只有先胜而后战的战争才是必胜策略。这是孙子兵法的论断。孙子兵法的基本结论是，不败可以由自己来决定，做好自己，让敌人找不到获胜的机会；然而，胜则需要两个条件：①自己做好；②敌人犯错，并利用敌人的错误而战胜敌人。敌人不犯错是很难战胜它的。一个玩家，哪怕是力量小，只要知道自己力量小，会避战，也有生存空间。

定义 13.5 揭示了：

（1）信息科学与计算科学是可以结合的；

（2）谋算的实质就是推理，包括直觉推理、逻辑推理和直觉推理与逻辑推理相结合；

（3）层谱抽象（谋）和分而治之（算）是现实世界博弈的两大方法论；

（4）第 9 章和第 10 章的信息科学原理和孙子兵法的科学思想是一致的；

（5）谋算的科学思想使得孙子兵法成为 2500 多年以来的科学经典；

（6）信息科学的数学原理建立了谋算的数学理论。

13.8　博弈中的学习

现实世界中学习的首要目标是：

（1）识别合作者；

（2）识别竞争者；

（3）识别入侵者；

（4）了解每一个邻近玩家；

（5）了解每一个玩家；

（6）了解全局局势与趋势；

（7）了解物理世界基本规律。

以国家为例，每一个玩家都有它自己的历史、文化、文明、人口、资源、力量、现状、战略、策略，在全局局势中所起的作用等。

竞争是一个基本现象，每一个自我意识对象都有一个基本需求：在竞争中获胜、获利。

命题 13.2　任何两个自我意识体必然有差异、矛盾、竞争，也必然有利益一致的地方。

因为每一个自我意识体有自己的自我认知模型、自我感知模型。因此，原则上说，任何两个自我意识体都是一对纠缠关系。

现实世界中，也总有一些玩家靠征服、掠夺其他玩家来实现自己的利益。这样的玩家就是侵略性基因玩家。一旦一个侵略性基因玩家盯上一个玩家，或者以"盟友"的方式，或者以"敌人"的方式，这就决定了被盯上的玩家就是侵略性基因玩家的侵略对象，消灭对象。

一个玩家如果有入侵者而又不能识别或者没有能力抵御入侵者，那么它终归要被入侵者征服或消灭。

识别入侵者，防范或抵御入侵者是一个玩家保持其作为自我意识体的前提条件。

因此，识别入侵者是一个自我意识体的生成法则。

相邻的两个玩家，彼此都有重大影响，通常都会有矛盾和冲突，又都有互相依赖的关系。冲突也经常发生在相邻的两个国家。

相邻的两个国家如果相互视为仇敌对双方都是沉重的负担与代价，而且几乎不会有战略利益。相邻的两个国家又是命运与共的，一国遭到入侵，意味着另一国也危险了。一国出问题也可能同时影响到另一国。

以国家为例，每一个国家都是世界上的一个主体，都有一个在世界局势中的层谱抽象，都有在每一个抽象层谱的存在性和作用的自我认知。因此，国家之间都会有在某个抽象层谱上的认知差异，认知差异也会成为国家之间相互竞争的原因。

因此，原则上对一个国家来说，很多其他国家都是在某些抽象层谱的竞争者。国家之间，一般地，原则上任何两个自我意识体都会有竞争。

对于竞争者来说，关键是识别竞争的矛盾、冲突点是什么？如果一方视另一方的存在性为一种威胁，那么这种竞争就变成了侵略与反侵略的关系了。如果相互承认对方的存在性，那么竞争就是理性的竞争。判断是否是理性竞争关键是看是否尊重对方的存在性。如果 A 方不尊重 B 方的存在性，那么 A 方对 B 方来说就是征服者、入侵者。

如果两个自我意识体互相尊重而且有重大资源互补，那么这两个自我意识体有合作的需求，有可能结成合作关系。合作关系如果以一方利用或欺骗另一方进行，那么合作就有可能变成竞争、矛盾、冲突，或一方对另一方的征服与入侵。

因此，入侵者、竞争者和合作者本身也是在动态变化的。

识别入侵者、竞争者和合作者，并找到分别的应对策略对一个自我意识体的生存与发展都是至关重要的；任何一个错误都可能造成致命的后果，没有识别和抵御入侵者，有可能被征服、被消灭，没有识别一个竞争者可能遭受利益损害，识别错一个合作者，有可能遭到欺骗，进而被征服或被消灭。

博弈中学习的实质如下所述。

定义 13.6 （学习-知彼）一个自我意识体，即一个博弈中的玩家，按如下模型学习外部世界：

（1）（观察）观察每一个玩家，提取每一个玩家的语法、语义、作用、运动、特征、特性等一切跟博弈相关的重要属性，观察一个玩家对另一个玩家的直接关系，即影响力，观察所有玩家构成的初始信息系统 A_0；

（2）（生成策略）采取一个生成策略 G，作用于 A_0 生成信息系统 A，使得 A 是一个不可约非负矩阵；

（3）（解码策略）找一个信息系统 A 的层谱抽象策略，即编码树 T；

（4）（解码信息）度量解码策略 T 从 A 中解码的信息，即 $D^T(A)$；

（5）（博弈原理）如果 $D^T(A)$ 适当大，那么存在解码器 D 使得 $D(A; T)$ 可以解码出每一个玩家的层谱抽象，从而理解每一个玩家的力量、组织、策略、战略、敌人、特征等性质，达到知道所有其他玩家的目的。

（观察）学习要回答如下问题。

（1）潜在入侵者。

每一个潜在入侵者的力量、组织、力量源泉、特性、特征、存在性、存在条件、在所有可能地方所起的作用、目标、目的、策略、战略等。

（2）竞争者。

每一个竞争者的起源、存在性、存在空间、存在条件，在各个抽象层谱所起的作用以及起作用的条件等。

（3）潜在合作者。

每一个潜在合作者的存在性、作用和运动属性，合作的边界、合作的利益、合作的条件以及合作失败的风险防范等。

在现实世界的残酷博弈中，只有自身力量是可靠的保障。获胜、获利者会有更多合作者，甚至会有一些玩家牺牲自己来依靠获胜、获利者。

（4）近邻玩家。

了解每一个近邻玩家的存在性、存在条件、在各个抽象层谱所起的作用、战略、策略、目标、目的。防止近邻玩家成为死敌。任何一个玩家，如果有近邻成为死敌将永远成为一个身边的炸弹，一个死敌近邻就是一个玩家的癌细胞或者病毒。

13.9　博弈中的自我意识学习

自我意识学习要回答如下问题。

（1）自己是谁？从哪里来？目的、目标是什么？

（2）了解每一个其他玩家是怎样看自己的？每一个其他玩家把自己看成什么？每一个其他玩家对待自己的策略是什么？

（3）了解世界是怎样看自己的？即自己在世界上其他玩家的观察学习中是什么？

（4）自己给自己设定的角色跟世界上其他玩家对自己的定义是否一致？

（5）知道自己的层谱抽象；

（6）知道自己在各个抽象层谱的存在性、作用和运动性；

（7）知道自身系统的层谱抽象等。

以上问题的答案嵌入在自我意识体和其他对象相互作用的系统中，构造这个信息系统及解码这个信息系统将回答以上问题。

总结起来，博弈中的学习和自我意识学习都是一个层谱抽象策略。

13.10　力量的系统生成原理

现实世界博弈的基础是力量。博弈中一个玩家的力量是怎样生成的？

定义 13.7　（力量的系统生成原理）现实世界博弈中一个玩家的力量是由相互支援的力量单元构成的力量系统以及力量系统的层谱抽象，即力量编程或力量组织编码编程，也即力量系统的编码树生成的。

怎样度量一个系统的结构力？

定义 13.8　（结构力）给定一个力量系统 A，假设 A 是一个不可约非负矩阵，

（1）给定 A 的编码树 T，定义 T 在 A 中的结构力为

$$F^{\mathrm{T}}(A) = -\sum_{\substack{\alpha \\ \alpha \neq \lambda}} q_\alpha \log_2 \frac{V_\alpha}{V_{\alpha^-}} \tag{13-1}$$

$$= -\int_T q_\alpha \log_2 \frac{V_\alpha}{V_{\alpha^-}} \tag{13-2}$$

（2）定义 A 的结构力为

$$F(A) = \max_T \left\{ F^{\mathrm{T}}(A) \right\} \tag{13-3}$$

其中，T 是 A 的一个编码树。

根据定义 13.8，我们用一个系统的解码信息度量该系统的结构力。一个系统

的解码信息就是该系统在一个编码树即编码编程下所能消除的最大不确定性。消除的不确定性可以理解为系统所释放的能量，能量的释放就是力量。

定义 13.7 的力量生成原理揭示了增强力量的方法有两个机理：

（1）生成力量系统，即有更多力量单元组成的互相支援的系统；

（2）力量系统的优化组织，即力量系统层谱抽象的优化策略。

直观上很容易理解，即体系的力量取决于力量单元的数量、力量单元是否互相支援，以及所有力量是否优化编程以构成体系的战斗力。

定义 13.8 直观上度量了一个系统在某种编程下的战斗力，以及一个系统在最优编程下的力量。系统生成原理揭示了一个玩家提升战斗力的基本方法与原理。

13.11　威　胁　度　量

现实世界博弈中的一个行动是两个结构之间的对抗，其基本概念是威胁。

直观地说，威胁就是遭受打击所造成的不确定性。

定义 13.9　（威胁）给定结构 X 和结构 Y，假设：

（1）$p(X, Y)$ 是 X 攻击 Y 的概率；

（2）$\mathrm{vol}(X)$ 是 X 的体积；

（3）$\mathrm{vol}(Y)$ 是 Y 的体积。

定义 X 对 Y 的威胁为

$$T(X,Y) = -p(X,Y)\log_2 \frac{\mathrm{vol}(Y)}{\mathrm{vol}(X)} \tag{13-4}$$

根据定义 13.9，我们有：

（1）如果 $p(X, Y) = 0$，即 X 攻击 Y 的概率为 0，那么 X 对 Y 的威胁为 0；

（2）如果 $p(X, Y) > 0$，而且 $\mathrm{vol}(Y) < \mathrm{vol}(X)$，那么 $T(X, Y) > 0$；直观地说，如果 X 的力量比 Y 强大，而且 X 打击 Y 的概率大于 0，那么 X 对 Y 的威胁是真实的；

（3）如果 $p(X, Y) > 0$，而且 $\mathrm{vol}(Y) > \mathrm{vol}(X)$，那么 $T(X, Y) < 0$，在这种情况下，X 比 Y 弱小，如果 X 打击 Y，这时 X 对 Y 的攻击给 Y 造成的不是不确定性，而是确定性，即 Y 取得对 X 优势的机会。

这实际上说明，弱小的一方攻击强大的一方实质上就是给对手提供一次取胜、获利的机会。

定义 13.9 提供了分析体系对抗的一些基本原理。

在现实世界中，对抗双方的结构 X 和 Y 都是虚虚实实、真真假假的，这是分析现实世界对抗博弈的困难所在。

因此，现实世界的博弈首先要知道对手和自己真实的力量结构。

13.12　必胜策略原理

现实世界博弈中，存在必胜策略。

定义 13.10　（必胜策略原理）现实世界博弈中，存在必胜策略；非对称策略是现实世界博弈的必胜策略。

例如，非对称必胜策略：

（1）高层抽象对低层抽象的非对称性必胜策略；

（2）信息非对称性必胜策略；

（3）结构非对称性必胜策略；

（4）高维结构对低维结构的非对称性必胜策略；

（5）防御对进攻的非对称性必胜策略；

（6）永久存在对移动存在的非对称性必胜策略等。

现实世界的博弈中，有很多种非对称优势策略。大多数的取胜都是非对称优势的获胜；没有非对称优势而能获胜的唯一可能就是敌人犯了致命错误，这时对敌人的非对称优势来自于敌人所犯的致命错误。所以，敌人犯致命错误本身也是取得非对称优势的策略。

在各种非对称性必胜策略中，又分不同类型的非对称性必胜策略。非对称优势也分在什么抽象层谱的非对称优势。粗略地说，可以分为战略级的非对称优势、战役级的非对称性优势、战术级的非对称性优势。

战略级的非对称性优势又需要若干战役级非对称性优势来支撑；战役级非对称性优势又需要若干战术级非对称性优势策略来支撑。高明、智慧的玩家总是不断创造各个抽象层谱的非对称性必胜策略。现实世界博弈中的"谋"也在于能把敌人的一个非对称优势变为己方更高抽象层谱的非对称优势，例如，把敌人一个局部的非对称优势变为敌人更大的陷阱，实现在更高抽象层谱的非对称必胜策略。

现实世界博弈中的被征服者、被消灭者，通常都是自己犯了致命性错误，而被入侵者放大利用。

现实世界的博弈中，通常情况下，只要自己不犯错就能找到生存机会与生成空间。

高明的玩家总是使自身立于不败之地，不断地强大自己，等待敌人出现致命错误，对敌脆弱的地方致命一击，消除敌人威胁。

13.13　博弈策略的信息科学原理

一个博弈策略是一个玩家所采取的动作或操作。

针对对手的博弈有很多策略。怎样选择一个策略？选择策略有什么原理？

定义 13.11　（博弈策略的信息科学原理）博弈策略的信息原理是：

（1）极大化敌不确定性原理；

（2）极小化己不确定性原理。

根据孙子模型，博弈的首要问题是学习和自我意识学习，如果一个策略增大了敌方学习和自我意识学习的困难，或减小了己方学习和自我意识学习的困难，就是一个有效策略。如果一个玩家主要的策略都是极大化敌人不确定性或极小化己方不确定性，必然总能产生己方对敌方的非对称优势必胜策略。

13.14　博弈策略的数理原理

对抗博弈是博弈双方力量体系的对抗。根据力量的系统生成原理，博弈策略有一个数理原理。

定义 13.12　（博弈策略的数理原理）博弈策略的数理原理是：

（1）极小化敌方结构力；

（2）极大化己方结构力。

数理世界的科学范式是分而治之，现实世界的对抗博弈也是物理世界的体系对抗。

一个博弈策略是博弈中一方所采取的动作或操作。如果一个策略使敌人的结构力变小或者使己方的结构力增大，都是有效的博弈策略。

一个策略的执行肯定也是要付出代价的。如果一个有限代价的策略极小化敌方结构力或者极大化己方结构力则是一个优化的博弈策略。

如果一个玩家在主要的博弈中都遵循博弈策略的数理原理，则必然的结果就是几乎总能取得对敌方的非对称优势必胜策略。

13.15　博弈设计原理

定义 13.13　（博弈策略）现实世界博弈的策略分为两点。

（1）（信息科学策略）信息科学策略。

①层谱抽象。

②直觉推理。

（2）（数理策略）数理科学策略。

①分而治之。

②逻辑推理。

"谋算"这一孙子兵法的核心是：

（1）"谋"——层谱抽象、直觉推理；

（2）"算"——分而治之、逻辑推理。

信息科学策略的关键是层谱抽象，数理科学策略的关键是分而治之。

因此，谋算的实质是层谱抽象与分而治之相结合，即

$$谋算 = 层谱抽象 + 分而治之$$

定义 13.14 （博弈设计原理）博弈设计原理包括：

（1）信息原理（定义 13.11）；

（2）数理原理（定义 13.12）。

第 9 章的信息定律和第 10 章的信息的数学理论已经数学地实现了信息科学策略。通常的数学已经实现了博弈的数理原理。因此博弈策略是可以数学地实现的。

定义 13.14 的博弈设计原理为我们建立了博弈设计的科学原理，从而博弈设计可以由规则和算法来实现。

13.16 博弈的收益原理

现实世界博弈的一个重大行动必然会诱导出有很多玩家参与的博弈系统，在其中每个玩家都采取了各种策略。

定义 13.15 （博弈行动诱导事件关系图）令 a 是一个自我意识体的重大行动。行动 a 诱导事件关系图指由行动 a 诱导的其他玩家的相互作用关系图。令 $G_a = (V, E)$ 是行动 a 诱导的事件关系图，这里：

（1） V 是行动 a 及行动 a 诱导的其他事件构成的集合；

（2） $(x, y) \in E$ 表示事件 x 对事件 y 有直接影响；

（3）对给定有向边 $(x, y) \in E$ ，有一个交互分值 $f(x, y)$ 表示 x 对 y 的直接影响。

诱导事件关系图 G_a 的意义如下所述。

命题 13.3 （代价与收益）对于每一个针对 a 采取行动的玩家 x ， x 的代价和收益均嵌入在诱导事件关系图 G_a 中。

定义 13.16 （收益链）令 a 是一个行动， x 是一个玩家， X 是玩家 x 针对行动 a 采取的行动的集合，定义：

（1） X 的一个代价链是 G_a 中的一条路径，它决定着 X 的代价；

（2） X 的一个收益链是 G_a 中的一条路径，它决定着 X 的收益。

定义 13.16 揭示了：一个玩家的代价和收益都是由诱导事件关系图 G_a 中的一些路径来决定的，因此极小化代价就是要阻断代价链，极大化收益就是要强化、扩大和增加收益链。

命题 13.3 揭示了任何一个玩家都有可能由于行动 a 而付出代价；任何一个玩家也都有可能由于行动 a 诱导的事件获得利益。

命题 13.3 还揭示了发动行动 a 的玩家肯定要付出代价，但是未必最终获得收益。

进一步地，命题 13.3 揭示了现实世界博弈的一些重要性质。

（1）现实世界上的任何一个重大行动或事件都可能使有些玩家付出代价，也都有可能使有些玩家获得利益。

因此，高明的玩家就是针对重大事件做出正确的选择，在正确的时机采取恰到好处的行动，在不该行动的时候，什么也不做。有趣的是，有的时候，什么都不做就赢了。有的时候，做了很多，最后输了。

（2）行动 a 诱导的事件关系图 G_a 越大、越复杂，发起行动 a 的玩家赢的机会就越小。

如果行动 a 诱导的事件关系图 G_a 超出行动 a 发起者的预料，那么发起行动 a 的玩家就已经输了。因为它发起的行动所产生的结局不是它能控制甚至预知的。

13.17　博弈系统中玩家的定义

现实世界中的每一个玩家有一个层谱抽象，在该玩家层谱抽象定义的每一个层谱，有一个存在性，即语法，有一个语义，即功能与作用，还有一个运动性。

这一结果背后的原因是什么？现实世界中，一个玩家的存在性、作用和运动性是由现实世界中所有玩家构成的博弈系统决定的；一个玩家的层谱抽象定义是由博弈系统的层谱抽象定义的。

定义 13.17　（博弈中玩家的层谱抽象定义）假设 A 是所有玩家构成的信息系统，满足 A 是不可约非负矩阵。令 T^* 是按结构熵极小化原理求解的 A 的编码树。对每一个玩家 x，假设 γ 是 x 在 T^* 中的码字，则在 T^* 中从 γ 到根节点 λ 的路径上节点的标签就是 x 的一个层谱抽象定义。

定义 13.17 揭示了，现实世界博弈的结局是为每一个玩家提供了一个层谱抽象定义，这个层谱抽象定义提供了每一个玩家的层谱抽象以及玩家在每一个抽象层谱的语法、语义和作用的解释。

这进一步揭示了以下问题。

定义 13.18　（知识的博弈原理）对每一个玩家 x：

（1）x 在现实世界的层谱抽象是现实世界博弈的结果；

（2）x 在现实世界的每一个抽象层谱的存在性、作用和运动性是现实世界博弈的结果。

定义 13.18 中的知识的博弈原理揭示了博弈本身是知识形成的原理，即现实世界对象的存在性、作用和运动属性背后的原因是博弈。

更一般地，博弈是现实世界知识的原因，这也揭示了博弈作为一个科学概念的意义。

13.18 博弈中学习与自我意识学习的正确性与可解释性

对博弈中的学习和自我意识学习，学习的主体是自我意识体，学习的客体是客观世界和其他自我意识体。

自我意识体看自己和看其他对象都可能是主观认知而并不是客观真实的。例如，x 和 y 是两个敌对的自我意识体。

例 13.1 假设：

（1）x 想要 y 相信 x 有武器 X；

（2）y 确实相信 x 有武器 X。

这时 x 对 y 的学习就是正确的，跟 x 是否真的有武器 X 没有关系。

例 13.2 假设：

（1）x 想要 y 相信 x 没有武器 X；

（2）y 确信 x 没有武器 X。

这时 x 对 y 的学习也是正确的。

由此可以看出，x 对 y 的学习都是正确的，跟 x 是否真有武器 X 没有关系。原因是只要 x 对 y 的学习是正确的，x 就能提前预知 y 的行动，进而有可能 y 的行动简单地就是 x 诱使 y 采取的行动。

博弈中的学习包括：

（1）客观事实的掌握；

（2）对敌人假象的识别；

（3）对敌人真实性的识别；

（4）对己方真相的成功伪装；

（5）对己方假象的成功伪装。

博弈的信息科学原理已经包括了真、假象识别、隐藏与展示等策略。例如：

（1）伪装自己使敌人无法判明真、假，从而找不到攻击点，这是极大化敌不确定性的策略；

（2）设计战争诱使敌人暴露目标就是一种极小化己方不确定性的策略等。

13.19 博弈结局的层谱抽象定义

现实世界的博弈中，经常发生一些非常有趣的现象，例如：

（1）一个玩家在战争中迅速取得胜利，征服了另一个玩家，但是长远来看，最终证明，这场战争的胜利加速了征服者的失败；

（2）一个玩家在一场博弈中付出了惨重牺牲，但没有被消灭，没有被征服；最终证明，这场惨重牺牲的战争使一个玩家获得了新生，在以后的博弈中不断取得胜利。

现实世界的博弈总是有代价的，有的代价是短期的，有的代价是永恒的；也可能有收益，然而收益可能是短期的，也可能是长期的。

现实世界的博弈非常残酷，特别是战争，无论获胜还是失败，其影响都是全局的、深远的。从对全局和长远来说，一场博弈的结局最终的影响通常远超博弈或战争发动者预期，最终对自己是好是坏还很难说。

例 13.3　一个大国编造一个借口征服了一个小国，霸占了其资源。大国轻松地取得侵略战争的胜利。然而在征服小国的同时，全世界都清晰直观地看到了大国的侵略和残忍。每个国家都会记着这件事，在以后每当和侵略者大国交往时，都会回忆起该大国是怎样征服一个小国的。与此同时，该侵略者大国尝到了甜头，把这个例子的方法提升为国家战略，将会有更多的小国被征服、被消灭。

没有一个国家愿意被征服、被消灭。与此同时，或许许多国家已经害怕了那个侵略者大国。

然而，没有一个国家愿意被征服、被消灭。让世界害怕的大国已经变成世界的恶霸，走向灭亡就是必然的结局。

例 13.4　一个小国不断地侵占近邻国家的领土与资源，当与近邻起矛盾时不是与邻居对话谈判，而是寻求区域外大国支持与邻国对抗。

近期来说，小国可能侵占了一些利益，并且拉了区域外大国为自己背书、站台，似乎胜了。长久下来，小国与邻居国家的矛盾不可调和。小国伙同区域外大国跟邻居国家发生战争，战争的结果有三种情况。

情况一：小国伙同区域外大国获胜。

这时小国被它拉来帮场子的大国征服占领，小国没了。

情况二：小国的邻居国家获胜。

这时小国拉来帮场子的大国走了，小国灭亡了。

情况三：都没输。

这时小国已经不复存在，小国只是它拉来帮场子的大国的附庸。

现实世界博弈中，如果不犯致命错误，一般情况不会被消灭或被征服。博弈有胜有负，即使是战败，只要还没被消灭或被征服就总会有机会再次崛起。胜负也是可以互相转化的。

从世界维度来说，博弈结局由博弈系统的演化来决定。

博弈系统的演化是有规律的，任何一个玩家，只要有一定的生存空间、生存条件，不犯致命错误，尽管博弈有胜有负，但一般不会被消灭、被征服。只要不被消灭、不被征服，博弈的胜负就是可以互相转化的，而且即使博弈失败了，也还有生存空间、生存条件。

从空间维度来说，一个国家只跟少量几个国家有邻居关系，或者是直接影响生存的关系，或者是冲突、对抗与战争的博弈关系。一个国家的存在性、作用与运动性不可能由这个国家自己完全决定；也不可能由这个国家及这个国家的邻居及几个少量特定关系国家完全决定；当然更不可能由这个国家和其他国家的少数几场博弈完全决定。

一个国家的存在性、作用和运动性由下列力量来决定：

（1）这个国家自身；

（2）这个国家的邻居国家；

（3）这个国家的战略互补关系国家；

（4）这个国家的特定关系国家；

（5）这个国家的竞争对抗冲突与战争国家；

（6）所有国家构成的博弈系统的结局。

根据定义 13.17，博弈中的一个玩家是层谱抽象可定义的。

假设 A 是所有玩家构成的信息系统，使得 A 是一个不可约非负矩阵，令 T 是 A 的编码树。

定义 13.19　（博弈结局的层谱抽象定义）给定玩家 x，假设 x 在 T 中的码字为 γ，令 $\lambda = \alpha_0 \subset \alpha_1 \subset \cdots \subset \alpha_l = \gamma$ 是在编码树 T 上从叶子节点 γ 到根节点 λ 的路径上的所有节点。

定义玩家 x 的博弈结局为 x 在 X_i 中的语法和语义，这里 $X_i = T_{\alpha_i}$，$i = l, l-1, \cdots, 1, 0$。

对每一个 $i = l, l-1, \cdots, 1, 0$，令 $X_i = T_{\alpha_i}$。

定义 x 在 X_i 中的存在性，即语法为 $P(X_i, x)$。

定义 x 在 X_i 中的作用，即语义为 $Q(X_i, x)$。

定义 x 在 X_i 中的运动属性 $M(X_i, x)$。

定义 x 在 X_i 中的结局为

$$\text{Outcome}(X_i, x) = \langle P(X_i, x), Q(X_i, x), M(X_i, x) \rangle$$
$$= \langle P, Q, M \rangle [X_i, x] \tag{13-5}$$

定义 x 的博弈结局为

$$\text{Outcome}(x) = \langle \text{Outcome}(X_i, x) \mid i = l, l-1, \cdots, 1, 0 \rangle \tag{13-6}$$

定义 13.19 揭示了，一个玩家在博弈系统中的结局就是 x 在它的每一个抽象层谱中的语法、语义和运动性。

定义 13.19 揭示了博弈的结局，无论胜负，均是有层谱抽象的，即胜负本身有一个层谱抽象定义。

现实世界博弈的结局在不同抽象层谱是不同的。这就解释了为什么现实世界的博弈有时明显是胜了，但最终又失败了，有时失败了，但最终胜利了。因为这是博弈在不同抽象层谱的结局。

13.20 博弈获胜的主客观一致性准则

定义 13.19 揭示了一个玩家在博弈中的结局由一个抽象层谱，即该玩家在每一个抽象层谱中的语法、语义和运动属性来定义。

一个玩家博弈结局的层谱抽象定义由包括所有玩家的博弈系统的一个层谱抽象策略来定义。

给定玩家 x，决定 x 的结局的因素包括：

（1）所有其他玩家，如 $y_1, y_2, \cdots, y_n$；

（2）对每一对 i, j，$i \neq j$，玩家 y_i 对 y_j 的交互作用；

（3）玩家 x 自己；

（4）x 和每一个 y_i 的关系；

（5）每一个 y_i 对 x 的作用；

（6）根据以上（1）～（5），x 选择某些 y_i，x 对 y_i 作用；

（7）所有玩家 $V = \{x, y_i \mid i = 1, \cdots, n\}$，构成的信息系统 A；

（8）信息系统 A 的真实编码树 T；

（9）在以上（1）～（8）中，x 在博弈系统中的结局由 A 和 T 来定义。

然而 x 所能采取的策略就仅限于上述（3）中自己的动作和（6）中对某些 y_i 的作用。

信息系统 A 由所有玩家 x，$y_1, y_2, \cdots, y_n$ 的策略来决定。

如果 x 对每一个 y_i 可能采取的策略都学习到了，或者都预测正确，即玩家 x 知道信息系统 A。

客观上，信息系统 A 的真实编码树是 T，如果玩家 x 知道或预测正确 T，那么玩家 x 对自己在博弈系统中的结局的认知跟 x 在所有玩家构成的博弈系统中的真实情况一致，这时玩家 x 是当然的获胜者、获利者。

以上分析揭示了如下的原理。

定义 13.20 （博弈获胜准则）主客观一致性准则：如果一个玩家满足下列条件，那么它必然是获胜者、获利者：

（1）玩家对所有其他玩家的策略与行动预测跟真实的情况一致；

（2）玩家对客观对象的认知跟真实情况一致；

（3）玩家对每一个其他玩家的策略有非对称优势策略；

（4）玩家对每一个客观对象运动的不确定性有相应的应对策略；

（5）玩家的每一个策略实现了它所期望的目的；

（6）玩家对博弈系统的认知跟博弈系统真实情况一致。

主客观一致性准则揭示了如果一个玩家把现实世界博弈系统真实情况都正确地认知到，那么它必然获胜、获利。

13.21　博弈中的谋算策略

定义 13.20 中的博弈获胜准则从理论上保证了一个玩家存在获胜策略。

条件就是实现定义 13.20 中的博弈获胜准则的所有条件。怎样实现博弈获胜准则的条件？实现博弈获胜准则的方法如下所述。

定义 13.21　（谋算模型）谋算模型按如下步骤进行：

（1）（观察）观察所有玩家，建立所有玩家关系的初始信息系统 A_0；

（2）（生成策略）基于初始信息系统 A_0，采取生成策略 G，生成不可约非负矩阵 A，即 $G(A_0) = A$；

（3）（解码策略：层谱抽象）求解 A 的层谱抽象，即信息系统 A 的编码树 T；

（4）（解码信息）计算层谱抽象策略 T，从信息系统 A 中解码信息 $D^T(A)$；

（5）（原理）如果解码信息 $D^T(A)$ 适当大，那么对任意一个节点 $\alpha \in T$，T_α 是一个真实的由玩家构成的模块；

（6）（共性提取）对每一个 $\alpha \in T$，$\alpha \neq \lambda$，提取 T_α 中玩家的共性 C_α；

（7）（共性博弈策略）对每一个 $\alpha \in T$，$\alpha \neq \lambda$，如果 T_α 的共性 $C_\alpha \neq \varnothing$，基于共性 C_α 设计策略 S_α；对于玩家 $y \in T_\alpha$，称 y 是共性可满足的，如果 y 服从策略 S_α，否则称 y 不是共性可满足的；

（8）（独立可满足策略）对每一个 $\alpha \in T$，$\alpha \neq \lambda$，如果存在 $y \in T_\alpha$ 使得 y 不是共性可满足的，那么设计 y 的策略 S_α^y，使得 y 服从策略 S_α^y，称 y 是独立可满足的，否则称 y 是不可满足的；

（9）（不可满足博弈策略）对于每一个不可满足玩家 y，设计限制策略 r_y，使得 y 只能接受 r_y。

定义 13.21 中的谋算模型为每一个玩家设计了最优的或唯一可选的博弈策略，从而实现了可解释的必然的获胜策略。

谋算模型通过层谱抽象和分而治之方法结合实现了博弈中的先胜而后战，即只在确保必胜的条件下才参战。这就是博弈/谋算理论的目标。

13.22　博弈/谋算理论总结

博弈/谋算理论建立了现实世界博弈的科学原理，包括：

（1）孙子模型；

（2）博弈的系统原理；

（3）力量生成的系统原理；

（4）博弈的必胜策略原理；

（5）博弈设计的信息科学原理；

（6）博弈设计的数理原理；

（7）博弈结局的层谱抽象可定义性；

（8）博弈获胜的主、客观一致性准则；

（9）博弈的谋算模型等。

这些原理是信息科学和计算科学相结合的原理，建立了现实世界博弈的科学原理。

参 考 文 献

[1]　　孙武. 孙子兵法[M]. 曹操，注. 郭化若，译. 上海：上海古籍出版社，2006.

第 14 章 人工智能的信息模型

14.1 智能的定义（非形式化）

什么是智能？或者智能是什么？这已经凸显为当代亟须回答的科学问题。为了回答这个问题，我们首先需要明确几点。

14.1.1 智能定律 I

智能是一个客观存在。

智能定律 I 明确了智能是一个客观存在，从而是一个现实世界的对象。

14.1.2 智能定律 II

智能有一个载体。

根据智能定律 I，智能是一个客观存在，因此必然有一个存在性、作用和运动性；客观存在的对象必然有一个载体。

智能的载体是什么呢？

14.1.3 智能定律 III

智能就是人的智能。

智能定律 III 揭示了智能就是人的智能，这给出了一个智能的定义。这个定义还不是数学定义。但是它揭示了理解智能数学实质的方法是数学地理解人的智能。

智能定律 III 给出了智能这一科学概念的非形式定义，即智能就是人的智能。

根据智能定律 I，智能是一个客观存在，即现实世界的对象。根据信息定律 I，任何一个现实世界的对象本身是一系列确定性和不确定性联合作用生成的结果。因此，智能也是一系列确定性和不确定性联合作用生成的结果。根据个体定律 I，作为客观存在的智能必然有一个存在性，即语法，有一个语义，即功能与作用，还有一个运动性。根据个体定律 III，智能也是层谱抽象可定义的。

因此，智能定律 I、II 和 III 已经揭示了智能这一概念的若干基本性质了。

然而揭示智能这一科学概念的实质，我们必须首先揭示人类智能的科学原理。

14.2　人类智能模型

根据信息定律 I，现实世界的每一个对象都是一系列确定性和不确定性联合作用生成的结果。

现实世界由很多运动和相互作用的对象构成。

现实世界的每一个对象都要保持存在性，维持其作用，保持其运动性。

现实世界对象的运动和相互作用产生了对每个对象来说的不确定性，因此现实世界充满了不确定性。

充满了不确定性的现实世界充满了竞争、冲突、对抗与战争，简称博弈。

现实世界博弈中获胜、获利是现实世界的生存法则。

在充满了不确定性，充满了博弈，即竞争、冲突、对抗与战争的世界追求生存和发展，这是人类起源以来一直的重大挑战。

人类的智能充分表现在人类解决自身重大挑战的过程中；同时解决人类自身重大挑战的过程就是人类智能生成的过程。

因此，人类的智能模型就是人类在充满不确定性，充满博弈的世界中追求生存与发展的过程。

这建立了如下的模型。

定义 14.1　（人类智能模型）人的智能模型如下进行：

（1）（学习）观察学习，认知世界；

（2）（自我意识学习）层谱抽象感知，感知、认知自我；

（3）（博弈/谋算）在充满不确定性和博弈的世界中生存下来，发展起来，即不断地改善、改进自己的生存条件，不断地扩大自身所起的作用，不断地扩大自己的运动空间。

定义 14.1 中的人类智能模型揭示了：

（1）在竞争与博弈中获胜、获利，求得自身的生存与发展是智能的作用与语义；

（2）认知世界、认知自我是在竞争中获胜、获利的条件；

（3）人类智能的三根支柱就是学习、自我意识、博弈/谋算；

（4）学习、自我意识和博弈/谋算构成了人类智能的完备体系；

（5）学习理论、自我意识理论和博弈/谋算理论就构成了人类智能完备的数学理论；

（6）学习的数学理论、自我意识的数学理论和博弈/谋算理论的共同基础是信息科学原理；

（7）信息科学原理是（人类）智能的数学基础。

命题 14.1　（智能的完备策略）学习、自我意识和博弈/谋算是人类智能的完备策略。

证明　根据定义 14.1。

命题 14.1 揭示了智能的数学实质是：

（1）学习；

（2）自我意识；

（3）博弈/谋算。

14.3　人类智能的信息科学原理

信息是破解人类智能的钥匙，原因是：

（1）信息科学原理揭示确定性、不确定性、确定性和不确定性之间相互转化的规律；

（2）学习的数学理论回答确定性、不确定性、确定性和不确定性相互转化的语义解释，即建立知识；

（3）自我意识的数学理论建立确定性、不确定性、确定性和不确定性之间相互转化对自身的利与害的认知；

（4）博弈/谋算理论解决当认识到确定性、不确定性、确定性和不确定性相互转化对自身的利害关系时，所采取的行动，即策略；

（5）学习、自我意识和博弈/谋算这一智能完备策略的共同基础都是信息，即信息是建立学习理论、自我意识理论和博弈/谋算理论的共同基础；

（6）信息是理解人类智能实质的数学基础。

14.4　人工智能的科学原理

定义 14.2　（人工智能科学原理）人工智能的科学原理就是人类智能的科学原理。

根据定义 14.1 中的（人类）智能模型和定义 14.2，人工智能的科学原理就是学习的数学理论、自我意识的数学理论和博弈/谋算理论。

定义 14.2 揭示了人工智能的理论支柱是：

（1）学习的数学理论；

（2）自我意识的数学理论；

（3）博弈/谋算理论。

14.5　人工智能模型

人工智能就是一个机器执行人类智能模型。

定义 14.3　（人工智能模型）一个机器按如下步骤执行：

（1）（观察学习）观察外部世界，并基于观察发现外部世界的知识，揭示外部世界的规律，并基于知识和规律创造新事物；

（2）（自我意识学习）层谱抽象地感知自我、认知自我；

（3）（博弈/谋算）认知来自外界的确定性、不确定性，以及确定性和不确定性之间转化对自己的利与害，并基于此设计策略、采取行动，以维持和加强自身的存在性，发挥更大作用、扩大运动范围和活动空间等。

信息科学原理提供了定义 14.3 中的人工智能模型的数学基础。

定义 14.3 中的人工智能模型揭示了：

（1）建立像人一样工作的机器是可能的；

（2）人工智能的数学定义是，学习、自我意识和博弈/谋算；

（3）一个人工智能体就是一系列学习、自我意识和博弈/谋算策略的结合。

定义 14.3 中的人工智能模型奠定了人工智能作为科学的基础，为实现机器智能奠定了理论基础。这就建立了基于信息科学原理的人工智能科学。

14.6　智能的数学定义：智能论题

智能模型揭示了智能的完备策略就是：

（1）学习；

（2）自我意识；

（3）博弈/谋算。

学习的数学理论揭示了学习的数学基础是信息。

自我意识的数学理论揭示了自我意识的数学基础是信息。

博弈/谋算理论揭示了博弈/谋算的数学基础是信息。

由于{学习，自我意识，谋算}是智能的完备策略集，因此，智能的数学基础是信息。

智能模型揭示了任何一个智能系统可以基于信息来建立。

然而我们并没有回答：智能是什么？

智能究竟是什么？一个合理的假说是智能是一个客观存在。因此，智能有一个载体。

智能的载体可能是数学模型，是物理体，是生命体等。因此智能的载体是现实世界对象。智能不同于任何已有的学科中的概念。同样，信息有类似性质，信息不属于任何已有学科，但又是每一个已有学科的基础。

信息是消除的不确定性，消除不确定性需要策略，一个策略消除的不确定性，即信息很自然地是一种智能。

智能这个概念也必然相伴着一个动作，即一个学习策略，或者一个自我意识策略，或者一个谋算策略。一个学习策略或者是解码信息，或者是生成信息；一个自我意识策略识别信息对自我的利害关系；一个谋算策略的实质仍然是解码信息或者生成信息。因此，一个智能策略也是一个信息策略。

这就证明了如下论题。

定义 14.4 （智能论题）智能就是信息，即智能就是一个主体消除的不确定性。

怎样理解智能论题？信息是消除的不确定性，是知识与规律背后的数学基础。消除的不确定性必然需要一个消除不确定性的策略，即解码策略。一个解码策略可能是一个动作或者操作；一个解码策略可能是局部算子，也可能是一个全局算子；一个解码策略也可能是生成运动的算子，从而一个运动也可能是一个解码策略。智能必然有一个主体，一个主体的智能就是该主体消除的不确定性。一个主体消除的不确定性是可以度量的，因此一个主体的智能是可以度量的。智能这一科学概念包含两大要素：主体以及该主体消除的不确定性。信息是消除的不确定性，因此智能就是信息。当信息有一个主体时，它就是该主体的智能。一个信息的主体可能是一个人，或者是一个动物，或者是一个机器。对任何一个主体，如果它能消除不确定性，则它是一个智能体。一个智能体的智能，即该智能体主体消除的不确定性，它是可以度量的，并且是有边界的。因此，一个主体的智能是可以度量的。因此，智能是可以度量的，是有边界的，也是可以比较的。智能论题奠定了智能作为一个科学概念的数学基础。

第15章 信息时代科学双引擎与信息时代重大科学问题

第9章的信息基本定律和第10章的信息科学原理奠定了信息作为一个基础性科学的基本定律和基本原理。

信息世界的数学原理定义了作为科学概念的信息的数学实质和数学模型；提出了策略这一全新的科学概念；提出了层谱抽象这一全新的科学方法论，并建立了层谱抽象这一总方法论的数学理论；提出了层谱抽象这一信息世界的科学范式。

层谱抽象是信息世界的科学范式，实际上也是人感知、认知世界的认知模型和认知方法，也是人自我认知的感知模型、感知方法。

现有的科学体系是物理世界的科学体系。物理世界的科学体系的科学范式是分而治之，分而治之的数学是微积分。

分而治之是物理世界的科学范式，是物理世界的总方法论，也是人分析世界的科学方法，即一个分析方法。

层谱抽象是信息世界的科学范式，是信息世界的总方法论，也是人感知、认知世界的科学方法论，是一个感知、认知方法。

信息科学揭示的层谱抽象认知模型与方法和分而治之的分析方法结合，构成了信息时代科学的双引擎，它使得我们可以建立智能的科学原理。第11章的学习理论、第12章的自我意识理论和第13章的博弈/谋算理论正是基于信息科学原理的人工智能原理的理论支柱，建立了一个完备的人工智能数学原理。

层谱抽象认知模型与方法和分而治之的分析方法双引擎，使得科学研究有了新的维度，即层谱抽象的维度；这一全新的科学方法论必将推动21世纪的科学发展，破解若干重大科学难题。

本章提出几个信息时代的重大科学问题，这些问题也是21世纪的重大前沿科学问题，这些问题的解决或突破将奠定21世纪新的科学体系。

15.1 数学中的三个基本问题

问题 1 证明的数学定义是什么？

证明与计算是所有数学中的基本概念。Turing 于 1936 年的论文数学地定义了计算这一基本概念。

数理逻辑定义证明是一个基于公理和推理规则的序列，建立了基于逻辑推理的证明的概念。

然而数学家证明定理时不仅用到逻辑推理，还用到直觉推理，数学中的证明是一种结合逻辑推理和直觉推理的证明，而不是简单的逻辑推理的证明，数学家在证明中表现出高度的创造性，这是基于逻辑推理所不能实现的。

现实世界中，当人看到一个对象就是这个对象存在性的证明。然而这样的证明显然没有包括在现有数学体系中。

证明是所有学科的基本概念，因此证明也是一个基本的科学概念。数理逻辑中的"证明"定义显然没有反映数学、科学中证明这个概念的实质。

证明这一科学概念的数学定义将揭示人证明的科学原理，为建立像人一样做数学证明的机器奠定基础。这也是人工智能科学的一个重要方向。

问题 2　是否存在离散数学的公理化、规范化的统一理论？

离散数学的基本特点是杂、散，没有一个收敛的锚与轴。从学理上说不应该是这样的。离散数学根本的目的还是现实世界的表示与分析方法。现实世界演化是有规律的。

离散数学的公理化、统一规范理论也是建立信息时代新现象科学理论的数学基础，如大数据分析、网络分析等。

问题 3　是否存在连续数学和离散数学共同的数学基础？

连续和离散是数学的一对基本矛盾（类似地，有限和无限，局部与全局等也都是数学的基本矛盾）。

离散数学和连续数学是分开的，也基本没有关系。

然而离散数学和连续数学都是为了现实世界的表示与分析建立的理论，这个目标是一样的。

离散数学和连续数学共同的基本概念可以界定两者的边界和分叉的准则，揭示连续与离散这一对基本矛盾的规律。

15.2　物理中的两个基本问题

问题 1　力是怎样内生的？

牛顿定义了力的概念，建立了力和几个相伴概念之间关系的定律。

然而在牛顿力学中，力是由外部推动产生的。但是外部推动者的力又是从哪里来的呢？

一个物理对象的力或许有外部因素，但是必然也有内部因素，一个物理对象的力是怎样从内部生成的呢？

牛顿最后归结为上帝是第一推动者，说明牛顿的理论体系并没有回答力是怎样生成的这一更基本的科学问题。

这一问题显然是 21 世纪需要回答的基本科学问题。

合理的科学假说是，力是从物体内部生成的，内部生成力一定有基本机理和基本原理。

问题 2　猜想：信息是统一物理世界的钥匙，物理世界有一个信息科学的统一模型。

信息是消除的不确定性，消除不确定性需要动作，这个动作称为策略。当策略是物理动作时，信息是一个物理概念，而且信息是最为基本的物理概念。一个自然结论是，信息是世界物理的基本概念，而且作为物理概念的信息在宏观物理和微观物理中没有本质区别。

一个合理的科学猜想是，信息是物理世界的基本概念，而且物理学有一个信息科学的模型。

15.3　生命科学的三个基本问题

问题 1　大脑的信息科学模型是什么？

大脑的主要功能是信息处理，因此可以把它视为一个信息处理器。

信息处理的实质就是信息生成和信息解码。

信息处理器就是支撑信息生成和信息解码的装置。

大脑的主要功能是信息处理，即信息生成和信息解码。

然而我们并不知道大脑的结构。非常有趣的是，所有动物的大脑的外部形状都是相似的。大脑的结构与功能有什么关系？

显然，大脑的生成是有科学原理的，但是我们并不知道大脑的工作原理。

信息科学原理揭示了信息处理的数学原理。大脑的信息处理必然服从信息科学原理。

然而我们并不知道信息科学原理是否能够完全实现大脑的功能？基于信息科学原理能在多大程度上实现大脑的功能？

大脑的信息科学模型将致力于回答这个问题。

问题 2　怎样解码 DNA 的功能模块？

DNA 是一个生命体，一个生命体对应着唯一的 DNA 序列。生命体是有各种功能模块的。生命体的功能模块必然是由生命体的 DNA 的功能模块决定的。

DNA 是很容易得到的，解码 DNA 的功能模块是建立生命体科学原理的基础。

问题 3　生命体的科学原理是什么？

生命体是现实世界一个神奇的存在。作为一个客观存在，必然有其科学原理。然而我们并不知道这个原理是什么。

生命体的科学原理是建立像人一样的机器的基础。

如果宇宙中生命是稀有罕见的，人类有必要将像人一样思考、工作的机器送上其他星球，以扩展人类的认知范围。

生命体的科学原理也是人类揭示生命规律，进一步认知自我之必然要求。

15.4　信息时代的科学双引擎

分而治之，作为物理世界的科学范式，即物理世界科学研究的总方法论，是一个科学分析方法，简称分析方法论。

分而治之这一科学分析方法必将仍然是信息时代科学研究的一个引擎。

层谱抽象这一人类认知方法论、感知方法论是信息世界的科学范式和总方法论，简称认知方法论。

层谱抽象这一认知方法论必将成为信息时代科学的一个全新的引擎。

层谱抽象这一强大的新引擎已经使得我们可以建立学习的数学理论、自我意识的数学理论、博弈/谋算理论和人工智能模型与原理。

分而治之这一分析方法和层谱抽象这一认知方法必将成为信息时代科学的两大发动机。信息时代的科学发展进入双引擎时代，分而治之这一分析方法和层谱抽象这一认知方法结合是信息时代科学的新特征。

分而治之分析方法和层谱抽象认知方法构成的双引擎必将推动信息时代的科学进入全新的阶段，一系列重大科学问题或将被解决或将取得突破。特别地，分而治之分析方法和层谱抽象认知方法双引擎必将成为重大科学新现象、重大新应用和重大学科交叉结合，包括自然科学和社会科学交叉结合研究突破的推动力[1]。

参 考 文 献

[1]　李昂生. 人工智能科学——智能的数学原理. 北京：科学出版社，2024.